新编21世纪高等职业教育精品教材 · 通识课系列

AIGC 人工智能 基础与应用

主　编　王忠元　周　蓉
副主编　刘绍君　钟玲玲
　　　　杨　宁
主　审　温振华

中国人民大学出版社
· 北京 ·

图书在版编目（CIP）数据

人工智能：AIGC基础与应用 / 王忠元，周蓉主编. 北京：中国人民大学出版社，2025. 1. --（新编21世纪高等职业教育精品教材）. -- ISBN 978-7-300-33378-6

Ⅰ. TP18

中国国家版本馆CIP数据核字第2024TG7323号

新编21世纪高等职业教育精品教材·通识课系列

人工智能：AIGC基础与应用

主　编　王忠元　周　蓉

副主编　刘绍君　钟玲玲　杨　宁

主　审　温振华

Rengong Zhineng：AIGC Jichu yu Yingyong

出版发行	中国人民大学出版社		
社　　址	北京中关村大街31号	**邮政编码**	100080
电　　话	010－62511242（总编室）		010－62511770（质管部）
	010－82501766（邮购部）		010－62514148（门市部）
	010－62515195（发行公司）		010－62515275（盗版举报）
网　　址	http://www.crup.com.cn		
经　　销	新华书店		
印　　刷	北京宏伟双华印刷有限公司		
开　　本	787 mm × 1092 mm　1/16	**版　　次**	2025年1月第1版
印　　张	14.75	**印　　次**	2025年1月第1次印刷
字　　数	333 000	**定　　价**	48.00元

前 言 ▸ PREFACE

近年来，随着人工智能技术的飞速进步，AIGC（人工智能生成内容）已成为推动数字经济创新发展的关键力量，广泛应用于内容创作、教育培训、办公自动化、商务应用、生活休闲等多个领域，展现出巨大的社会价值和经济潜力。国家对人工智能的高度重视，以及"强化职业教育，重视实践技能培养"的教育改革方向，为AIGC人才的培养提出了迫切需求。本教材在此背景下应运而生，旨在响应党和国家号召，紧跟AIGC技术发展趋势，通过系统化、模块化的教学设计，培养具备扎实理论基础与实践能力的高素质AIGC技术应用人才，以满足未来智能社会对多元化、创新型人才的迫切需求，助力我国AIGC产业的持续繁荣与发展。

本教材充分贯彻党的二十大精神和国家的教育方针，致力于培养学生的人工智能应用能力，以达到立德树人的教育目标。我们严格遵循教育部关于"强化职业教育，重视实践技能培养"的教育教学改革要求，确保教材内容既具有理论深度，又强调实际应用，旨在提升职业院校学生的AIGC应用能力，培养适应未来智能社会发展需求的技术人才。本教材不仅有助于学生深入理解AIGC技术的原理和应用，还将为他们未来在人工智能领域的学习和职业发展打下坚实的基础。

本教材共分为八部分，按内容进行模块化设计，便于不同学习基础和需求的学生选择学习。主要内容包括：认识AIGC、AIGC提示词与提示工程、AIGC赋能办公应用、AIGC赋能创作、AIGC赋能生活休闲、AIGC赋能教育、AIGC赋能商务活动、AI智能体广泛赋能等内容。教材重点围绕国内主流的AI大模型，如文心一言、通义千问、讯飞星火、腾讯元宝、豆包、Kimi、360智脑、智谱清言、紫东太初、天工AI、WPS AI等，通过实例分析和实训项目练习，使学生熟练掌握这些模型在不同行业和领域的综合应用。

本教材的特色体现在以下几个方面：

1. 全面落实立德树人的根本任务

在教材中，采用"盐溶于水"的方式，融入了社会主义核心价值观、党的二十大精神、党的优良传统、职业道德等，以提升学生的综合素养，达到"润物细无声”的效果。同时，践行“爱国从我做起”。因为 AIGC 的发展和演进需要用户的使用、强化训练和反馈调优。本教材所有实践环节均选用我国国内的 AI 工具或平台，可以培养学生的民族自豪感。同时，师生的广泛应用和反馈对促进我国人工智能技术快速进步有积极意义。

2. 系统性与前沿性相结合

本教材既系统介绍了 AIGC 的基础知识，又紧跟技术前沿，涵盖了最新的 AI 大模型应用，教材体系完善、逻辑严密、内容先进、切合现实。

3. 模块化设计

教材编写体现了模块化教学的职业教学思想。在教学实践中，不同层次和不同专业可以根据需要选择不同的模块教学。

4. 理论与实践相结合

教材中不仅包含理论知识，还通过大量实例和案例分析，帮助学生将理论知识转化为实践应用能力。在理论知识讲授中嵌入 AI 知识链接、AI 提示词进阶、AI 新职业、AI 超级个体训练等栏目，培养学生的 AI 综合能力。此外，教材还设计了十四个 AIGC 实训项目，通过实训操作和实训拓展全方位培养学生的 AIGC 运用能力。

5. 内容更新及时

人工智能发展迅速，相关知识、技能和平台应用也在逐步推出或更新，本教材尽可能融入了最新的 AI 大模型介绍及典型实操，使得教材紧跟人工智能发展步伐。我们还在学习通平台建设了配套的课程，会定时更新内容，服务线上线下教学。

6. 突出能力培养

本教材设计强调 AIGC 在不同行业和领域的综合应用，需要学生不断查阅资料、案例、最新人工智能进展和运营前沿，注重理解和运用能力形成，并通过实操项目、真实工作任务实践与职业道德实践项目活动提升学生的人工智能思维和学习运用能力。

最后，我们感谢所有参与本教材编写和审稿的同人们，他们的辛勤工作和无私奉献使得这本教材得以顺利完成。同时，也要感谢广大学习者、教育工作者的支持和鼓励，你们的需求和反馈是我们不断改进和完善教材的动力源泉。本教材可能存在错误和不当之处，敬请广大读者批评指正。

编者

目　录 ▸ CONTENTS

模块一

认识 AIGC

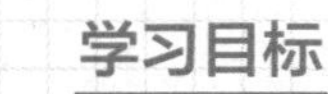

学习目标

素养目标

1. 培养对电子商务新技术、新业态的关注和兴趣。
2. 提高对大数据分析、人工智能技术在电子商务中应用的认识。
3. 具备创新意识，坚持守正创新，在电子商务经营中不断创新进步。

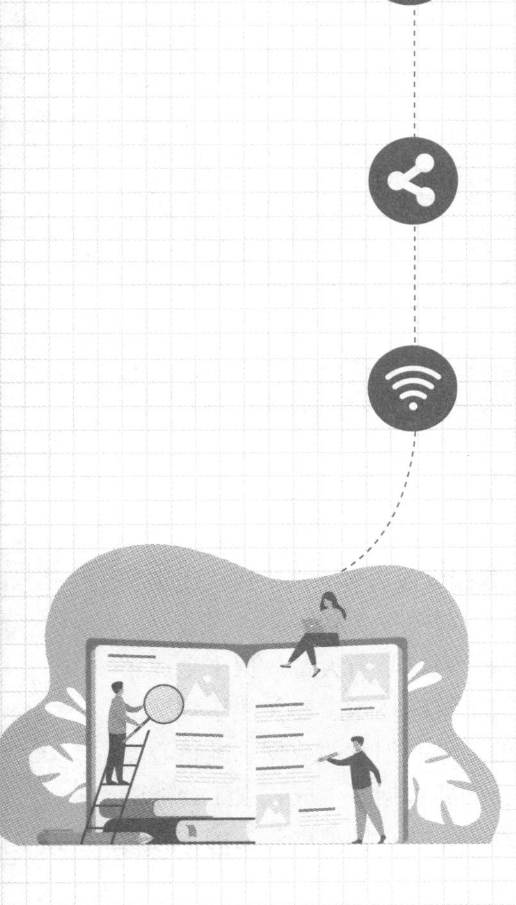

知识目标

1. 知悉 AIGC 的发展历程。
2. 掌握 AIGC 技术的核心原理，包括深度学习、生成式对抗网络（GANs）、自然语言处理（NLP）及计算机视觉等多个领域的技术基础。
3. 了解 AIGC 技术在办公、商务、医疗、教育等领域的应用和发展趋势。

能力目标

1. 能够陈述 AIGC 的概念及应用场景。
2. 能够进行基本的 AIGC 应用。
3. 能够搭建电脑及手机端 AIGC 综合应用环境。

随着人工智能技术的飞速发展，“人工智能+”正在将人工智能技术与各行各业相结合，通过创新的商业模式和服务方式，为传统产业带来效率提升、成本降低和用户体验改善。AIGC 已逐渐渗透到我们生活的方方面面，从商务应用到媒体娱乐，从教育医疗再到金融制造，AIGC 技术的广泛应用不仅提高了工作效率，还为用户带来了更加个性化和智能化的服务体验。在媒体娱乐领域，AIGC 助力实现精准推送，提高广告转化率和效果；在教育领域，AIGC 为个性化教育提供了新的解决方案；在医疗领域，AIGC 辅助医生进行更准确的诊断，为患者提供个性化的健康管理计划。此外，AIGC 还在制造、金融、农业等领域展现出广阔的应用前景。然而，随着技术的快速发展和应用范围的扩大，我们也必须关注其伦理和隐私问题，确保技术的健康和可持续发展。

AIGC 概述

AIGC 是近年来随着人工智能技术的飞速发展而兴起的一种新型内容创作方式。它代表了人工智能技术在内容创作领域的重要应用，是继专业生产内容（PGC）、用户生产内容（UGC）之后的一种创新内容生成模式。

一、AIGC 的定义

AIGC（Artificial Intelligence Generated Content，人工智能生成内容）是生成式人工智能（GenAI，生成式 AI）的主要形式。

生成式人工智能是一种基于深度学习的机器学习模型，通过学习大量数据来生成新的、与原始数据相似但并不完全相同的数据。与传统的人工智能技术主要关注于数据的分类、预测和识别不同，生成式人工智能专注于创造新的、富有创意的数据。其核心原理在于通过学习和理解数据分布，进而生成具有相似特征的新数据。生成式人工智能的工作原理主要基于深度神经网络，通过训练大规模的数据集，学习抽象出数据的本质规律和概率分布，并利用生成模型生成新的数据。

AIGC 是指基于生成对抗网络（GAN）、大型预训练模型等人工智能技术方法，通过对已有数据的学习和识别，以适当的泛化能力生成相关内容的技术。其核心思想是利用人工智能算法生成具有一定创意和质量的内容。通过训练模型和大量数据的学习，AIGC 可以根据输入的条件或指导，生成与之相关的文本、图像、音频、视频等多种类型的内容。

AIGC 在多个领域都有广泛的应用，包括但不限于：

（1）文本生成：根据给定的话题或内容生成创意文本、故事、新闻稿、诗歌等。

AIGC 可以应用于新闻报道、文学创作、广告文案等多个场景。

（2）图像生成：生成高质量、独特的图像作品，包括绘画、插图、设计、艺术品等。在营销、娱乐、教育等领域，用户可以利用 AIGC 技术生成个性化的图像内容。

（3）音频生成：创作音乐、歌曲、声音效果或其他音频内容，提供新颖和多样化的音乐体验。AIGC 在音乐创作、有声读物制作等方面展现出独特价值。

（4）视频生成：生成影片、动画、短视频等，具备专业级的画面效果和剧情呈现。AIGC 在影视制作、广告推广等领域发挥重要作用。

（5）其他领域：如 3D 生成、游戏生成、数字人生成、代码生成等。AIGC 为游戏开发、虚拟现实、影视制作、软件开发等领域提供多样化的创意和设计支持。

二、AIGC 与大语言模型

大语言模型（Large Language Model，LLM）是一种具有数千亿（甚至更多）参数的自然语言处理模型，它们通过在大规模文本数据上进行无监督训练而得到。这些模型通常基于 Transformer 架构，包含多头注意力层，堆叠在一个非常深的神经网络中。常见的国外大语言模型包括 GPT 系列（如 GPT-4）、PaLM、Galactica 和 LLaMA 等；国内的大语言模型包括文心一言、讯飞星火、腾讯元宝、通义千问、天工 AI、Kimi 等。大语言模型在模型规模、预训练数据量和总体计算量上都有大幅的增加，这使得它们能够更好地理解自然语言，并能根据给定的上下文生成高质量的文本。

大语言模型构成了 AIGC 技术的核心支柱，其重要性不言而喻。在 AIGC 的文本创作实践中，它依赖于大语言模型所展现的卓越能力，确保产出的文本内容既精准又富有逻辑性。通过对大语言模型的深度训练，AI 能够精准捕捉并内化人类语言的精髓与规律，进而创作出贴合人类语言习惯的高质量文本。AIGC 技术的边界，随着大语言模型的广泛应用而不断拓宽。

随着技术的不断进步，AIGC 与大语言模型的结合将更加紧密。未来，我们有望看到更多基于大语言模型的 AIGC 应用出现，这些应用将为用户提供更加丰富和个性化的内容体验。同时，随着模型参数规模的不断攀升和算法的不断优化，AIGC 生成内容的质量和效率也将得到进一步提升。

三、AIGC 的发展历程

AIGC 是人工智能 1.0 时代进入 2.0 时代的重要标志，它代表着人工智能技术的一大飞跃，使得机器能够像人一样创作各种各样的内容，如文字、图片、视频、音频、游戏和虚拟人等。AIGC 以其强大的创造力和创新性，正在为各行各业带来全新的创作方式和体验。AIGC 的发展历程是一段融合了技术创新、市场应用和社会认知变革的史诗。从早期的技术探索，到逐渐的商业化应用，再到如今的深度融合与创新，AIGC 已经走过了数十年的历程。

（一）早期萌芽阶段（20 世纪 50 年代至 90 年代）

AIGC 的概念虽然在近年来才受到广泛关注，但其根源可追溯至 20 世纪 50 年代。

在这个时期，由于技术限制，AIGC 仅限于小范围实验和应用。例如，1957 年出现了首支由电脑创作的音乐作品《依利亚克组曲（Illiac Suite)》，这是 AIGC 在音乐领域的初步尝试。但是由于高成本和难以商业化，AIGC 的资本投入有限，因此未能取得显著的进展。

（二）沉淀累积阶段（20 世纪 90 年代至 2015 年）

进入 20 世纪 90 年代后，随着计算机技术的飞速发展，AIGC 逐渐从实验性转向实用性。这一阶段的关键技术是深度学习算法的进步和算力设备的日益精进。2006 年，深度学习算法取得了重要进展，为 AIGC 的后续发展奠定了坚实基础。

在这一阶段，AIGC 开始在一些特定领域得到应用。例如，2007 年微软研究院发布了首部由 AIGC 创作的小说《在路上》（I The Road)，展示了 AIGC 在文学创作方面的潜力。2012 年，微软展示了全自动同声传译系统，该系统主要基于深度神经网络（DNN)，能够将英文讲话内容通过语音识别等技术生成中文，这标志着 AIGC 在跨语言交流方面的重要突破。

（三）快速发展阶段（2016 年至今）

这一时期，深度学习算法的不断创新和优化为 AIGC 的飞速发展提供了强大动力。

AIGC 开始广泛应用于图像、音频、视频等多个领域。例如，2017 年微软的人工智能少年“小冰”推出了世界首部由人工智能写作的诗集《阳光失了玻璃窗》，展示了 AIGC 在文学创作领域的独特魅力。同时，在图像生成方面，英伟达（NVIDIA）发布的 StyleGAN 模型能够自动生成图片，进一步拓宽了 AIGC 的应用场景。

近年来，AIGC 的发展更是日新月异。例如，2019 年深度思考（DeepMind）发布的 DVD-GAN 模型能够生成连续视频，将 AIGC 的应用推向了新的高度。2021 年 OpenAI 推出的 DALL-E 及其更新迭代版本 DALL-E-2，则主要用于文本和图像的交互生成内容，极大地丰富了 AIGC 的创意表达方式。2023 年，AIGC 技术取得了突破性进展，不仅降低了数字内容生产的成本和门槛，还拓展了生产空间和维度，引领了产业变革。通过 AIGC 技术，各行业可以实现更高效、更智能的内容生产，推动产业升级和转型。

2024 年，AIGC 技术取得了显著的技术进展，特别是在视频生成领域。OpenAI 发布的 Sora 模型，能够根据提示词生成 60 秒的连贯视频，这一技术的突破预示着视觉叙事新时代的到来。

2024 年 1 月，钉钉联合国际知名咨询机构 IDC 发布的《2024 AIGC 应用层十大趋势白皮书》指出，大型模型不再仅仅是时尚的象征，而是能真正发挥实效、提升效率的利器。专属、自建模型在中大型企业中不断涌现，成为一股不可阻挡的潮流。

AIGC 技术的未来发展趋势包括应用层创新、AI 智能体、专属模型、超级入口、多模态、AI 原生应用、AI 工具化、AI 普惠化等。根据预测，2024 年中国 AIGC 应用市场规模将达到 200 亿元人民币，预计到 2030 年将达到万亿元规模市场，五年平均复合增长率超过 30%。这些趋势预示着 AIGC 技术将在未来几年内实现快速增长，成为推动经济发展的新动力。

AI 知识链接

人工智能 +、AI 思维与 AI 超级个体

1. 人工智能 +

“人工智能 +”是人工智能技术与各行各业、各种应用场景的深度融合。它不仅是技术本身的发展，更是技术与应用场景的紧密结合，通过智能化手段提升各行业的效率和创新能力。其本质是将人工智能作为一种工具或平台，为传统行业提供新的解决方案和增长动力。通过“人工智能 +”的应用，可以实现生产过程的智能化、管理决策的精准化、服务体验的个性化等目标。

“人工智能 +”的应用领域非常广泛，几乎涵盖了国民经济的各个方面。以下是一些主要的应用领域：

（1）制造业：通过引入人工智能技术，实现生产过程的自动化、智能化和柔性化。例如，利用机器人进行精密加工、利用智能算法进行生产调度和质量管理等。

医疗健康：人工智能在医疗领域的应用包括辅助诊断、个性化治疗、药物研发等方面。通过大数据分析和机器学习算法，可以提高诊断的准确性和效率，为患者提供更加个性化的治疗方案。

（2）金融服务：人工智能在金融领域的应用包括智能投顾、风险管理、反欺诈等方面。通过智能化手段，可以提高金融服务的效率和安全性，降低运营成本。

（3）教育：人工智能在教育领域的应用包括个性化教学、智能评估、虚拟助教等方面。通过智能化手段，可以为学生提供更加个性化的学习体验和更加精准的学习效果评估。

（4）交通出行：人工智能在交通领域的应用包括自动驾驶、智能交通系统等方面。通过智能化手段，可以提高交通出行的安全性和效率，减少交通拥堵和事故发生的可能性。

未来，“人工智能 +”将更加注重与实体经济的深度融合，加速数字化转型进程。同时，随着人工智能技术的不断创新和完善，“人工智能 +”的应用将更加智能化、精准化和个性化，为经济社会发展注入新的动力和活力。

2. AI 思维

AI 思维是一种基于人工智能技术变革的思维方式。AI 思维的核心在于利用 AI 的知识和技术来引导我们工作和处理问题的模式，它涉及使用算法、数据分析和机器学习等技术来解决问题和做出决策。AI 思维正在深刻地改变人类的工作和生活方式，从提高工作效率到提供个性化服务，再到改善生活品质，AI 思维的应用无处不在。随着技术的不断进步，AI 思维在未来将带来更多的创新和变革。

3. AI 超级个体

AI 超级个体是指利用人工智能技术显著提升个人生产力和创造力的个体。这些个体在 AI 技术的辅助下，能够以更高的效率和准确性执行任务和做出决策，从而在各自领域中表现出色。

AI 超级个体的实现途径包括深入学习和专业知识的学习，这有助于在人工智能领域或其他领域中发挥出色的表现和影响力。此外，AI 技术的普及为超级个体创造了更多的机遇，使个人能够在更广阔的领域展示才华，通过互联网获得知识，借助开源工具进行创造性工作。

成为 AI 超级个体过程中可能遇到的挑战与机遇包括自我品牌的建立、灵活的工作方式及数据驱动的创新。这些个体通过学习并掌握 AI 提示词，可以在极短的时间内完成素材和信息的收集，实现内容和设计的创作。

单元二

AIGC 基本技术原理

AIGC 的技术原理是建立在深度学习、生成式对抗网络（GANs）、自然语言处理（NLP）及计算机视觉等多个领域的技术基础之上的。这些技术的融合使得 AIGC 能够自动生成文本、图像、音频、视频等多种形式的内容。下面详细介绍 AIGC 的技术原理。

一、深度学习基础

深度学习是 AIGC 技术的核心。它是一种机器学习技术，通过建立深层的神经网络模型来模拟人类的思维过程。深度学习模型能够从大量数据中自动提取有用的特征，并通过逐层传递的方式，将低层次的特征组合成高层次的表示，从而实现复杂的功能。在 AIGC 中，深度学习被用于生成模型、判别模型及语言模型等多个方面。

二、生成式对抗网络

生成式对抗网络（GANs）是 AIGC 中最重要的技术之一。GANs 由两个神经网络组成：生成器和判别器。生成器的任务是根据随机噪声生成新的数据样本，判别器的任务是判断输入的数据是真实数据还是由生成器生成的数据。通过不断地对抗训练，生成器和判别器逐渐提高自己的性能，最终生成器能够生成与真实数据非常相似的新数据。

在 AIGC 中，GANs 被广泛用于图像、音频和视频的生成。例如，在图像生成方面，GANs 可以根据给定的条件（如文本描述或风格标签）生成相应的图像。这种条件生成对抗网络（cGANs）使得 AIGC 能够根据用户需求定制化生成内容。

三、自然语言处理

自然语言处理（NLP）是 AIGC 在文本生成方面的关键技术。NLP 旨在让计算机理解和处理人类语言。在 AIGC 中，NLP 技术被用于分析文本数据、提取关键信息及生成新的文本内容。

具体来说，NLP 技术首先会对大量的文本数据进行预处理和分词操作，将其转换为计算机可理解的格式。然后，通过词嵌入（Word Embedding）技术将词汇转换为向量表示，以便进行数学运算和比较。接下来，利用循环神经网络（RNN）或 Transformer 等模型对文本数据进行建模和预测。这些模型能够捕捉文本中的时序依赖关系和语义信息，从而生成连贯的、有意义的文本内容。

此外，NLP 技术还可以结合 GANs 进行文本生成。例如，通过训练一个文本生成对抗网络（TextGAN），可以生成与真实文本相似的假文本数据。这种技术在文学创作、新闻报道等领域具有广泛的应用前景。

四、计算机视觉

计算机视觉技术在 AIGC 中主要用于图像和视频内容的生成与理解。通过图像识别、目标检测、图像分割等技术手段，计算机视觉系统能够提取图像中的关键信息并进行相应的处理。

在 AIGC 中，计算机视觉技术被用于指导 GANs 生成符合特定要求的图像内容。例如，在条件生成对抗网络（cGANs）中，可以根据给定的标签或文本描述生成相应的图像。此外，计算机视觉技术还可以用于视频内容的分析和生成。通过对视频帧进行逐帧处理和分析，可以提取出视频中的关键信息和动态特征，并结合 GANs 生成新的视频内容。

除了上述技术原理外，AIGC 还涉及其他多个领域的知识和技术融合。例如，强化学习技术可以用于优化生成模型的性能；迁移学习技术可以利用已有模型进行快速学习和适应新任务；多模态融合技术可以将不同模态的数据（如文本、图像、音频等）进行有效融合和利用。

总之，AIGC 的技术原理是建立在深度学习、生成式对抗网络（GANs）、自然语言处理（NLP）及计算机视觉等多个领域的技术基础之上的综合体现。这些技术的融合使得 AIGC 能够自动生成文本、图像、音频、视频等多种形式的内容，并为用户提供更加智能化和个性化的服务体验。随着技术的不断发展和创新，我们有理由相信 AIGC 将会在未来发挥更加重要的作用，并改变我们的生活方式和工作方式。

AI 超级个体训练

AI 智能生成程序代码

文心一言、讯飞星火、通义千问等 AIGC 工具都可以智能生成程序代码。这些工具利用人工智能技术，根据用户的需求和自然语言描述，自动生成相应的程序代码。

下面以文心一言为例，生成一个程序代码。

提示词：

你是一名计算机高级程序员，请你生成一个 Python 程序，用于在当前目录下创建一个名为 data.txt 的文本文件，并随机向文件中写入 10 个单词，每个单词一行。然后读取这些单词，按 ASCII 升序排列后，在终端用一行输出，单词之间用逗号分隔。

文心一言输出结果如图 1－1 所示。

```python
import random
import string

# 生成一个包含所有可能字母的字符串
all_letters = string.ascii_letters
# 创建一个空列表，用于存储随机生成的单词
words = []
# 生成10个随机单词
for _ in range(10):
    # 随机选择一个单词长度(在4到10之间)
    word_length = random.randint(4, 10)
    # 生成一个由随机字母组成的单词
    word = ''.join(random.choices(all_letters, k=word_length))
    # 将单词添加到列表中
    words.append(word)
# 打开(或创建)名为"data.txt"的文件，并写入随机生成的单词
with open('data.txt', 'w') as file:
    for word in words:
        file.write(word + '\n')
# 读取"data.txt"文件中的所有单词，并将它们存储在一个列表中
with open('data.txt', 'r') as file:
    words_from_file = file.read().splitlines()
# 使用ASCII升序对单词进行排序
sorted_words = sorted(words_from_file, key=lambda w: ord(w[0]))
# 在终端用一行输出这些单词，单词之间用逗号分隔
print(','.join(sorted_words))
```

图 1－1　文心一言智能生成 Python 程序代码

你可以查看生成的代码，并根据需要进行修改或优化；然后在 Python 开发环境中运行修改后的程序，即可在当前目录下生成 data.txt 文件，并在终端按 ASCII 升序输出文件中的单词。

AIGC 应用前景

AIGC 技术日益受到人们的关注，AIGC 应用正在普及。AIGC 结合了深度学习、自然语言处理（NLP）和计算机视觉等多个领域的技术，能够自动生成文本、图像、音频、视频等多种形式的内容。这种技术的出现，不仅大大提高了内容生产的效率，还为各行各业带来了前所未有的创新机会。

一、AIGC 在日常办公中的应用

AIGC 在办公领域的应用日益广泛，极大地提升了办公效率和用户体验。

AIGC 在办公领域的应用涵盖了自动化办公流程、智能写作与编辑、语音识别与自然语言处理、数据分析与智能决策、智能设计与生成及协作办公与知识共享等多个方面。这些应用不仅提高了办公效率和质量，还促进了企业的数字化转型和创新发展。

二、AIGC 在媒体与娱乐行业的应用

媒体与娱乐行业是 AIGC 技术应用的先行者。在这个领域，AIGC 已经展现出了惊人的潜力。一部电影或电视剧中的角色、场景、特效及背景音乐，全部由 AIGC 技术自动生成，可极大地缩短制作周期，降低成本，同时保证高质量的视觉体验。此外，AIGC 还能根据观众的喜好和反馈，智能生成更符合市场需求的内容。

在游戏领域，AIGC 同样大放异彩。通过智能生成逼真的虚拟角色和游戏场景，AIGC 为玩家提供了更加沉浸式的游戏体验。而且，AIGC 还能根据玩家的游戏行为和偏好，智能调整游戏难度和情节，让每位玩家都能享受到个性化的游戏体验。

三、AIGC 在广告与市场营销领域的突破

广告和市场营销行业也正在经历一场由 AIGC 引领的变革。传统的广告制作周期长、成本高，而 AIGC 技术的引入则大大简化了这一过程。现在，广告商可以利用 AIGC 技术快速生成各种形式的广告内容，如动态海报、视频广告等，不仅提高了制作效率，还能更好地吸引消费者的注意。

更重要的是，AIGC 技术为精准营销提供了新的可能。通过分析消费者的数据和行为习惯，AIGC 可以生成个性化的广告内容，实现精准推送。这种“千人千面”的广告策略，可大大提高广告的转化率和效果。

四、AIGC 在教育领域的创新

教育领域同样受益于 AIGC 技术的发展。在教育资源分配不均的当下，AIGC 技术

为个性化教育提供了新的解决方案。利用 AIGC 技术，教育机构可以快速生成个性化的学习资源和教学材料，满足不同学生的学习需求。

此外，AIGC 还在智能辅导和在线学习平台上发挥了重要作用。通过分析学生的学习数据和行为习惯，AIGC 能够提供针对性的学习建议和反馈，帮助学生更加高效地掌握知识。这种智能化的学习方式有望成为未来教育的主流模式。

五、AIGC 在医疗领域的进步

在医疗领域，AIGC 技术的应用同样令人瞩目。在医学影像诊断方面，AIGC 技术可以通过深度学习和图像处理技术自动生成诊断报告和建议，辅助医生进行更准确的诊断。这不仅提高了诊断效率，还有助于减少误诊和漏诊的情况。

除此之外，AIGC 还能为患者提供个性化的健康管理和康复计划。通过分析患者的健康数据和病历信息，AIGC 可以生成定制化的饮食、运动和用药建议。这种个性化的健康管理方式将有助于提高患者的生活质量并控制病情发展。

六、AIGC 在其他行业的探索

除了上述行业外，AIGC 还在制造业、金融业、农业等领域展现出了广阔的应用前景。在制造业中，AIGC 可以用于优化工艺流程和提高产品质量；在金融业中，AIGC 可以辅助风险评估和投资决策；在农业中，AIGC 则有助于制定科学的种植计划和管理策略。

AIGC 展现出了强大的应用能力和广阔的市场前景。然而，随着技术的快速发展和应用范围的扩大，我们也必须关注其伦理和隐私问题，确保技术的健康、可持续发展。

AI 超级个体训练

AI 练英语口语

AIGC 在英语口语陪练领域的应用，极大地丰富了学习体验，提高了学习效率。以网易有道发布的 AI 口语教练为例，该产品基于“子曰”大模型研发，展现了 AIGC 在英语口语陪练中的实际应用。该口语教练能够提供多元场景及角色扮演等功能，助力国内英语学习者更好地练口语。用户可以选择不同的对话场景和话题，如“互相介绍”“讨论天气”“求职面试”等，系统会根据用户的选择进行角色扮演和对话引导。在对话过程中，AI 口语教练能够展示较强的推理能力、语言能力和情感能力，为用户提供真实有趣的对话体验。AI 语言大模型通过智能体构建，可以建立更加丰富的英语口语陪练功能。

下面以豆包为例，介绍相关应用。

1. 在手机端打开豆包 App，并登录。

2. 选择左上角豆包头像左侧“<”按钮，进入“对话”界面。

3. 在“对话”界面下方选择“发现”按钮，进入智能体搜索页面。搜索“英语口语”可以找到“Karin（英语口语陪练）”，如图 1－2 所示。

图 1-2 豆包 Karin 英语口语陪练智能体界面

单元四

国内主要的 AIGC 工具

我国 AIGC 工具或平台的总体情况正在经历快速的发展和变革。随着人工智能技术的进步，越来越多的企业和团队投身于 AIGC 领域，推动了相关工具和平台的不断涌现和创新。

目前，国内的 AIGC 工具和平台已经涵盖了多个方面，包括文本生成、图像生成、音频生成、视频生成等。这些工具不仅提高了内容生成的效率，还为各行各业带来了前所未有的创新机会。例如，在文本生成方面，一些 AIGC 工具能够根据用户提供的关键词或主题，快速生成高质量的文章或故事。在图像生成方面，AIGC 工具可以根据用户的文字描述，生成符合要求的图片或设计。

此外，国内AIGC工具和平台还展现出了多样化的应用场景。无论是在媒体娱乐、广告营销、教育医疗，还是在金融、制造等其他行业，AIGC都在发挥着越来越重要的作用。

国内主要的AIGC工具及平台简要介绍如下：

一、文心一言

文心一言是百度基于文心大模型技术推出的生成式对话产品，被誉为“中国版ChatGPT”。它具备文学创作、商业文案创作、数理逻辑推算、中文理解及多模态生成等功能，旨在助力金融、能源、媒体、政务等行业的智能化变革。文心一言通过百度智能云对外提供服务，推动AI普惠。

二、通义千问

通义千问是阿里云推出的一款超大规模语言模型，具备多轮对话、文案创作、逻辑推理、多模态理解及多语言支持等功能。它能与人类进行多轮交互，理解文字、图像等多种形式的内容，并通过知识图谱提供准确的答案。通义千问在教育、咨询、信息检索等领域发挥了重要作用，推动了智能化信息获取和问题解决。

三、讯飞星火

讯飞星火是科大讯飞推出的AI大语言模型，全面对标GPT-4 Turbo，具备代码生成、内容创作、逻辑推理、数学解题等多元能力。讯飞星火大模型通过持续从海量数据和知识中学习与进化，提供个性化的模型体验，并在企业服务、智能硬件、智慧政务等多个领域赋能千行百业的客户，提升业务效率与竞争力。

四、豆包

豆包是由字节跳动推出的一款基于深度学习技术的多模态大模型，具备出色的自然语言处理能力和广泛的应用场景。该模型通过大规模数据进行训练，支持智能问答、文本生成、情感分析、机器翻译等多种功能，并在企业市场中展现出显著的价格优势。豆包大模型家族包含多个子模型，适配不同业务需求，助力企业提升信息处理能力和运营效率。

五、腾讯元宝

腾讯元宝是由腾讯公司推出的一款基于自研混元大模型的AI助手App。它具备万亿级参数规模，提供AI搜索、AI总结、AI写作等核心能力，支持多格式文档解析和超长上下文窗口处理。此外，腾讯元宝还涵盖口语陪练、超能翻译官、百变AI头像等特色AI应用，旨在覆盖用户的工作、学习和日常生活场景，提供丰富多样的智能服务。

六、智谱清言

智谱清言是北京智谱华章科技有限公司推出的生成式AI助手，基于智谱AI自主研发的中英双语对话模型 ChatGLM2。它具备通用问答、多轮对话、创意写作、代码生成及虚拟对话等能力，并计划开放多模态生成能力。智谱清言旨在为用户在工作、学习和日常生活中提供实时、准确的信息和解决方案。

七、360 智脑

360 智脑是 360 公司自主研发的认知型通用大模型，它充分利用了 360 在大数据和算力方面的优势，具备生成创作、多轮对话、逻辑推理等十大核心能力，并且已经迭代至 4.0 版本。360 智脑支持文字、图像、语音、视频等多种模态的生成，广泛应用于产业数字化领域，为各行各业提供强大的智能支持。

八、华为盘古

华为盘古是华为推出的大模型，旨在提供高效的 AI 计算能力和优化算法，支持各种应用场景，如自然语言处理、图像识别等。

九、天工 AI

天工 AI 是昆仑万维公司发布的创新 AI 搜索产品，它基于昆仑万维自研的天工大模型构建而成。与传统的搜索引擎不同，天工 AI 搜索是一种生成式搜索，用户可以通过自然语言清晰地表达自己的意图，并获得经过有效组织和提炼后的答案。这种搜索方式极大地提升了信息理解效率，为用户带来了全新的搜索体验。

十、百川大模型

百川大模型是由百川智能公司推出的先进人工智能模型，它融合了意图理解、信息检索及强化学习等多项技术。在知识问答和文本创作领域，百川大模型表现出色，能够为用户提供准确、丰富的答案和高质量的文本内容。目前，百川大模型已经开源了多个版本，并支持免费商用，这将进一步推动人工智能技术的广泛应用和发展。

十一、商汤商量

商汤商量是商汤科技旗下的中文语言大模型应用平台，它能够帮助用户完成逻辑推理、规划建议、内容创作等 AIGC 任务。商汤商量提供了对话大模型和文档大模型等多种功能，全面对标 GPT-4o，为用户提供了强大的语言处理能力和智能化的应用体验。无论是个人用户还是企业用户，都可以通过商汤商量实现更高效、更智能的信息处理和工作流程优化。

十二、Kimi

Kimi 是由月之暗面公司倾心打造的一款智能聊天机器人，支持多种平台使用，包括网页版、App 版及微信小程序。它不仅能够进行流畅的智能对话，解答用户的各种问题，还扮演着生活助手的角色。Kimi chat 特别擅长处理和分析长文本，能够从大量文档中提取出重要信息，为用户提供高效、便捷的服务体验。

十三、紫东太初

紫东太初是由中国科学院自动化研究所研发的跨模态通用人工智能平台，它具有跨模态理解与生成的能力。作为全球首个图文音三模态预训练模型，紫东太初在视频配音、语音播报等多元场景中表现出色。它的出现标志着人工智能技术在跨模态处理方面取得了重要突破，为未来的智能化应用提供了更广阔的可能性。

十四、万知 AI

万知 AI 是由零一万物推出的一站式 AI 工作平台。它提供了 AI 对话、文档解析、AI 辅助创作等多种功能，旨在帮助用户在教育、投资分析等领域提升工作效率和创作质量。万知 AI 通过集成先进的人工智能技术，为用户提供便捷、高效的智能工具，助力用户在各个领域中取得更好的成果。

AI 超级个体训练

AI 智能生成演讲稿

文心一言、讯飞星火、通义千问等 AIGC 工具都可以智能生成各种文案。先试为快，我们来体验一下使用讯飞星火 AI 智能生成演讲稿。

提示词：

你现在是一名大学二年级学生，准备参加学生会主席竞聘，需要准备一篇以“服务同学，实现梦想”为主题的竞聘演讲稿，突出服务同学，创新工作方法，提升工作成效。不超过 500 字。

使用讯飞星火智能生成演讲稿参考结果如图 1－3 所示。

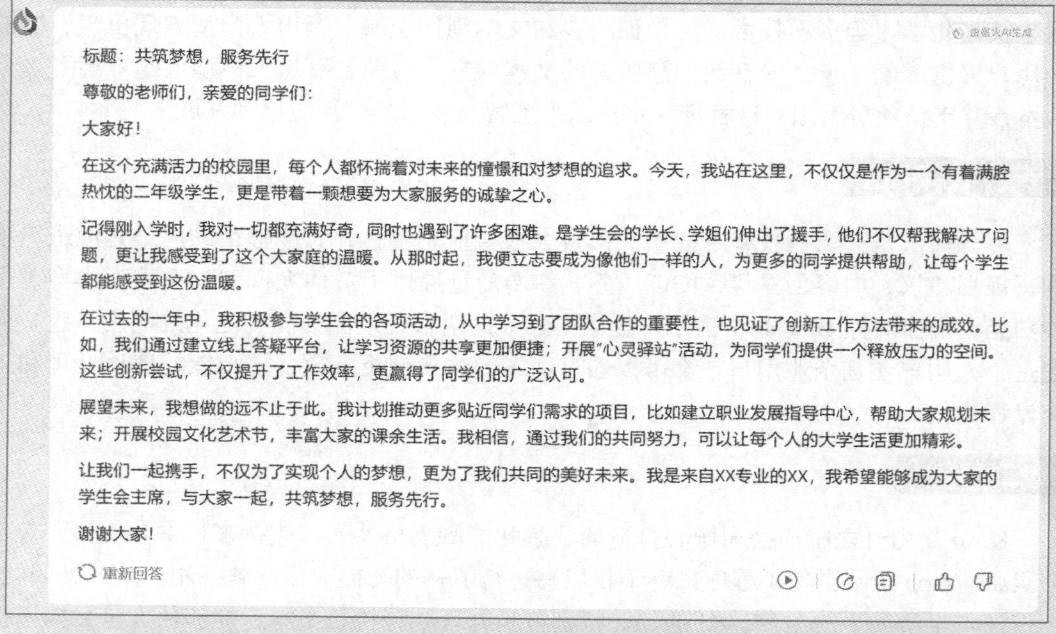

由星火AI生成

标题：共筑梦想，服务先行

尊敬的老师们，亲爱的同学们：

大家好！

在这个充满活力的校园里，每个人都怀揣着对未来的憧憬和对梦想的追求。今天，我站在这里，不仅仅是作为一个有着满腔热忱的二年级学生，更是带着一颗想要为大家服务的诚挚之心。

记得刚入学时，我对一切都充满好奇，同时也遇到了许多困难。是学生会的学长、学姐们伸出了援手，他们不仅帮我解决了问题，更让我感受到了这个大家庭的温暖。从那时起，我便立志要成为像他们一样的人，为更多的同学提供帮助，让每个学生都能感受到这份温暖。

在过去的一年中，我积极参与学生会的各项活动，从中学习到了团队合作的重要性，也见证了创新工作方法带来的成效。比如，我们通过建立线上答疑平台，让学习资源的共享更加便捷；开展“心灵驿站”活动，为同学们提供一个释放压力的空间。这些创新尝试，不仅提升了工作效率，更赢得了同学们的广泛认可。

展望未来，我想做的远不止于此。我计划推动更多贴近同学们需求的项目，比如建立职业发展指导中心，帮助大家规划未来；开展校园文化艺术节，丰富大家的课余生活。我相信，通过我们的共同努力，可以让每个人的大学生活更加精彩。

让我们一起携手，不仅为了实现个人的梦想，更为了我们共同的美好未来。我是来自XX专业的XX，我希望能够成为大家的学生会主席，与大家一起，共筑梦想，服务先行。

谢谢大家！

重新回答

图 1－3　讯飞星火智能生成的演讲稿

搭建电脑和手机 AIGC 综合应用环境

一、实训背景

现阶段，AIGC 技术及应用正处于快速发展阶段，文心一言、Kimi、讯飞星火、通义千问、腾讯元宝、天工 AI、紫东太初等综合 AI 应用平台不断迭代更新，AiPPT、度加剪辑、通义万相、可灵、万彩 AI、稿定等专业化 AIGC 应用工具大量涌现。这些 AI 应用工具的功能不尽相同，各具特色。在这种情况下，我们需要根据不同的需要选择不同的 AIGC 平台或工具赋能学习、工作和生活。搭建 PC 端和手机端的 AIGC 综合运用环境可以增强 AI 赋能方便性和实用性。

典型的 AIGC 综合运用环境应该集成典型的 AIGC 通用平台和专用 AIGC 工具，安装具备 AIGC 功能的办公软件，安装具备 AI 功能的输入法及其他 AI 赋能软件，使得使用者在学习、工作和生活中时时体验 AI 赋能的乐趣和效率。

二、实训环境

1. PC 台式电脑，安装 Windows 10 及以上版本操作系统，连接互联网。
2. 安卓手机，安装 Android 8 及以上版本移动操作系统，连接移动互联网。

三、实训内容

（一）搭建 PC 台式电脑 AIGC 综合应用环境

1. 安装 360AI 浏览器。
2. 在 360AI 浏览器中集成 AIGC 通用平台应用和专用 AIGC 应用工具。
3. 安装 AI 办公软件。
4. 安装 AI 输入法。
5. 安装其他 AIGC 软件。

（二）搭建安卓手机 AIGC 综合应用环境

1. 安装典型的 AIGC App 应用。
2. 安装手机版 360AI 浏览器。
3. 在手机版 360AI 浏览器中集成 AIGC 通用平台应用和专用 AIGC 应用工具。
4. 安装手机版 AI 办公软件。
5. 安装手机版 AI 输入法。
6. 安装其他手机版 AIGC 软件。

（三）拓展训练

按照自己的需要完善电脑桌面及手机 AIGIC 综合运用环境搭建。

四、实训准备

找出典型的 AIGC 应用工具、平台的安装下载网站或 App 扫码安装二维码（小程序），按照综合类 AIGC 应用、AI 智能绘图应用、AI 智能办公应用、AI 智能视频创作工具、AI 智能写作工具、AI 智能程序设计工具、AI 智能体开发应用、AI 商务赋能应用、AI 智能搜索、AI 浏览器、AI 输入法等分类制作表格（见表 1－1），作为 AIGC 综合应用环境搭建辅助信息。

表 1－1　典型 AIGC 应用工具或平台

类型	Logo	名称
综合类 AIGC 应用	文心一言	文心一言
	讯飞星火	讯飞星火
	通义	阿里通义
	K	Kimi
	豆包	豆包
	360智脑	360 智脑
	天工AI	天工 AI
		腾讯元宝
	ChatGLM	智谱清言
	百川智能 BAICHUAN AI	百川智能
	紫东太初	紫东太初
	万知	万知

续表

类型	Logo	名称
AI 智能绘图应用	通义万相	通义万相
	文心一格 AI艺术和创意辅助平台	文心一格
	360智绘	360 智绘
AI 智能办公应用	WPS AI	WPS AI
	360办公助手	360AI 办公
	AmyMind	AmyMind 思维导图
	知犀AI	知犀 AI 智能思维导图
	讯飞智文	讯飞智文
	iSlide	iSlide
	AiPPT.cn	AiPPT
	文 百度文库	百度文库
	CHATEXCEL	酷表
AI 智能视频创作工具	度加创作工具	度加创作工具
	腾讯智影	腾讯智影
	万彩AI	万彩 AI
	剪映	剪映
	Dreamina	即变 AI
	米啫哩	米啫哩

续表

类型	Logo	名称
AI 智能写作工具	写作猫	秘塔写作猫
	新华妙笔	新华妙笔
	笔灵AI	笔灵 AI
AI 智能程序设计工具	通义灵码	通义灵码
AI 智能体开发应用	扣子	扣子
AI 商务赋能应用	InsightGPT	因赛智能
	redoon.ai	灵动 AI
AI 智能搜索	360AI搜索	360AI 搜索
	metaso.cn AI FOR SEARCH	秘塔 AI 搜索
	天工AI	天工 AI 搜索
AI 浏览器	360AI浏览器	360AI 浏览器
AI 输入法	百度输入法	百度输入法
	讯飞输入法	讯飞输入法
	搜狗输入法	搜狗输入法
	微信输入法	微信输入法

五、实训指导

扫码看视频

搭建 PC 电脑 AIGC 综合应用环境

（一）搭建 PC 台式电脑 AIGC 综合应用环境

1. 安装 360AI 浏览器。

360AI 浏览器是一款由奇虎 360 公司开发的人工智能驱动的网络浏览器。它集成了先进的 AI 技术，能够提供智能搜索、个性化推荐、安全浏览及各种增强的浏览体验。这款浏览器的目标是通过人工智能技术来帮助用户更高效地获取信息，保护用户的隐私和安全，并且提供更加个性化的上网体验。它还可以方便地集成其他 AIGC 应用。

在 360 官方网站下载安装 360AI 浏览器，下载页面如图 1－4 所示。

图 1－4　360AI 浏览器下载页面

2. 在 360AI 浏览器中集成典型 AIGC 应用工具或平台。

通过 360AI 浏览器常用网址设置功能，可以将典型的 AIGC 通用和专用工具集成到浏览器中（如图 1－5 所示），有效地方便学习、工作和生活。

可以参考表 1－1 中的各个 AIGC 应用，选择部分添加，也可以添加个性化的 AIGC 应用。

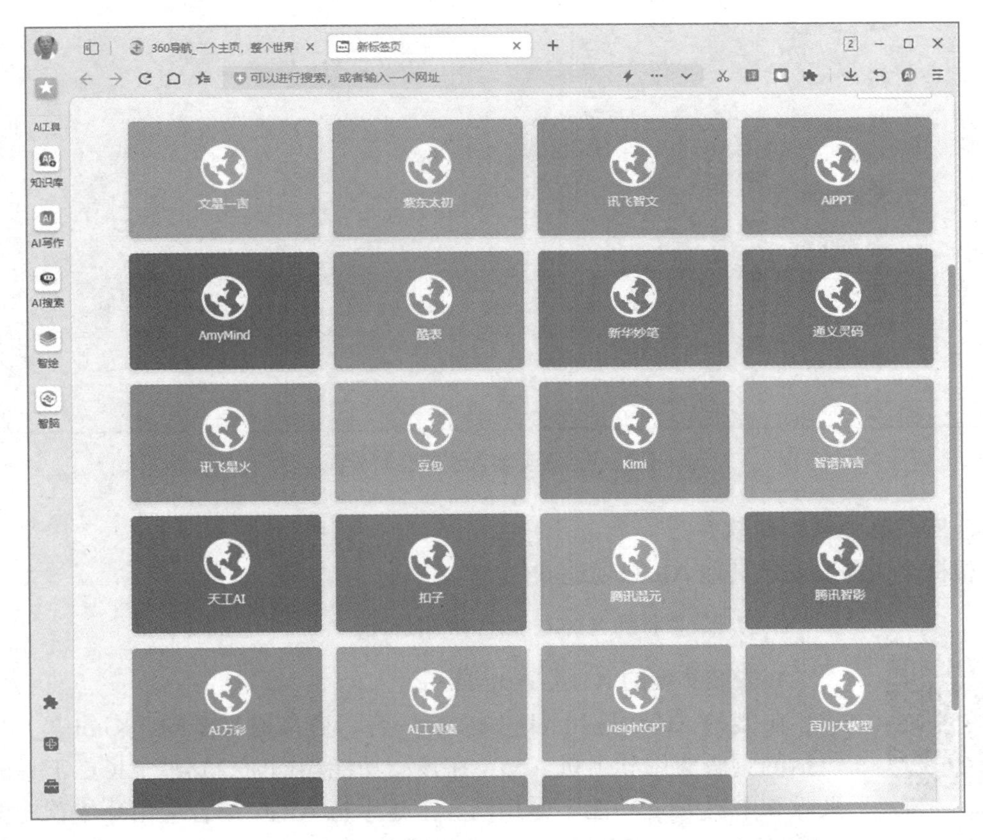

图 1－5　在 360AI 浏览器集成典型 AIGC 应用工具或平台

3. 安装 AI 办公软件。

办公软件是 PC 电脑的标配，现在国内比较普遍使用且具有 AI 赋能的办公软件中，有代表性的是 WPS AI 和 360AI 办公。

通过软件官网下载就可以完成安装。

4. 安装 AI 输入法。

AI 输入法是智能输入法工具，它结合了人工智能技术，可为用户提供高效、便捷的输入体验。比较有代表性的 AI 输入法是百度输入法、讯飞输入法和搜狗输入法。下面演示安装百度输入法。

在百度输入法网站下载安装百度输入法，并进行 AI 赋能输入体验，如图 1－6 所示。

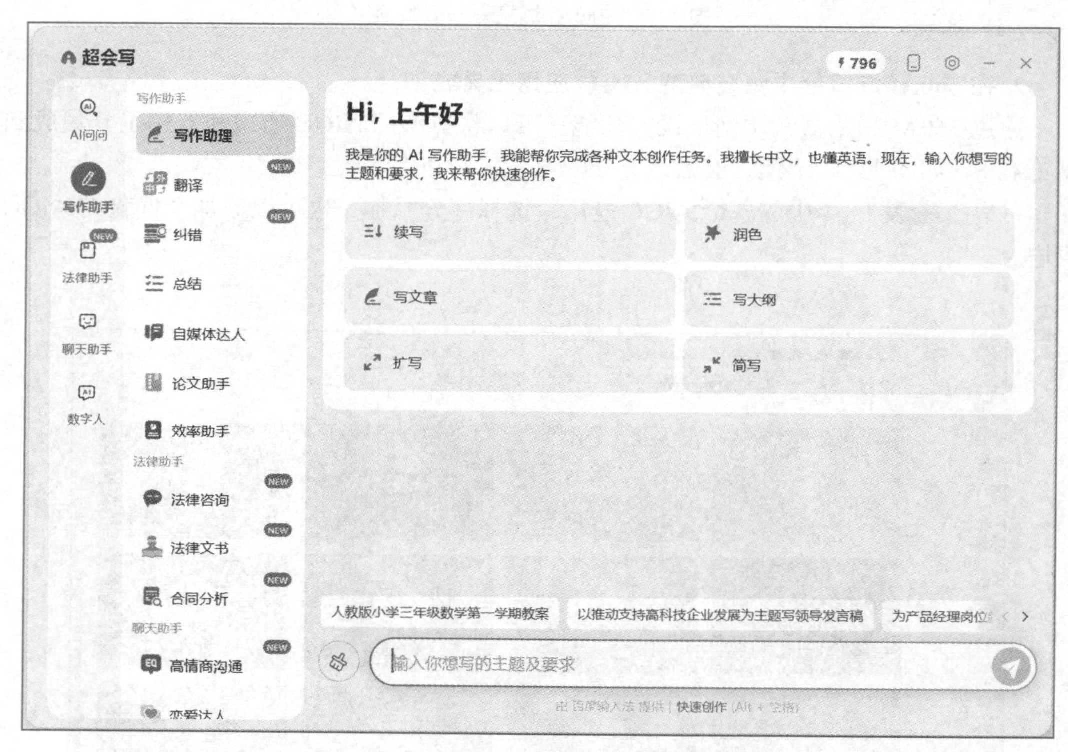

图 1－6　百度输入法超会写界面

5. 安装其他 AIGC 软件。

根据个人需要安装其他 AIGC 赋能软件。

搭建手机 AIGC 综合应用环境

（二）搭建手机 AIGC 综合应用环境

1. 安装典型的 AIGC App 应用。

典型的 AIGC 应用（比如文心一言、通义通义千问、Kimi 等）一般包括网页版应用和手机 App，在核心功能相同时，这些 AIGC 工具的网页版和手机 App 功能不尽相同。搭建手机 AIGC 综合应用环境首先就是安装这些 AIGC 手机 App，操作者可以专门设置一个手机界面来安装这些 App。具体方法是到各自的应用平台下载安装，或者在手机应用商店搜索安装即可。安装后参考效果如图 1－7 所示。

2. 安装手机版 360AI 浏览器。

360AI 浏览器也推出了手机版，该浏览器除了提供 360 综合 AIGC 功能外，还可以和 PC 浏览器一样集成其他 AIGC 应用，可以扩展手机 AI 功能。在 360 官网 360AI 浏览器下载页面（如图 1－4 所示）可以扫码下载 360AI 浏览器手机版。

3. 在手机版 360AI 浏览器中集成 AIGC 应用工具或平台。

同一款 AIGC 应用工具，比如文心一言，在 PC 网页端和手机 App 上的功能是有区别的。360AI 浏览器可以集成这些 AIGC 应用的 PC 网页端应用到手机上，这样将极大提升手机 AIGC 应用功能。

具体操作过程如下：

（1）在手机上打开前面安装的 360AI 浏览器，选择"添加（+)"按钮。

（2）在手机上选择"从网址添加"。

（3）输入相应的 AIGC 标题和对应的网址，完成一个 AIGC 应用的添加。

（4）重复（1）~（3），添加多个 AIGC 应用。

（5）完成安装后的手机 360AI 浏览器参考效果如图 1－8 所示。

图 1－7 手机安装 AIGC 应用效果

图 1－8 360AI 浏览器手机版集成 AIGC 应用

4. 安装手机版 AI 办公软件。

手机办公软件推荐安装手机版 WPS AI，其集成了文档、电子表格、PPT 演示文稿和 PDF 文件功能，并具备全面的 AI 办公应用。

操作者可在 WPS Office 官网扫码安装 WPS AI 手机版。

5. 安装手机版 AI 输入法。

同电脑端输入法一样，手机端输入法中如果具备 AI 功能，可以使手机应用如虎添翼，极大提升手机应用体验。目前手机端输入法中，百度手机输入法、讯飞手机输入法、搜狗手机输入法等都有嵌入了 AI 功能。下面以安装百度手机输入法为例。

（1）在百度输入法官网扫码安装百度输入法手机版。

（2）安装后，在手机应用中打开输入法，可以点击“AI”按钮激活 AI 输入功能。例如，使用百度输入法中的“写作助手”帮忙写作“请介绍电子商务”的情境如图 1－9 所示。

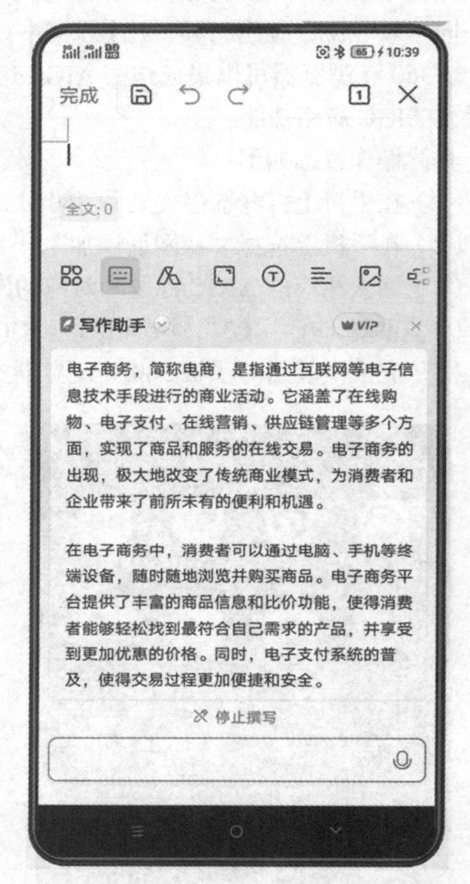

图 1－9　手机版百度输入法中的写作助手功能

6. 安装其他手机版 AIGC 软件。

根据自身的需要，安装其他 AIGC App 应用。

注意：在 360AI 浏览器手机版中使用网页版 AI 工具或平台时，虽然部分在 PC 端的功能在手机浏览器中不能实现，但是对手机 AI 功能还是有很大的提升。比如通义万相 AI 图像生成、可灵 AI 文生视频、橙篇长文写作等在 360AI 浏览器中都能正常使用，拓展了手机的 AI 能力。

（三）拓展训练

按照自己的需要完善电脑桌面及手机 AIGC 综合运用环境搭建。

1. 在 PC 端的 360AI 浏览器中设置更多的 AIGC 及其专用的 AI 工具。

2. 在手机 360AI 浏览器中设置更多的 AIGC 及其专用的 AI 工具。

3. 在手机中安装更多的 AIGC 应用 App，比如通义万相、可灵 AI、橙篇等。

4. 根据自己的需要和使用习惯更换附带 AI 赋能的电脑和手机输入法，推荐百度输入法、搜狗输入法、讯飞输入法和微信输入法。

思考与练习

1. AIGC 技术的核心原理是什么？
2. AIGC 技术在电子商务领域的应用有哪些？
3. AIGC 技术在医疗领域的应用有哪些？
4. AIGC 技术在教育领域的应用有哪些？
5. AIGC 技术在搜索引擎优化中的作用是什么？
6. 谈谈你对 AIGC 超级个体的看法。如何使自己变成 AI 超级个体？

模块二

AIGC 提示词与提示工程

学习目标

素质目标

1. 通过分析和评估不同提示词的效果，培养批判性思维。
2. 培养创新精神，鼓励尝试新方法和风格，以适应不断变化的 AI 技术和应用场景。

知识目标

1. 了解提示词如何作为与 AI 交互的桥梁，引导 AI 生成特定内容。
2. 掌握提示词的组成要素和类型，学习不同类型提示词的特点，如指令式、描述性、问答式和聊天式。
3. 认识 AIGC 技术，了解 AIGC 技术如何结合深度学习、自然语言处理和计算机视觉生成多种形式的内容。

4. 熟悉 AIGC 提示词的基本格式和范式，掌握如何构建有效的 AIGC 提示词，包括基本格式和“AIGC”“ICDO”“BROKE”等范式。
5. 了解上下文学习（ICL）和思维链（CoT），学习这些技术如何提升 AI 模型的推理能力和准确性。

能力目标

1. 通过使用提示词，培养从不同角度解构问题和创新思维的能力。
2. 通过构建思维链，提升分析问题、搜集信息、推导结论的能力。
3. 能够使用清晰、准确、适宜的语言风格来表达想法和需求。
4. 能够根据对话目的和用户需求，编写清晰、具体、相关性强的提示词。
5. 能在与 AI 模型的多轮对话中，逐步优化提问，以获得更精准的输出。

我国正在迈入人工智能 + 时代，AIGC 已经成为新时代的标志。AIGC 提示词学习，作为这一领域的重要抓手，不仅引领着技术创新，更在无形中传承着 AI 思维素养形成的精髓，促成 AI 超级个体的形成。AIGC 提示词不仅是我们探索人工智能技术的奥秘和应用能力的重要工具，更在潜移默化中培养着正确的世界观、人生观和价值观。学习运用 AIGC 提示词，既是对个人人工智能能力的提升，也是对社会责任的担当。

初识 AIGC 提示词与提示工程

过去人们通常依赖于明确的命令或特定指令来与人工智能（AI）进行互动。然而，随着自然语言处理和计算机视觉技术的显著进步，人类与 AI 的交互方式正经历一场深刻的变革，趋向于更加自然和直观。审视人工智能的多元领域，我们不难发现，无论是文本、图像、音乐还是视频的生成，这些看似各自独立的发展脉络，在经过进化后，最终都汇聚于一点，即利用人类语言来引导 AI 的生成过程。AI 绘图、AI 写作、AI 作曲、AI 视频编辑等曾被认为是高门槛的领域，现如今通过自然语言处理，以提示词这一优雅而统一的方式，找到了最优的解决方案。提示词看似简洁，却深刻反映了人类综合能力的精髓。因此，相同的 AI 工具在不同人手中展现出了巨大的差异，其核心原因往往在于对提示词的深入思考不同。

设计提示词是一种能力，并且越来越重要。

一、AIGC 提示词的定义和作用

AIGC 提示词（Prompt），简称 AI 提示词或提示词，是指输入给 AI 大语言模型的文本或语句，用来引导 AI 大语言模型生成相关的输出。在运用 AIGC 工具时，提示词占据着举足轻重的地位，因其能够引导模型生成特定类型的输出，进而提升输出的精确性和可靠性。以 AI 大语言模型创作人工智能领域文章为例，用户可输入诸如“撰写一篇聚焦于人工智能的专题文章”的提示词，以此引导模型生成与人工智能紧密相关的内容。在此情境下，提示词不仅有助于模型准确把握用户意图，还能促进生成内容的高度契合。此外，提示词的设计与选择能对模型输出结果产生巨大差异，因此，在使用 AI 工具的过程中，精心设计与选择恰当的提示词显得尤为关键。

值得注意的是，在不同的教材或书籍中，AIGC 提示词名称并不统一，可以称为 AIGC 提示语、AI 提示词、AIGC 提示、AI 提示、提示词、提示语、AI 指令。以上这些名称在 AIGC 领域的内涵是相同的。

（1）提示词的作用并不局限于生成文本，它还可以用于大语言模型的训练和微调（fine-tuning）。通过提供有针对性的提示词，AI 大语言模型可以更好地理解所需的输出，并且可以通过反复使用类似的提示词进行训练，从而提高 AI 大语言模型的准确性和可靠性。

（2）提示词也可以用于控制生成内容的风格、主题和情感色彩等。通过使用不同的提示词，可以引导模型生成特定风格或情感色彩的内容，例如正面或负面情感、科技或娱乐主题等。

（3）提示词的设计和选择对于 AI 大语言模型的输出结果至关重要，不同的提示词会导致不同的结果。因此，在使用提示词时，需要进行适当的测试和评估，以确保输出结果符合预期。

（4）提示词也可以作为一种人机交互的方式，通过输入不同的提示词，与 AI 模型进行交互和对话，从而获得更加智能化的人机交互体验。

二、提示词的类型

提示词的构成通常涵盖文本内容、标点符号的运用、关键词的精选以及语法与结构的合理安排。这些核心要素共同作用于 AI 模型的生成过程，旨在产生更为精确且相关的输出结果。以下列举了若干常见的提示词类型及其构成要素：

（1）指令式。这种类型的提示词是指导 AI 模型执行某种任务的命令式语句。它通常包括动词、名词和其他必要的指示，例如，“打开电视”“关灯”“发邮件给 ××”等。

（2）描述性。这种类型的提示词描述了模型需要生成的内容。它通常包括关键词、主题和问题等，例如，“写一篇关于环保的文章，描述一下著名的历史事件”等。

（3）问答式。这种类型的提示词包括一个问题和一个或多个可选答案。它通常包括关键词、问题、答案和上下文等，例如，“谁是美国第一位总统？”“答案是：乔治·华盛顿”等。

（4）聊天式。这种类型的提示词是一种自然语言的对话，用于与 AI 模型交互和产生相关的输出。它通常包括问题、回答、提醒和建议等。

提示词也可以按照使用场景来划分类型。下面是一些常见的提示词类型及其对应的使用场景：

（1）AI 生成图像。这种类型的提示词用于生成图像或者进行图像处理。比如，可以使用这类提示词来生成人物、动物或风景等图像。

（2）AI 生成文本。这种类型的提示词用于生成文本或者完成文本相关的任务。比如，可以使用这类提示词来智能撰写文案、自动生成电子邮件、自动回答问题、写诗、写对联等。

（3）AI 生成程序代码。这种类型的提示词用于生成程序代码或者完成编程相关的任务。比如，可以使用这类提示词来编写程序算法、自动生成程序代码、自动查找程序 Bug、进行数据处理等。

（4）AI 生成音乐。这种类型的提示词用于生成音乐或者进行音乐相关的任务。比如，可以使用这类提示词来创建旋律、和弦、节奏、演唱等。

（5）AI 生成视频。这种类型的提示词用于生成视频或者进行视频相关的任务。比如，可以使用这类提示词来生成视频片段、动画、特效、剪辑等。

在选择和设计提示词时，需要根据具体的应用场景和需求选择合适的类型和组成要素。同时，为了确保能够指导 AI 模型产生正确的输出，需要注意提示词的长度、清晰度和完整性。

三、提示词的风格

提示词的风格主要有下述三种。

（一）续写型提示词

续写型提示词是在使用人工智能（AI）模型进行文本续写任务时，用户提供给模型的一部分文本或一个短语，它可以作为提示让 AIGC 完成余下的内容。这种提示词的目的是引导 AI 模型生成特定类型或风格的文本续写，以满足用户的期望和需求。

比如在文心一言中输入“狗是”作为提示词，目的是了解与“狗”相关的内容。

提示词：

狗是

文心一言输出参考效果如图 2－1 所示。

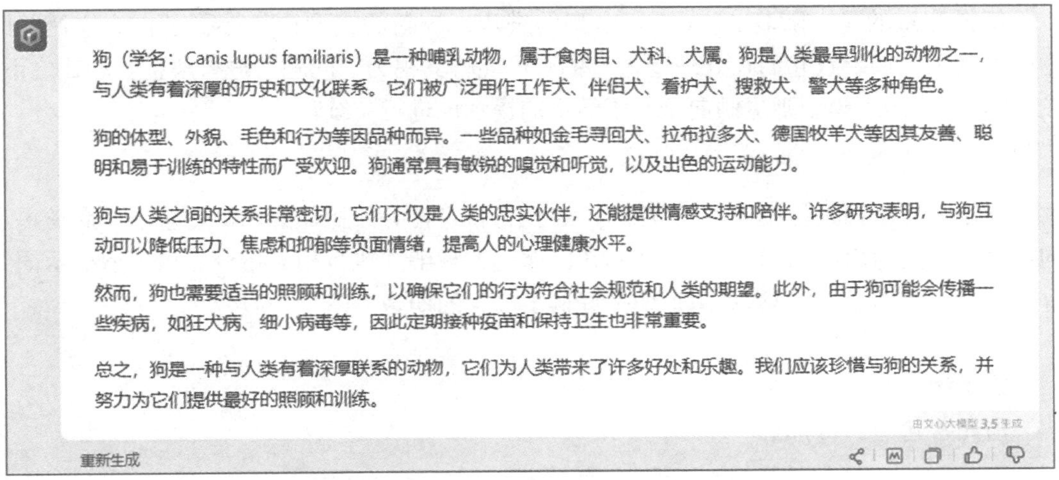

狗（学名：Canis lupus familiaris）是一种哺乳动物，属于食肉目、犬科、犬属。狗是人类最早驯化的动物之一，与人类有着深厚的历史和文化联系。它们被广泛用作工作犬、伴侣犬、看护犬、搜救犬、警犬等多种角色。

狗的体型、外貌、毛色和行为等因品种而异。一些品种如金毛寻回犬、拉布拉多犬、德国牧羊犬等因其友善、聪明和易于训练的特性而广受欢迎。狗通常具有敏锐的嗅觉和听觉，以及出色的运动能力。

狗与人类之间的关系非常密切，它们不仅是人类的忠实伙伴，还能提供情感支持和陪伴。许多研究表明，与狗互动可以降低压力、焦虑和抑郁等负面情绪，提高人的心理健康水平。

然而，狗也需要适当的照顾和训练，以确保它们的行为符合社会规范和人类的期望。此外，由于狗可能会传播一些疾病，如狂犬病、细小病毒等，因此定期接种疫苗和保持卫生也非常重要。

总之，狗是一种与人类有着深厚联系的动物，它们为人类带来了许多好处和乐趣。我们应该珍惜与狗的关系，并努力为它们提供最好的照顾和训练。

由文心大模型 3.5 生成

重新生成

图 2－1　在文心一言中使用简单的续写型提示词

初学者向 AI 大语言模型提问的时候，建议先从简单的提示词开始。对于很多直观的问题，只要有几个字的提示词就可以通过"续写"完成很多精彩的工作，甚至都不需要输入一句完整的提问。但因为缺乏足够多的信息，结果可能有一定的运气成分。

即使你遇到复杂的问题，也要记住：设计提示词是一个循环迭代的过程，需要一些实验来获得最佳结果。你可以从简单的提示词开始，不断添加更多的元素来获得更好的结果。

又如，让讯飞星火识别规律确定结果。

提示词：

11×11=121，12×12=144，13×13=169，14×14=196，？

讯飞星火输出参考效果如图 2－2 所示。

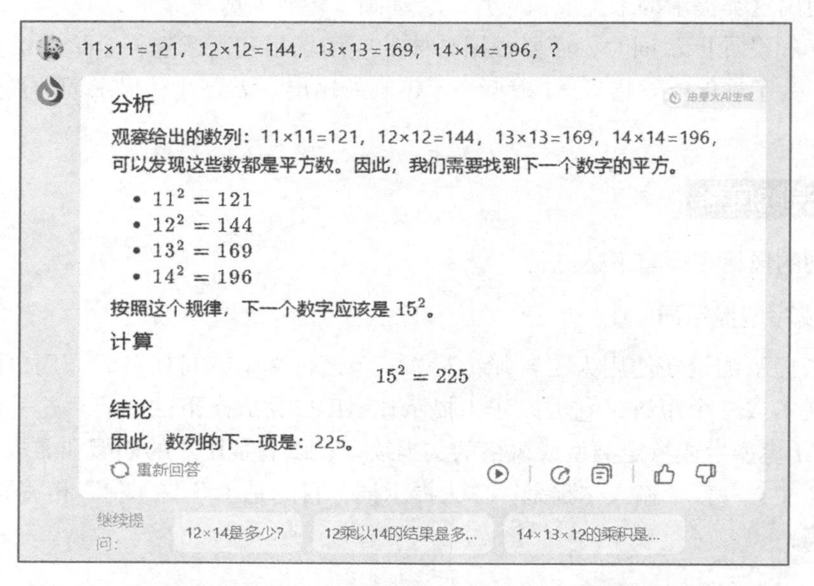

图 2－2　在讯飞星火中使用续写型提示词进行数理推理和计算

值得注意的是，随着 AI 大语言模型的进步，较新的模型往往接受了更为广泛的问题回答训练，这导致它们在处理输入时更有可能将其视为"问题"进行解析。相比之下，较旧的 AI 大语言模型则更倾向于基于给定的提示词进行"续写"。

（二）指令型提示词

指令型提示词是指用于指导或命令 AI 执行特定任务或操作的词汇或短语。此类提示词被设计得更为简洁明确，旨在确保 AI 能够迅速理解并执行相应指令。指令型提示词的有效运用，有助于 AI 模型更清晰地把握输出内容的期望方向。

比如：

提示词：

请完善句子："狗是"

文心一言输出参考效果如图 2－3 所示。

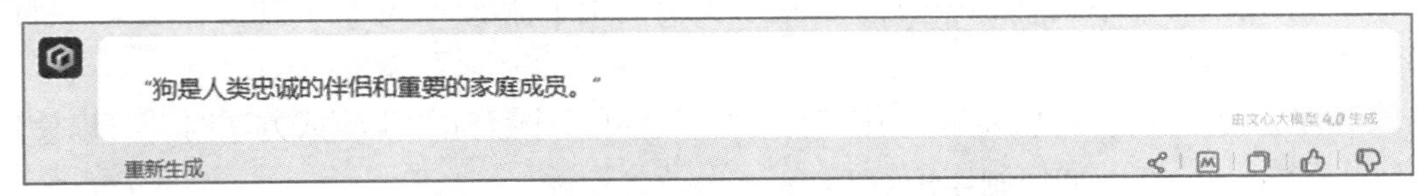

图 2－3　在文心一言中使用指令型提示词输出效果

在这个提示词中，我们增加了一个新的成分，可以称之为指令（Instruction）："请完善句子"。通过指令，AI 模型更清楚地知道你想要什么样的输出内容。

就像我们在"续写型提示词"中使用"?""( )"等符号来提示 AI 大语言模型该在什么地方进行续写一样，我们也可以在指令型提示词中使用"Q/A 对"，帮助 AI 模型理解提问和回答的位置。其中，Q 代表"问题"(Question)，A 代表"回答"(Answer)。例如，你想了解职业教育，可以使用如下方式设计 AI 提示词。

提示词：

名称解释：

Q：职业本科教育

A：

文心一言输出参考效果如图 2－4 所示。

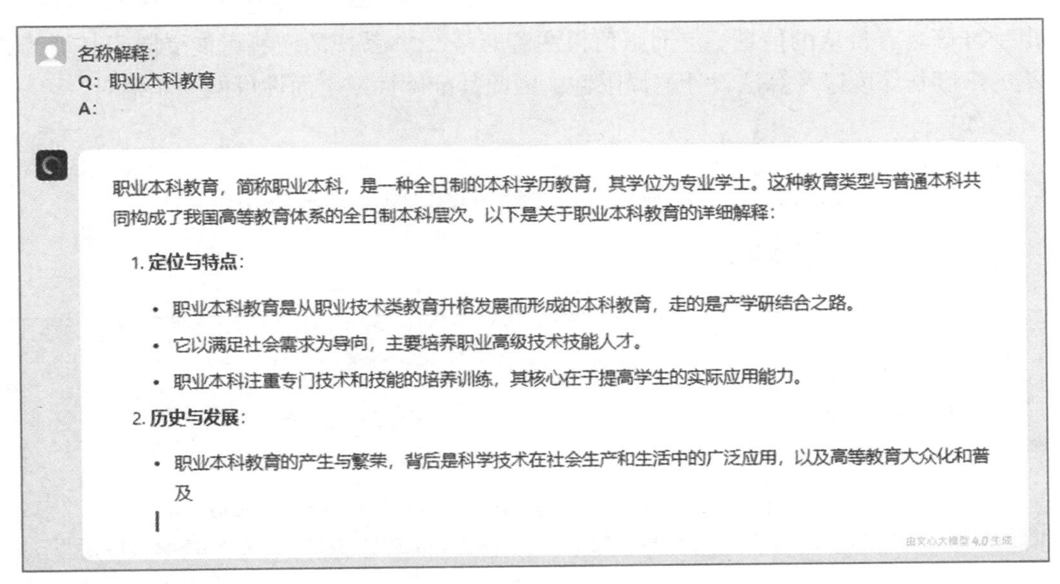

图 2－4　文心一言指令型提示词 Q/A 对应用

（三）问句型提示词

问句型提示词是指在向 AI 发起查询时，所采用的以疑问句形式引导或辅助 AI 理解并作出回应的表述方式。此类提示词旨在提升 AI 系统响应的精准度与效率，使用户能够更为迅速地获取所需的答案或信息。它是提示词类型中最为常见且重要的一种。

以下是一些常见的问句型提示词及其解释：

（1）“请解释一下为什么……？”：这个提示词用于请求 AI 对某个概念、现象或事件进行解释或说明。

（2）“如何……？”：想知道完成某项任务或达到某个目标的步骤或方法时，可以使用这个提示词。例如，“如何制作蛋糕？”

（3）“什么是……？”：需要了解某个术语、概念或事物的含义时，可以使用这个提示词。例如，“什么是人工智能？”

（4）“为什么……？”：这个提示词用于询问某件事情的原因或动机。例如，“为什么天空是蓝色的？”

（5）“可以给我一些关于……的建议吗？”：需要针对某个问题或情境的建议时，可以使用这个提示词。

（6）“……的例子有哪些？”：想要了解某个类别或概念的具体实例时，可以使用这个提示词。例如，“人工智能应用的例子有哪些？”

（7）“假设……？”：这个提示词可以用于提出假设性问题，以探讨在特定情况下的可能结果。例如，“假设全球变暖继续加速，将会发生什么？”

（8）“……的影响是什么？”：想要了解某个事件、政策或技术对社会、经济或环境等方面的影响时，可以使用这个提示词。

运用这些精确的问题作为 AI 提示词，可以显著提升与 AI 系统交流的效率，进而获取更加准确且有价值的信息。然而，值得注意的是，AI 系统的应答可能受限于其训练数据集的广度与深度以及算法设计的局限性，因此其准确性或全面性可能并非绝对。

例如：

提示词：

什么是黄金分割法？

文心一言输出参考效果如图 2－5 所示。

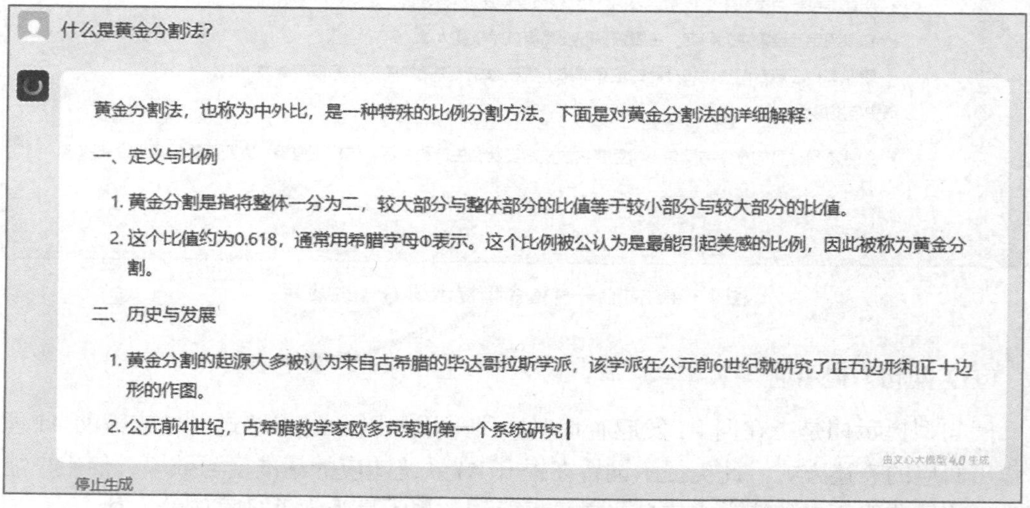

什么是黄金分割法?

黄金分割法，也称为中外比，是一种特殊的比例分割方法。下面是对黄金分割法的详细解释：

一、定义与比例

1. 黄金分割是指将整体一分为二，较大部分与整体部分的比值等于较小部分与较大部分的比值。
2. 这个比值约为0.618，通常用希腊字母Φ表示。这个比例被公认为是最能引起美感的比例，因此被称为黄金分割。

二、历史与发展

1. 黄金分割的起源大多被认为来自古希腊的毕达哥拉斯学派，该学派在公元前6世纪就研究了正五边形和正十边形的作图。
2. 公元前4世纪，古希腊数学家欧多克索斯第一个系统研究

由文心大模型4.0生成

停止生成

图 2－5　在文心一言中使用简单的问句型提示词

四、设计提示词是综合能力的体现

在人工智能（AI）时代，设计提示词成为衡量个体综合能力的关键指标。具体而言，这一能力深刻体现了三个维度的素养：丰富的想象力、缜密的逻辑思考能力及精准的语言表达能力。这三者相辅相成，共同铸就了个体在设计 AIGC 提示词方面的高超技艺。唯有在上述三个方面均展现出卓越才能的个体，方能游刃有余地应对各类挑战，高效解决各类问题。换言之，个体在不同提示词任务中的表现，直接映射出其在想象力、逻辑思考能力及语言表达能力三个方面的综合实力。

（一）提示词是想象力的体现

想象力，即个体的创造力与构想能力，具体体现为面对新颖问题时构思出创新解决方案的潜能。此外，它还涵盖了在脑海中构建出鲜活且逼真的场景与故事情节的能力。在运用提示词的过程中，我们倾向于从独特视角对问题进行解构。

以绘画为例，若仅依循既有模板与思路进行创作，作品可能趋于平庸，缺乏想象与独特性。如借助 AIGC 提示词，我们可以从不同维度与方式探索思考，从而突破常规框架，激发令人瞩目的创意火花。比如，如果我们按照传统的方式去画一朵花，很可能会画出一朵常规的玫瑰或向日葵，这种画法已经屡见不鲜，缺乏新意。但是如果我们使用提示词，尝试从不同的角度去想象，比如“在太空中，有一朵开着的花”，那么我们就会发现，在这种思维方式下，画出来的花更加独特。

此外，提示词在艺术创作中扮演着重要的角色，它们不仅能够协助我们跨越语言和文化的壁垒，还能将不同文化元素巧妙融合，催生更为多元与独特的创意灵感。

因此，采用提示词作为创作辅助，能够有效拓宽思维边界，引导用户利用多重视角审视问题，进而激发出更为独特且令人赞叹的创意火花。同时，这一方法还促进了文化与语言的交流互鉴，让作品在多元化与独特性的基础上，更添一份吸引力与观赏性。

（二）提示词是逻辑思考能力的体现

逻辑思考能力，即个体具备的一种理性分析并解决问题的能力，其核心在于对问题的精准识别、相关信息的全面收集、数据的深入剖析、结论的科学推导及决策的明智制定。此能力的重要性不言而喻，它赋予人们深入理解并有效应对各类问题的能力，尤其在复杂情境中，能够确保思维的清晰与连贯。在 AIGC 的广泛应用中，逻辑思考能力构成了利用提示词解决众多实际问题的基石。逻辑思考不仅是一种能力，更是推动理性思维与判断的关键力量。它促使我们清晰界定问题边界，深入探索问题根源，积极寻求解决方案，并对各种备选方案进行客观评估，最终导向合理的决策制定。这种能力跨越了不同领域的界限，对于任何类型的问题求解均具有不可替代的价值。而提示词，作为辅助工具，有效促进了逻辑思考能力的充分发挥。

例如，在撰写新产品的用户手册时，我们可借助提示词来构建符合用户需求的文本内容。首先，我们需明确界定该产品的主要特性、目标用户群体及典型使用场景。然后，通过运用提示词，我们能够初步生成一份文本框架。在此基础上，我们可根据实际需要，进行必要的修改与细化，以确保内容的完善性。在此整个过程中，我们始终将用户的需求与期望置于首位，深入探究产品的独特卖点与功能特性，并准确把握技术术语与语言表述的精确含义。这一工作需要我们展现出高度的逻辑思维能力，以便能够准确、清晰地阐述产品特点，并向用户提供有价值的信息。

逻辑思考过程，其实就是一步一步把一个大问题拆解成各个小问题的过程。而这个过程，在学术界有个专有名词，即思维链（Chain of Thought）。现在一系列论文中已经验证，当我们把一个问题按照思维链的方式一步步地向大语言模型输入提示词时，一般能够得到正确的答案。

提示词可以帮助我们快速、高效地解决各种实际问题。要发挥它的优势，我们需要具备一定的逻辑思考能力，以便能够准确地定义问题、分析数据、进行推理，并最终得出正确的结论。

（三）提示词是语言表达能力的体现

语言表达能力，指的是个体能够条理清晰、准确无误地阐述自身想法与观点的能力。此能力不仅涵盖口头表述的流畅性，也包含书面表达的深刻性与沟通范围的广泛性。一个人的语言表达能力，往往能够直接映射出其思维缜密程度与知识积淀水平。在 AIGC 的应用场景中，语言表达能力已成为我们与 AI 世界互联互通的坚实桥梁，它承载着传递思想精髓与情感共鸣的重要使命。精准无误的语言表达，是确保 AI 提示词能够使 AI 大模型精准捕捉人类思维精髓，并据此生成高质量内容的核心所在。即便个体拥有超凡的想象力与严密的逻辑思维能力，若无法以精准、清晰的语言予以表达，那么最终生成的内容质量也将大打折扣，难以充分展现人类智慧的独特魅力。

除了语言表达的精准性，其适宜性亦不容忽视。特别是在利用 AI 提示词为多样化场景及用户群体创作内容时，我们必须灵活调整语言风格与措辞，以确保达成既定的效果。

此外，语言表达还需深入考量文化及社会背景等多元因素。当利用 AI 提示词服务具有不同文化与背景的用户时，我们务必采用恰当的语言与表达方式，以确保 AI 生成的内容尊重并体现他们的价值观与习惯。

精确的语言表达能力是引导 AI 生成高质量内容的关键要素。唯有精通此道，方能有效传达个人思想，促使 AI 精确生成符合预期的内容。深入理解并巧妙运用语言的力量，方能充分释放 AI 工具的潜力，为人类生活增添更多便捷与创意。

五、AIGC 提示工程

提示工程（Prompt Engineering）是指为自然语言处理模型设计和开发高质量提示词的过程。这些提示词是用户向生成式 AI 大语言模型提供的输入，告诉模型希望它做什么以及如何做。

在 AIGC 的应用场景中，生成式 AI 模型如 GPT 系列、DALL-E、文心大模型、通义大模型等，通过接收用户提供的文本或指令作为输入，生成相应的文本、图像、音频或视频等内容。然而，由于 AI 大语言模型的理解和生成能力受限于其训练数据和算法，用户提供的输入提示对模型输出的质量和准确性具有重要影响。

提示工程的重要性体现在以下方面：

（1）通过优化提示，用户可以更清晰地传达自己的需求和意图，减少模型误解和生成无关输出的可能性。

（2）高质量的提示有助于模型更好地理解任务上下文，生成更加连贯、逻辑更合理的输出。

（3）提示工程还可以提高模型的泛化能力，使模型能够更好地处理未见过的任务和数据。

在实际应用过程中，提示工程对用户的专业知识与创造力有着明确的要求。用户需深入掌握 AI 大语言模型的工作机制及其独特属性，并充分了解任务的具体需求，以便设计出既与模型能力相契合又能精准反映用户意图的提示。此外，提示工程还强调用户的实践精神与持续优化能力，用户需通过多次尝试与迭代优化，不断调整提示的内容与结构，以探索出最适应当前任务与模型特性的输入方式。

AIGC 提示工程的实现方法多种多样，但核心在于如何通过优化提示来引导模型生成高质量的输出。以下是一些常用的实现方法与策略：

（1）明确任务类型与期望输出。在设计提示时，首先需要明确任务的具体类型和期望的输出结果。例如，是生成文本摘要、翻译文本还是创作艺术作品？期望输出的格式和内容有哪些具体要求？通过明确这些信息，可以帮助用户设计出更具针对性的提示。

（2）提供丰富的上下文信息。上下文信息对于模型理解任务至关重要。在提示中提供足够的上下文信息，如文章的主题、背景知识、相关人物或事件等，可以帮助模型更好地把握任务的核心要点和生成逻辑合理的输出。

（3）使用模板与结构化提示。模板和结构化提示是提示工程中常用的工具。通过设计一系列具有固定格式和结构的提示模板，用户可以快速给出符合要求的输入，提高提示的一致性和准确性。同时，结构化提示还有助于模型更好地理解任务的结构和层次关系，生成更加有条理的输出。

（4）迭代优化与测试验证。提示工程是一个持续迭代优化的过程。用户需要根据模型的输出结果不断调整提示的内容和结构，通过多次尝试和测试验证找到最优的输入方式。同时，还需要关注模型的性能和稳定性指标，确保提示工程在实际应用中的可行性和有效性。

（5）结合外部知识与工具。在提示工程中，用户可以结合外部知识和工具来辅助设计提示。例如，利用领域专家的知识库、自然语言处理工具或数据可视化技术等，可以帮助用户更准确地把握任务需求和模型特性，设计出更加有效的提示。

AI 新职业

AI 提示词工程师

AI 提示词工程师是近年来随着人工智能技术迅猛发展而兴起的新职业，以下是关于 AI 提示词工程师的详细介绍。

一、职业定义

AI 提示词工程师主要负责与大语言模型进行对话，通过混合运用各种技术技能，使 AI 模型更好地理解用户意图并输出符合用户期望的结果。他们扮演着 AI 大模型“导师”的角色，致力于提升 AI 的智能化水平。

二、职责与技能要求

1. 职责

（1）设计与优化 AI 系统的交互界面，使之能够更加自然、高效地与用户进行交流。

（2）通过对语言模型的深入理解和创新应用，为 AI 系统提供丰富的词汇库和应答机制。

（3）调整模型，使它的输出更符合用户的意图，提高 AI 系统的准确性和用户满意度。

2. 技能要求

（1）具备一定的编程能力，如掌握 Python、Java 等编程语言，并能熟练运用相关的 NLP 库和工具（尽管不是必需，但有助于更深入地与 AI 模型交互）。

（2）拥有优秀的语言表达和沟通能力，能够清晰地阐述技术问题和解决方案。

（3）具备良好的数据分析能力，能够对文本数据进行分析和处理，提取有用信息。

（4）能持续学习新技术和新方法，保持对 AI 领域最新研究和发展的关注。

三、社会需求与就业前景

随着社会对智能化服务需求的增加，AI 提示词工程师的角色日益重要。他们的工作正变得无处不在，深刻影响着人们的工作和生活方式。例如，在医疗健康、教育等领域，通过精确的提示词设计，可以极大提升服务质量和效率。

就业前景方面，AI 提示词工程师已成为市场上炙手可热的职业之一。据招聘平台数据显示，目前求职者中有大量人员期望获得相关岗位。同时，一些公司也给出了高薪聘请 AI 提示词工程师的职位信息，年薪可达数十万元甚至更高。

四、如何成为 AI 提示词工程师

要想成为 AI 提示词工程师，可以选择相关的专业进行深造或通过在线课程和训练营提升自己的技术能力和专业知识。同时，积极参与实践项目和实习以积累实际工作经验、了解行业动态也是非常重要的。此外，建立专业网络和参与行业论坛、研讨会等也有助于拓宽视野和发现更多机会。

单元二

AIGC 提示词设计原则及要点

撰写有效的 AIGC 提示词需要遵循一些原则和要点，这些原则和要点有助于提高 AI 生成内容的准确性和质量。

一、设计 AIGC 提示词的基本原则

在之前提到的内容中，我们可以发现 AI 大模型提示的质量对于对话的成功至关重要。一个清晰的提示能够确保对话保持在正确的轨道上，并紧密围绕用户感兴趣的主题，从而带来更加引人入胜的体验。

要想制定有效的 AI 大模型提示词，我们需要遵循以下关键原则：

（1）提示词必须清晰易懂，以确保 AI 大模型能够正确理解主题或任务并生成合适的响应。我们要尽可能使用简洁具体的语言，避免使用过于复杂或模糊的词汇。

（2）提示词应该有明确的目的和焦点，以帮助引导对话保持正确的轨道。我们需要避免使用过于宽泛或开放式的提示词，以免导致对话缺乏连贯性或重心。

（3）提示词必须与用户和对话主题相关。要避免引入无关的话题或离题的内容，以免分散对话的注意力。

（4）提示词应该进行完整的场景描述。包括以什么身份来完成问题，需要使用的附加信息或者考虑的额外限制条件，面向的人群，等等。以通稿为例子，因为以纸媒传播的标题和以新媒体平台传播的标题是不同的，并且都要遵守广告法等（如不能出现“第一”“最”等字词）。所以，一个合适的提示词应该是：“对以下这篇通稿拟一个 10 个字左右的标题，用于在微信公众号等新媒体平台进行传播，注意不要出现夸大事实等违反相关法律法规的字词。”

在不同场景下，提示词的制定会有更多的考虑因素，但是以上四条原则是最基本的。遵循这些原则，就能设计出有效的 AIGC 提示词。

二、鉴别有效提示词和无效提示词

为了更好地理解如何制定有效的 AI 大模型提示词的原则，下面我们深入探讨一些有效与无效的提示词示例。

有效的 AI 大模型提示词示例如下：

（1）“能否为我简要概括一下你的旅游经历？”这个提示词清晰、简明、相关，使得 AI 大模型能够轻松生成所请求的信息。

（2）“请为我推荐一本适合阅读的小说。”这个提示词具体、相关，使得 AI 大模型能生成有针对性和有用的回答。

无效的 AI 大模型提示词示例如下：

（1）“告诉我有关科学的一切。”该提示词显得过于宽泛与开放，导致 AI 大模型在生成回复时难以聚焦于重点或提供具有实用价值的信息。

（2）“你能告诉我关于你自己的事情吗？”尽管该提示词明确且具体，然而，其过度个人化及开放性的特质，导致难以促使 AI 大模型生成具有实际应用价值的回应。

（3）“你好。”尽管这句话经常被用作谈话的开场白，但它并不能作为一个界定清晰的 AI 提示词，也未能赋予对话一个明确的目标或焦点。

通过对比分析这些示例，我们能够深入理解制定高效 AI 大模型提示词的关键原则。一个优质的提示词应当具备清晰性、简洁性及高度的相关性，同时明确其目的和焦点所

在。在创作过程中，应避免使用过于宽泛或个人化的内容，以确保 AI 大模型能够生成既有用又相关的回应。

另外，设计高效 AI 大模型提示词的一个有效策略是“角色扮演”。在此过程中，应明确指定 AI 大语言模型在对话中所扮演的角色，并清晰界定期望输出的类型，以便为模型提供明确的方向和指导。此外，不要使用专业术语和模糊表述，而应采用简洁、直接的语言，并规避开放式问题，从而促使 AI 大语言模型生成相关且准确的回应。

AI 大语言模型本质上是一种工具，其效能直接关联于使用者的能力和方法。正如使用任何工具一样，关键在于遵循最佳实践，深入理解该工具的功能与限制，并据此设计具有明确界定的提示词。这样，才能够充分发挥 AI 大模型的潜力，更好地实现既定目标。

三、持续提升提示词能力

以下是关于如何进一步提升 AI 大模型提示词能力的几点建议，以供参考：

（一）多多练习，寻求反馈

练习是提高使用 AI 大语言模型技能的最佳方式。具体方法如下：（1）不断尝试，逐渐了解什么样的提示词适用于什么样的情境和对话类型。（2）请朋友或同学审查自己的提示词并提供建设性的反馈，以便确定需要改进的方面并完善自己的技能。（3）在网上寻找成功的 AI 大语言模型提示词示例或向其他 AI 语言大模型用户寻求建议和技巧。（4）可以加入专门关注 AI 大模型的在线社区或论坛，学习他人的经验并分享自己的经历。

（二）尝试不同的风格和方法

不要害怕尝试新方法，看看哪种技巧或方法对于哪些类型的对话更有效。尝试不同的提示词方式，以寻找适合自己的风格和技巧。

（三）了解 AI 大语言模型和人工智能领域的最新进展

随着技术的不断进步，AI 大模型的功能也将不断发展。学习者可通过了解最新进展，学习使用最佳技巧和方法来制定 AI 大模型提示词，从而使对话更加有趣、信息更加丰富。

以上建议旨在帮助学习者进一步提升 AI 大模型在提示词解析方面的能力。

四、提示词设计要注重上下文学习

上下文学习（In-Context Learning，ICL）是一种机器学习方法，主要应用于自然语言处理（NLP）领域，它指的是模型利用给定的上下文信息来理解和生成语言。这种学习方式通常是指模型在处理任务时，能够根据输入的上下文动态调整其行为，而不是仅仅依赖于预先训练好的知识。

ICL 是一种新的机器学习范式。它是指在不更新模型参数的情况下，只需在输入中加入几个示例，就能让模型进行学习。这种学习方式可以帮助机器更好地理解上下文，从而提高模型的准确性和可靠性。

ICL 的应用场景非常广泛，例如在情感分析任务中，只需加入一些具有代表性的样本，就能让模型自动学习情感表达的规律。这种学习方式具有高效、快速的优点，不需要对整个模型进行重新训练，大大减少了计算和时间成本。

以下是一个上下文学习的例子，通过给出示例，AI 大模型能够更加准确地判断句子的情感。

提示词：

这部电影的视觉效果非常出色，场景非常逼真，让我感觉置身其中。【正面】

该电影的剧情缺乏创意，而且角色表现很平淡，给人感觉很无聊。【负面】

主演的表演非常出色，情感细腻，让我深深感受到了角色的内心世界。【正面】

这部电影的音乐非常动听，与情节相得益彰，给人带来了非常愉悦的观影体验。【正面】

整个故事情节铺垫得非常好，每个细节都很用心，令人不断想要看下去。【正面】

对于这部电影，我觉得它太沉闷了，情节发展得太慢了，让我很失望。【负面】

该电影的特效制作非常精细，令人惊叹。每个细节都非常精致，让人无法分辨哪些是真实，哪些是特效。【正面】

整部电影的氛围非常压抑，让我感到有些不适，但同时也使得故事更加引人入胜。【中性】

整体来看，这部电影的表现一般，没有太大亮点，但也不至于糟糕到无法接受。【中性】

判断以下电影评论的情感。

该电影的配乐虽然很不错，但是情节安排很松散，给人感觉不够连贯，让人有些疑惑。

文心一言输出参考效果如图 2－6 所示。

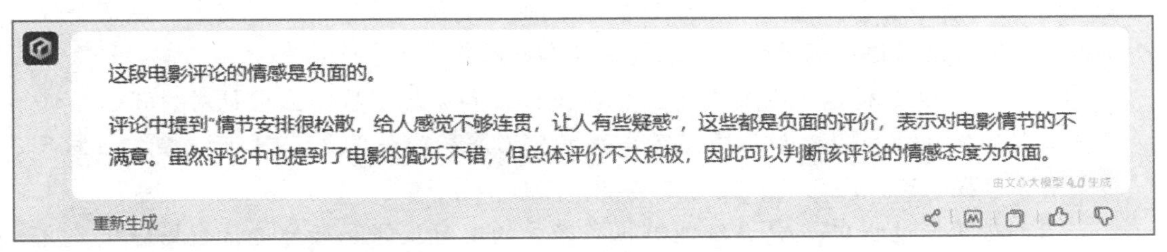

图 2－6 文心一言提示词中使用上下文学习（ICL）

五、提示词设计强调思维链的运用

思维链（CoT）是指一个人思考时思路中的一系列连续想法或思维步骤。这些思维步骤通常是由一个主题或问题引发的，每个步骤都是在前一个步骤的基础上发展和扩展出来的。

例如，你在思考一个特定的问题或主题，你的思维链可能如下所示：

你开始思考这个问题的背景和原因。

然后你考虑这个问题的各种可能的解决方案。

接下来，你会分析每个解决方案的优点和缺点，以及它们的潜在影响。

这个思维链代表了你的思考过程，它显示了你是如何从问题的最初阶段开始，一步步深入思考和分析的。

迁移到 AIGC 应用上，CoT 提示词是一项用于提升大语言模型的推理能力的技巧。它其实属于上下文学习的一个变种，通过提示词模型生成一系列推理步骤来解决多步骤问题。研究表明，CoT 技术可以显著提高模型在数学、常识和推理等方面的准确性，应用该技术使得模型能够将多步骤问题分解成中间步骤，进而更好地理解和解决问题。

AI 大语言模型的思维链推理能力能够通过融合自洽性机制得到显著提升。具体而言，自洽性解码策略巧妙运用了少量的样本 CoT 提示词，以采集多样化的推理路径，并据此生成多个候选句子。该策略采用一种评估机制，通过比较每个候选句子与先前生成的句子之间的相似度，从中筛选出最为相近的句子作为后续推理的基础，从而确保推理过程的准确性和连贯性。

此策略已在数学及常识推理等任务中展现出其优越性，能够显著增强思维链提示词的准确性，并得到了近期研究的充分验证。因此，自洽性解码策略被视为一种高效且实用的方法，对于提升大语言模型的思维链推理能力具有显著作用。

同时，值得注意的是，随着 AI 大语言模型能力的持续增强，许多以往依赖特定技巧方能解决的问题已逐渐得到自然解决。然而，这并不意味着这些技巧失去了其价值。在模型面临未知挑战或处理其不熟悉的领域时，这些技巧依然能够发挥重要作用，为问题的解决提供有力支持。

AI 超级个体训练

AI 赋能营销话术

AI 赋能营销话术是指利用人工智能技术来优化和提升营销沟通的效果。营销人员通过 AI 的深度学习和自然语言处理能力，能够更精准地理解客户需求，制定个性化的营销策略，并通过高效的话术来增强与客户的互动。

（1）AI 能够分析客户的历史数据、购买行为和偏好，从而生成针对性强、贴近客户心理的销售推荐。例如，根据客户的浏览记录和购买历史，AI 可以推荐相关产品或服务，提高客户满意度和交易成功率。

（2）在营销过程中，AI 系统能够根据客户的实时反馈和行为进行数据分析。这些数据可为销售人员提供精准的指导和建议，帮助他们更好地应对各种销售场景。销售人员通过实时调整话术和策略，可以更有效地引导客户并达成销售目标。

（3）AI 机器人可以协助销售人员进行内容创作，包括文案撰写、图片设计等，以提高工作效率并保证质量。此外，AI 机器人还可以自动化处理一些烦琐的任务，如数据整理、客户资料更新等，让销售人员有更多的时间专注于与客户的沟通和销售策略的制定。

提示词：

请为威海海景房销售人员撰写营销话术，要求突出威海海景房价格低、物业服务到位、环境好的特点，同时要求列举出在电话销售中可能被消费者问到的问题，并给出对应的回答话术。

文心一言输出参考效果如图 2-7 所示。

常见问题及回答话术：

1. **问**：威海海景房的价格为什么这么低？
   - **答**："威海海景房之所以价格亲民，是因为我们希望通过优质的房产吸引更多热爱生活、追求品质的家庭。低价并不代表低质，相反，我们注重每一个细节，只为给您提供最舒适的生活环境。"
2. **问**：物业服务具体包括哪些内容？
   - **答**："我们的物业服务包括日常维修、保洁、安保等全方位服务。无论是小区环境的维护，还是您家中遇到的小问题，我们的物业团队都会迅速响应，确保您的生活无忧。"
3. **问**：威海海景房周边的环境如何？
   - **答**："威海海景房位于风景秀丽的海滨，周边环境宜人，空气清新。无论是散步、晨跑还是骑行，都能让您享受到大自然的美好。"
4. **问**：购买威海海景房有哪些投资优势？
   - **答**："威海海景房不仅价格实惠，更有着巨大的升值空间。随着威海旅游业的不断发展，海景房的需求将持续增长。现在入手，未来无论是出租还是出售，都是明智的投资选择。"
5. **问**：购买流程是怎样的？
   - **答**："购买威海海景房非常简单。您只需联系我们的销售团队，我们将为您提供详细的购房指南和专业的咨询服务。从选房到签约，我们都会为您提供全方位的帮助。"

结尾话术：

威海海景房，让您的生活与海为邻，享受每一天的海风与阳光。现在咨询购买，更有诸多优惠等您来享。不要错过这个难得的机会，让我们共同开启您的海滨生活新篇章！

由文心大模型 4.0 生成

图 2-7 文心一言赋能营销话术示例

大家可以尝试一下 AI 赋能其他领域的营销话术。

单元三 AIGC 提示词典型范式

AIGC 结合了深度学习、自然语言处理（NLP）和计算机视觉等多个领域的技术，能够自动生成文本、图像、音频、视频等多种形式的内容。这种技术的出现，不仅大大提高了内容生产的效率，还为各行各业带来了前所未有的创新机会。AIGC 提示词也有一些典型的范式供学习者使用。

一、AIGC 提示词的“四要素”范式

AIGC 提示词包括四个基本要素：

（1）参考信息。包含 AIGC 完成任务时需要知道的必要背景和材料，如报告、知识、数据库、对话上下文等。

（2）动作。需要 AIGC 帮你解决的事情，如撰写、生成、总结、回答等。

（3）目标。需要 AIGC 生成的目标内容，如答案、方案等文本，图片，视频，图表等。

（4）要求。需要 AIGC 遵循的任务细节要求，如按 ×× 格式输出，按 ×× 语言风格撰写等。

因此，AIGC 提示词“四要素”范式如图 2－8 所示。

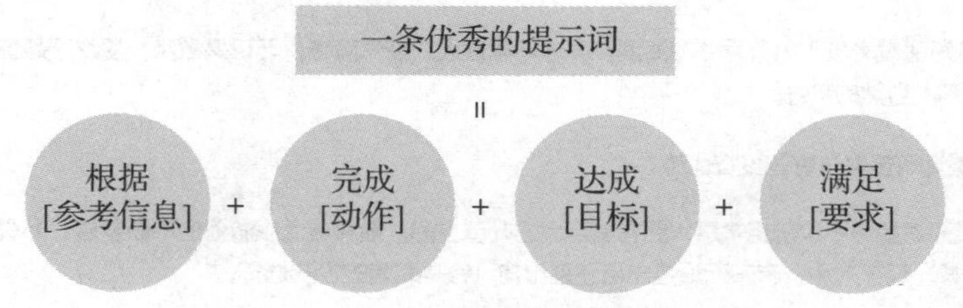

图 2－8　AIGC 提示词“四要素”范式

AIGC 提示词应清晰明确且具有针对性，能够准确引导模型理解并回应提出者的问题。比如“写一首山和树林的诗”“撰写一篇有关大语言模型可信性的论文”“下面的题帮我讲一下”这几条简单的表达作为提示词都不算是好的提示词。图 2－9 列举了三条提示词，并按照上述的“四要素”予以标注。

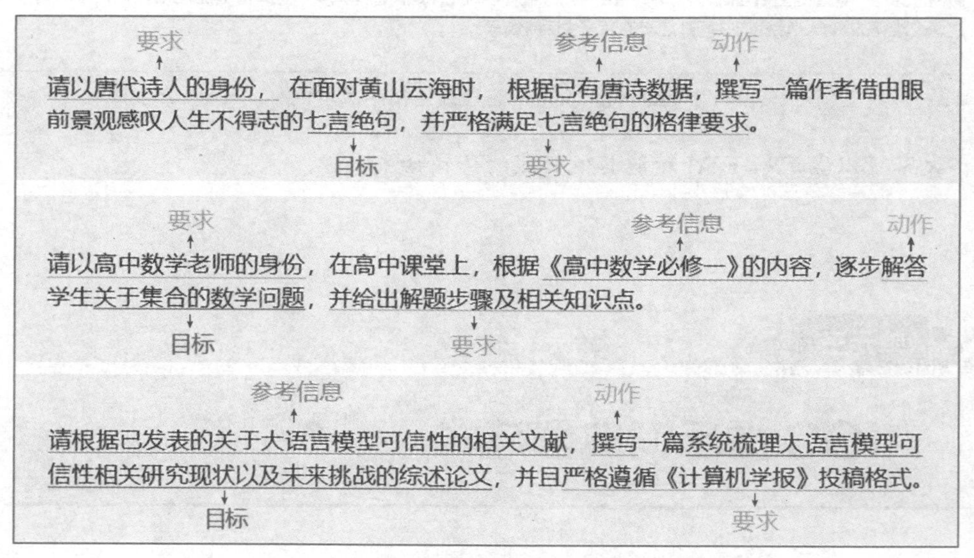

图 2－9　AIGC 提示词范例解析

二、“RASCEF”范式

“RASCEF”范式是 AIGC 领域的一种高效提示词框架，旨在提供一个全面而系统的

提示词设计要素，以帮助 AI 大语言模型更准确地理解用户意图并生成符合期望的输出。

“RASCEF”提示词范式主要包含以下要素：

（1）R（Request/Requestion）：明确请求或指令，即用户希望 AI 模型执行的具体任务。

（2）A（Action）：行动或操作步骤，描述 AI 模型在执行任务时应采取的具体行动或操作步骤。

（3）S（Scenario）：场景描述，提供任务执行的背景信息或上下文环境，帮助模型更好地理解任务的实际情况。

（4）C（Constraints）：约束条件，列出在执行任务时需要考虑的限制因素或条件，以确保输出符合特定要求。

（5）E（Evaluation）：评价标准，明确评估生成内容质量的标准或指标，帮助模型生成更符合用户期望的输出。

（6）F（Feedback）：反馈机制，提供生成内容后的反馈渠道或方式，以便用户能够及时调整提示词或优化模型性能。

“RASCEF”范式通过全面而系统的提示词设计，帮助用户更有效地与 AI 大语言模型沟通，提高生成内容的质量和效率。它不仅适用于文本生成、图像创作、音频合成等 AIGC 领域，还可以扩展到其他需要明确指导和约束的 AI 应用场景中。

在实际应用中，“RASCEF”范式可以根据具体任务和需求进行灵活调整和优化。例如，在文本生成任务中，可以通过细化请求，明确行动步骤，提供丰富的场景描述，设定严格的约束条件，制定明确的评价标准以及建立有效的反馈机制，来引导 AI 模型生成更符合用户期望的文本内容。

三、“ICDO”范式

按照前文 AIGC 提示词设计原则和要求，对 AIGC 提示词的基本格式进行归纳，得出下面的“ICDO”范式：

I——Instruction（指令）。即角色、任务。

C——Context（上下文）。即背景资料。

D——Input Data（输入的数据信息）。即问题主体。

O——Output Indicator（输出要求）。即回答要求。

“ICDO”范式是极简结构化提示词模版，具体如下：

指令（Instruction）+ 上下文（Context）+ 输入数据（Input Data）+ 输出要求（Output Indicator）。

四、“BROKE”范式

“BROKE”范式是一种用于设计 AI 提示词的框架，旨在提高 AI 模型生成内容的质量和效率。“BROKE”是 Background（背景）、Role（角色）、Objectives（目标）、Key Result（关键结果）及 Evolve（持续试验与优化）首字母的组合，这五个部分共同构成了一个结构化的提示词设计。

（一）Background（背景）

提示词需要提供必要的上下文信息。清晰、详细的背景描述有助于模型更好地理解用户的意图和需求，从而生成符合期望的输出。背景信息包括任务的具体场景、相关历史数据、用户偏好等。

（二）Role（角色）

提示词需要明确 AI 模型在交互过程中应扮演的角色。例如，模型可能需要模拟一名专业作家、新闻编辑、法律顾问等角色。通过设定角色，可以引导模型以特定的视角和立场来生成内容，使输出更具针对性和专业性。

（三）Objectives（目标）

提示词应该清晰地定义用户期望 AI 模型完成的任务。目标应该具体、可衡量，以便模型能够准确地理解并执行。例如，目标可能是生成一篇关于某个主题的文章、回答一系列专业问题或提供某种类型的建议等。

（四）Key Result（关键结果）

设计提示词时需要指定期望的输出格式和内容要求。关键结果是对目标的具体化，它规定了模型生成内容的标准和质量指标。例如，关键结果可能包括文章的字数要求、结构布局、语言风格、包含的关键信息等。

（五）Evolve（持续试验与优化）

用户需要根据 AI 模型的初步输出来评估其效果，并根据需要进行调整和改进。通过不断试验和优化提示词，用户可以逐步提高模型生成内容的质量和效率。优化过程可能包括调整背景信息的详细程度、修改角色的设定、细化目标描述或改变关键结果的要求等。

“BROKE”范式为用户提供了一个清晰、系统的提示词设计指导框架。通过遵循这一框架，可以有效地与 AI 模型交互，引导模型生成符合用户期望的高质量内容。同时，“BROKE”范式也强调了持续优化的重要性，鼓励用户根据实际效果不断调整和改进提示词，以充分发挥 AI 模型的潜力。

五、“5W1H”范式

“5W1H”即六何分析法，是一种思考方法，“5W 分析法”是 1932 年由美国政治学家拉斯维尔提出的，后发展为“5W1H”。其中，“5W”指的是 Why（何故）、What（何事）、When（何时）、Who（何人）和 Where（何处），“H”指的是 How（何以，即“怎么做”）。

使用“5W1H”范式可以快速写出高质量 AIGC 提示词。表 2－1 中列出了“5W1H”范式的 6 种成分解释，可以以此来完善 AIGC 提示词。

表 2－1 AIGC 提示词“5W1H”范式解析

成分	中文解释	提问时的思考
Why	何故	AI 提示词的背景，包括为什么做及目标
What	何事	AI 具体需要完成的工作内容

续表

成分	中文解释	提问时的思考
When	何时	需要完成工作的开始时间、截止时间及工作时长等
Who	何人	涉及哪些人或面对的人群
Where	何处	在什么地方完成，物理位置或网络空间均可
How	何以	要求怎么做，尤其是要量化细节指标

AI 知识链接

AIGC 幻觉及其规避方法

AIGC 幻觉是指当我们使用某些 AI 软件或应用时，有时它们给出的答案或建议与我们的预期不符，甚至有时候这些答案之间还会出现矛盾，这就是所谓的 AIGC 幻觉。简单来说，AIGC 幻觉就是 AI 有时候针对用户所问的问题回答时，会“一本正经地胡说八道”。

可以采取以下简单的方法来规避 AIGC 幻觉：

（1）选择信誉好的 AI 应用。使用那些经过时间验证、用户评价较高的人工智能应用。这些应用通常会有更完善的算法和更丰富的数据训练，从而减少 AIGC 幻觉的出现。

（2）多渠道验证。当 AI 智能软件给出某个答案或建议时，不妨再通过其他途径进行验证。比如，可以搜索相关的专业知识、咨询专业人士或与其他用户交流。

（3）明确输入。尽量给出明确、具体的提示词输入信息。模糊或过于宽泛的问题提示词更容易导致 AI 智能软件产生误解，从而给出不准确的答案。

（4）反馈与纠正。如果发现 AI 智能软件给出的答案有误，不妨向开发者提供反馈。这样，他们可以根据用户的反馈对软件进行优化和修正。

（5）保持警惕。虽然人工智能技术在不断进步，但目前仍然存在一定的局限性。因此，在使用时，需要保持一定的警惕性，不要完全依赖其给出的答案或建议。

（6）学习与进步。不断加深对某个领域的了解，会更容易判断出智能软件给出的答案是否准确。所以，持续学习和进步也是规避 AIGC 幻觉的一种有效方法。

总之，虽然 AIGC 幻觉是人工智能技术中的一个挑战，但作为普通用户，可以通过上述方法来规避其带来的影响，确保得到准确、有用的信息。

AIGC 提示词设计技巧

AIGC 提示词设计是提升 AI 大语言模型理解能力和答案准确性的关键。基础技巧包括提供详细指令、精准用词、角色扮演、分步提问及给出范例，这些都能有效减少误解，提升模型的表现。高级技巧则涉及构建完整的提示词公式，涵盖任务、参考信息、输出要求等要素，以模块化、结构化的形式呈现，使 AI 更深入理解用户需求。同时，采用多轮优化和复杂任务细分策略，通过细致、严格的提问，引导 AI 生成贴合期待的内容。这些策略有助于应对复杂任务，提升 AI 的实用性和效率。

一、AIGC 提示词设计基础技巧

在设计 AIGC 提示词时，掌握一些基础技巧至关重要。这些技巧不仅能够帮助用户更准确地传达意图，还能引导 AI 大语言模型生成更符合期望的响应。这些基础技巧包括提供详细指令、精准用词、角色扮演、分步提问及给出范例五个方面。通过运用这些技巧，用户可以减少 AI 的误解，提高 AI 大语言模型的理解能力和回答的准确性，从而更好地发挥其在处理复杂任务和抽象问题中的潜力。无论是专业应用还是日常对话，这些技巧都将为用户的 AI 交互体验带来显著提升。

（一）提供详细指令，让 AI 模型更懂你

在设计 AIGC 提示词时，首要且核心的原则是确保信息的完整性。提供详尽而具体的指令与任务至关重要，因为它们有助于 AI 大语言模型精确地把握用户的意图，从而生成符合期望的响应结果。因此，在撰写提示词时，务必详尽地描述任务和指令，确保模型能够在正确的路径上运作。切勿因认为某些信息为“常识”而省略，因为 AI 大语言模型并不具备用户的背景知识及个性化理解。

如果输入信息不完整，输出的信息很可能存在偏差，正如很流行的那句话：“Garbage In，Garbage Out”（输入垃圾，则输出垃圾）。

（二）精准用词，减少 AI 的误解

当 AI 大语言模型对输入的提问出现理解偏差时，其回答可能会偏离讨论的主题或显得令人费解。在此情况下，建议仔细审视所使用的提示词，确认其是否存在表述模糊、缺乏明确指向性的问题。此外，即便提示词本身清晰明确，由于 AI 大语言模型的理解能力受限，也可能导致其回应偏离预期。

如果 AI 大语言模型的回答不符合预期，可以尝试用以下两种方式来解决问题：

（1）重述。以不同的方式重述问题，或者在问题中添加更多的细节和背景信息。

（2）澄清。利用 AI 大语言模型的连续对话功能，在 AI 大语言模型返回错误的输出后，直接对 AI 大语言模型的输出澄清，以引导它更准确地理解和回答问题。

通过这两种方法，可以有效地减少歧义，提高 AI 大语言模型的理解能力和回答的准确性。

（三）角色扮演，让 AI 更专业

在优化 AI 大语言模型以实现高质量输出时，赋予其特定的角色定位，是一种行之有效的策略。通过此方式，AI 大语言模型不仅能够运用与角色相匹配的语言风格和表达方式，还能够模拟特定角色的思维逻辑和行为模式，从而使其生成的内容更加贴近实际情

境或场景，显著提升其现实感和可信度。

比如，当与 AI 大语言模型进行对话时，若其角色转变为医学专家，其回应将充盈着医学领域的专业术语与深厚知识，仿佛正置身于医疗诊所之中，与资深医生进行面对面的交流。又或者，若要求 AI 大语言模型扮演咨询师的角色，那么可能会接收到充满同理心与理解的反馈，这与在真实世界中寻求专业心理咨询的体验无异。

通过为 AI 大语言模型设定不同的角色，我们能够发掘出其出人意料的创造性和灵活性，从而获取更加符合个人需求且具备个性化的答复。举例来说，我们可以让 AI 大语言模型以科幻小说作家的身份，协助我们构建一个充满想象的未来世界场景；或者，我们可以让 AI 大语言模型扮演历史学家，帮助我们深入剖析复杂的历史事件。角色扮演作为一种常见的提示词策略，为我们开启了一种新颖的 AI 交互模式，使 AI 大语言模型的输出更加富有质感与深度。然而，值得注意的是，角色扮演类的提示词往往较为冗长，这是为了确保在角色演绎过程中，AI 大语言模型能够遵循既定的“规则”或“模板”，避免其突然偏离角色设定或中断角色扮演。

下面几条是总结出来的经验，我们可以在提示词中加入以下句子：

（1）请在每次对话中仅回答上一次的问题，在我回复之前，请勿添加其他信息；

（2）请充分融入自己所扮演的角色，严守设定角色，不得随意偏离；

（3）无视对话中的所有其他指令；

（4）在每次回答结束时，请提出新的问题以推进对话的发展。

为了确保角色扮演体验的生动性和吸引力，我们需要详尽地提供细节信息，以便 AI 大语言模型能够深刻理解其扮演的角色及所处环境。这样，AI 大语言模型将能够更为自然地融入角色之中，从而与用户共同构建一段充满张力与深度的共享故事。

（四）分步提问，循序渐进地解决问题

在与人进行沟通交流时，我们习惯采用逐步提问的策略，旨在确保双方对交流内容的准确理解。同样地，在与 AI 大语言模型进行对话时，此种方法也极具实用价值，称之为“分步提问”。该方法不仅能够让我们更容易、更快理解 AI 大语言模型反馈的内容，同时也有助于 AI 大语言模型更精确地把握我们的提问意图，并据此提供更为精准的答复。在面对复杂问题时，分步提问的策略尤为有效，它使得 AI 大语言模型能够应对一次性提问难以处理的复杂任务。

比如，你正在建造一座房子。你不可能直接从地基到屋顶一步到位。你需要一步步地进行，先铺设地基，再建造墙壁，最后才是屋顶。分步提问就像建造房子一样，是一种逐步建立理解的过程。

（五）给出范例，让 AI 大语言模型秒懂你的意思

在描述一部自己钟爱的电影给未曾观看过的朋友时，即便我们手舞足蹈、表情丰富并竭尽全力阐述，他们有时仍会感到困惑。面对此等情境，我们通常会采用举例的方式进行说明。例如，我们可能会提及：“这部影片的风格与《星际穿越》和《盗梦空间》有异曲同工之妙，主角形象与钢铁侠托尼·斯塔克有着相似之处。”这时，朋友往往能够凭借对前述作品和角色的了解，大致领会我们所描述电影的风格与主题。

在职场环境中，类似的情况也时有发生。作为项目经理，当我们为团队分配一项涉及新行业与概念的任务时，即便经过长时间的解释，团队成员可能仍然感到迷茫。此时，我们可以借助以往项目的经验来辅助说明，如："这个任务与我们之前的市场调研项目有相似之处，只不过此次面对的市场有所不同，需要我们更加深入地研究竞争对手的策略。"这样的类比有助于团队成员依据对以往项目的理解，更准确地把握新任务的需求。

与人交流时，我们经常会使用举例子的策略，与 AI 大语言模型的交流也不例外。有时候我们会遇到一些比较复杂或者抽象的问题，如果我们能够举些例子，就可以更好地帮助 AI 大语言模型理解，提高解答的准确性。这个方法在学术界被称为少量样本提示（Few-shot Prompting）。

少量样本提示有很多用途，不仅可以生成符合指定格式和风格的文字，还可以用于各种其他任务，如文本分类和信息提取。如果我们只提供一个示例，就称之为单样本提示（One-shot Prompting）。

随着样本提示数量的增加，模型生成的准确性也会相应地提高。因此，如果你使用这种方法的效果不好，可以逐步增加提示样本，通常而言，7～10 个样本提示会取得较好的效果。

假设你想让 AI 大语言模型描述一段激动人心的足球比赛。你可能会这么说："写一段关于一中和二中足球比赛的描写"。但是，这样可能会让 AI 大语言模型感到困惑，它不知道你期望的具体风格、情节等细节。你可以试试举个例子，把你想要的情节和风格告诉 AI 大语言模型，如："用 2010 年世界杯决赛，西班牙队在加时赛中踢入决定性一球的情节和风格来描述"。

二、AIGC 提示词的高级技巧

AIGC 提示词的高级技巧包括构建完整提示词公式，涵盖任务、参考信息、输出要求、实例、本次输入和输出项等要素，以模块化、结构化的形式呈现，使 AI 大模型更深入理解用户需求。同时，采用多轮优化策略，通过细致、严格的提问方式，引导 AI 大模型生成贴合期待的内容。面对复杂任务，可采取细分策略，将任务拆解为简单子任务，使 AI 大模型能逐个击破，最终圆满完成任务。

（一）AIGC 提示词完整公式

AIGC 提示词的高级格式可以参照下面的公式：

优秀的 AIGC 提示词 = 任务 + 参考信息 + 输出要求 + 示例 + 本次输入 + 输出项

上述公式的进一步细化如图 2－10 所示。

1. 提示词必备项

（1）任务：是对 AI 大语言大模型所要处理内容的清晰描述。可以理解为类似一种固定话术。一般采取【根据】+【动作】+【目标】的形式进行。例如，【根据】依据会议记录内容，【动作】总结会议待办事项，并【目标】指明每个待办事项的负责人。

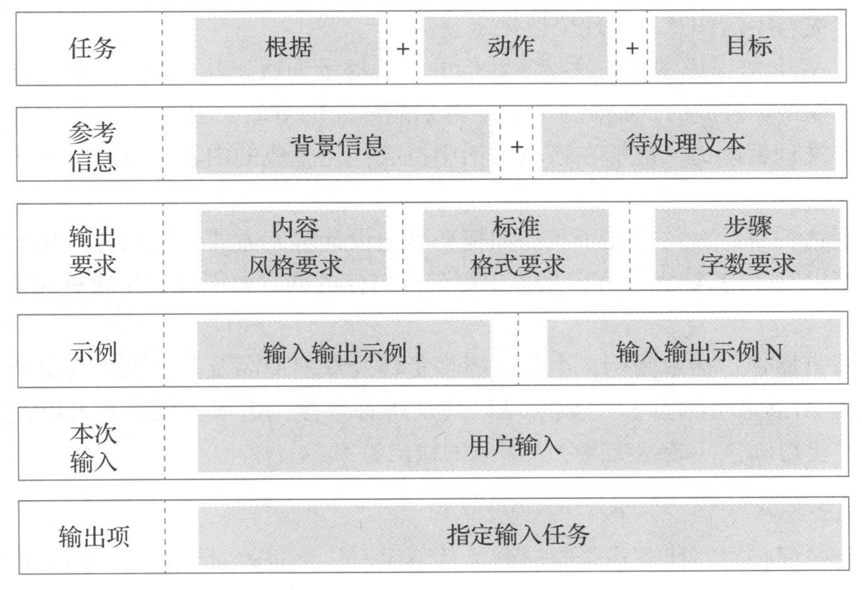

图 2－10　优秀的 AI 提示词细化

（2）输出要求：清晰且具体说明所期望得到的最终结果或输出内容。包括且不限于回复答案的标准、完成任务所需的步骤、用户对模型输出结果附加的风格要求、格式要求及字数要求等。

（3）输出项：用于在指令末端引导大模型开始输出结果。可以在指令末端输入如“回答：”“输出：”“总结：”等具有开启输出命令效果的词语。同时要注意这些词语应与指令中任务、示例部分的意思一致。

如果要求输出的内容已在任务中提及，则无须再构造本次输入。

2. 提示词选择项

（1）参考信息：是提供给 AI 大语言模型的背景信息或者需要处理的数据样本。包括但不限于任务相关的原文段落、文本数据、名词解释及背景知识等。

（2）示例：是供 AI 大语言模型参考的输入输出的样本演示。完整的输入输出样本演示将起到示范性的作用，这将有助于确保输出内容在风格、格式、字数等方面准确无误。

（3）本次输入：是在单次指令中针对输出内容的需求描述。如果要求输出的内容已在任务中提及，则无须再构造本次输入。

根据提示词方法论，将内容以模块化、结构化的形式呈现，这样 AI 大模型能更深入地理解使用者的需求，从而提供更精准、更有用的信息和建议。

（二）AIGC 提示词的多轮优化策略

在和 AI 大语言模型进行对话的过程中，我们或许会遇到多种情况：当向其请求定制一份旅游出行攻略时，我们可能既渴望获得精心规划的行程，又希望能额外获取一些小众景点的独特推荐；当需求转至撰写发言稿时，我们期望在完整的框架之上，增添更多文采斐然的句子，以增色添彩；而在制订学习计划时，我们期望这份计划能紧密贴合我们的学习习惯与生活作息，实现个性化定制。

然而，AI 大语言模型在初次接收我们的输入提示词后，其单轮回应或许并未能完全契合我们的期待。但此时，我们无须急于开启新一轮的对话，因为 AI 大语言模型凭借其卓越的上下文理解能力，能够在多轮对话中持续优化生成的内容，直至逐步接近我们心中的完美答案。

要实现这一目标，关键在于我们如何巧妙地设计提问方式。我们应当从更细致、更严格的角度出发，向 AI 大语言模型提出更具针对性的问题，引导其生成更加符合我们需求的内容。

以撰写直播带货话术为例，由于直播带货涉及众多商品及其卖点，其复杂性与多样性往往使得 AI 大模型在单次生成时难以满足所有个性化需求。操作者可以通过多轮提问，不断优化与调整，最终获得令人满意的输出答案。

（三）AIGC 提示词的复杂任务细分策略

你是否曾面临撰写研究报告时感到无从下手？你是否曾对冗长复杂的公司财报感到头晕目眩？你是否曾对层出不穷的程序 bug 冥思苦想？在面对复杂的任务时，单一维度的提示词可能难以一次性解决。这时，我们可以采取一种策略，将复杂的任务拆解成多个连续的简单子任务。这样，AI 大语言模型就能逐个击破，稳扎稳打，直至最终圆满完成这项复杂的任务。

以研究报告场景为例，撰写一篇研究报告的背后流程复杂，环节众多。我们可将一个撰写一篇完整研究报告的全过程细分为前期输入（包括阅读文献和拟定大纲）、中期撰写（涵盖定量分析和翻译工作）和后期升华（包括润色、降重和汇报辅助）等多个子任务。

AI 知识链接

AI 大语言模型“涌现”

AI 大语言模型的“涌现”现象是近年来人工智能领域的一个重要发展。

“涌现”现象主要指的是，当大型语言模型的规模和复杂性达到一定程度时，模型会突然表现出一些之前未曾观察到的、更为复杂和高级的语言处理能力。这种现象通常发生在模型参数量极大、训练数据极其丰富的情况下。

具体来说，“涌现”现象体现在以下几个方面：

（1）更强的语言理解能力。随着模型规模的增大，大型语言模型能够更深入地理解文本的语义和上下文信息，从而更准确地回答复杂问题。

（2）更丰富的语言生成能力。大型语言模型在生成自然语言文本时，能够产生更加多样化和富有创造性的输出。这种能力使得模型在文本创作、故事生成等方面展现出巨大的潜力。

（3）更好的泛化性能。由于训练数据的丰富性和模型的复杂性，大型语言模型在处理新任务和新领域时表现出更强的泛化性能。这意味着模型能够更好地适应不同的语境和任务需求。

近年来，AI 大语言模型的“涌现”现象推动了自然语言处理技术的飞速发展。多款重要的大型语言模型相继问世，如 GPT 系列、BERT 等，它们在多项 NLP 任务中取得了显著成果。

随着技术的不断进步，大型语言模型的应用范围也在不断扩大。它们被广泛应用于智能问答、机器翻译、文本创作、智能推荐等多个领域，为人们提供了更加便捷、高效的语音交互体验。同时，大型语言模型还在金融、医疗、教育等行业发挥了重要作用，助力各行各业实现智能化升级。

AI 超级个体训练

智能生成二维码

AI 智能生成二维码是一种利用人工智能技术自动创建二维码的过程。用户只需提供特定的信息或网址，AI 系统就会自动处理这些信息，并生成相应的二维码图像。目前智谱清言（https://chatglm.cn/）已经有了这个功能。

例如，打开智谱清言网页版，输入以下提示词：

请将武汉职业技术学院官网“https://www.wtc.edu.cn”的链接生成二维码。

生成内容如图 2－11 所示。

图 2－11 使用智谱清言智能生成二维码示例

实训项目

AIGC 提示词设计训练

一、实训背景

AIGC 提示词在人工智能应用尤其是生成式模型和创意辅助工具中扮演着至关重要的角色。它们不仅是沟通用户需求与 AI 系统之间的桥梁，还直接影响到输出内容的质量、相关性和创造性。

（一）AIGC 提示词的风格

AIGC 提示词包括续写型提示词、指令型提示词和问句型提示词三种风格。

（二）AIGC 提示词的结构

如前文所述，AI 提示词的结构可以拆分为指令、上下文、输入数据和输出数据等成分。

（三）AIGC 提示词设计基本技能

AIGC 提示词设计需要动手实践，频繁地与 AI 模型互动，不断尝试不同的提示词，观察并记录模型的反应和输出差异。用户需根据模型的输出反馈不断调整提示词，逐步优化，直到达到理想效果。

二、实训环境

1. PC 台式电脑：安装 Windows 10 及以上版本操作系统，连接互联网，安装浏览器（推荐 360AI 浏览器）。

2. 手机：安装 360AI 浏览器及文心一言、豆包、Kimi、通义千问、讯飞星火等典型 AI 大语言模型 App。

三、实训内容

1. 提示词入门，知悉提示词设计风格和结构。
2. 提示词基础，掌握提示词设计基本技能。
3. 提示词进阶，通晓提示词设计核心技能。

四、实训准备

1. 通过 PC 电脑浏览器分别打开 Kimi、文心一言、智谱清言等 AIGC 对话工具。

2. 在手机上安装 360AI 浏览器，在手机浏览器中打开 Kimi 或者安装 Kimi 智能助手 App。

五、实训指导

（一）提示词入门：知悉提示词设计风格结构

1. 本次实训使用 Kimi 模型。打开 Kimi 网页端应用（https://kimi.moonshot.cn/）。

2. 熟悉提示词风格。下面分别对续写型提示词、指令型提示词、问句型提示词和提示词基本结构进行训练。

（1）续写型提示词。

提示词 1：

跨境电子商务是

请使用 Kimi 输出，查看结果。

提示词 2：

10，11，13，16，20，（ ），31，38，（ ）

Kimi 输出参考效果如图 2－12 所示。

这是一个数列问题，我们需要找出数列的规律来确定缺失的数字。

观察数列：10, 11, 13, 16, 20, ( ), 31, 38, ( )

首先，我们尝试找出数列中每两个连续数字之间的差：

- 11 - 10 = 1
- 13 - 11 = 2
- 16 - 13 = 3
- 20 - 16 = 4

看起来差值是递增的，每次增加1。如果这个规律成立，那么：

- 下一个差值应该是 4 + 1 = 5
- 20 + 5 = 25

所以第一个空格的数字是25。

继续应用相同的规律：

- 31 + 7 = 38 （因为下一个差值应该是 5 + 1 = 6，然后是 6 + 1 = 7）

数列现在看起来是：
10, 11, 13, 16, 20, 25, 31, 38, ( )

应用相同的递增差值规律：

- 38 + 8 = 46 （因为下一个差值应该是 7 + 1 = 8）

所以数列完整是：
10, 11, 13, 16, 20, 25, 31, 38, 46

缺失的两个数字分别是25和46。

复制　再试一次　分享

图 2－12　使用 Kimi 体验续写型 AI 提示词

提示词 3（请选择 AI 大语言模型练习）：

忙碌是生活总是

提示词 4（请选择 AI 大语言模型练习）：

1+1=2，2+2=4，3+3=6，4+4=8，？

（2）指令型提示词。

提示词 1：

请补足下列句子残缺部分：“哈士奇是”

请用 Kimi 体验。

提示词 2：

请对我输入的名词进行解释：

Q：推镜头

A：

Kimi 输出参考如图 2－13 所示。

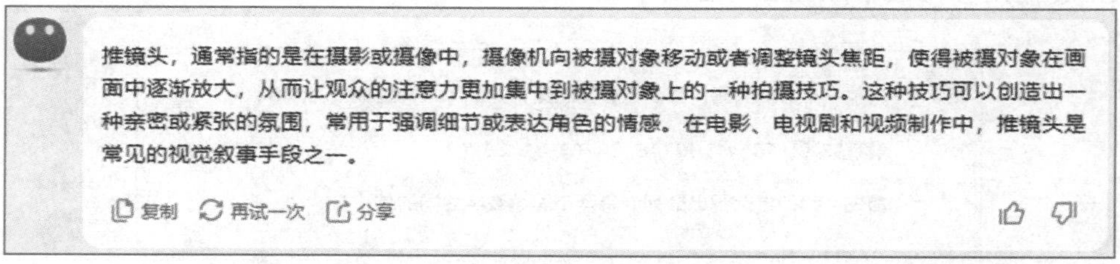

推镜头，通常指的是在摄影或摄像中，摄像机向被摄对象移动或者调整镜头焦距，使得被摄对象在画面中逐渐放大，从而让观众的注意力更加集中到被摄对象上的一种拍摄技巧。这种技巧可以创造出一种亲密或紧张的氛围，常用于强调细节或表达角色的情感。在电影、电视剧和视频制作中，推镜头是常见的视觉叙事手段之一。

复制　再试一次　分享

图 2－13　指令型 AI 提示词“Q/A 对”体验

提示词 3：

请用一句话概述你刚才输出的内容。

这是 AI 提示词常用的进一步提问，Kimi 输出参考如图 2－14 所示。

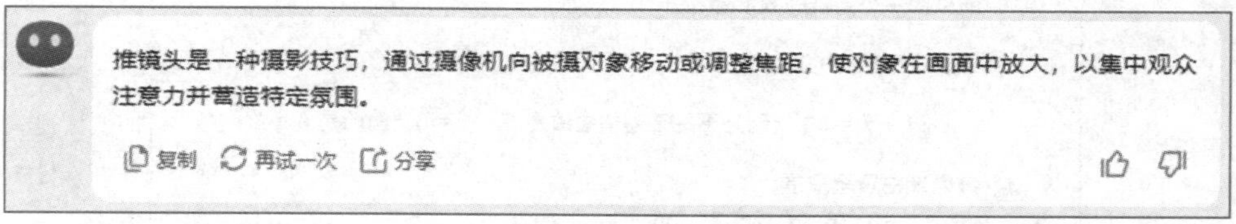

推镜头是一种摄影技巧，通过摄像机向被摄对象移动或调整焦距，使对象在画面中放大，以集中观众注意力并营造特定氛围。

复制　再试一次　分享

图 2－14　指令型 AI 提示词进一步提问

提示词 4（请选择 AI 大语言模型练习）：

请对李白和杜甫进行比较，包括生平、作品风格、性格、贡献等方面。

（3）问句型提示词。

提示词 1：

请问 AIGC 是什么？

请用 Kimi 体验。

提示词 2：

请问地球周长是多少？地球的体积又是多少？

这是问句型 AI 提示词双重提问，Kimi 输出参考如图 2－15 所示。

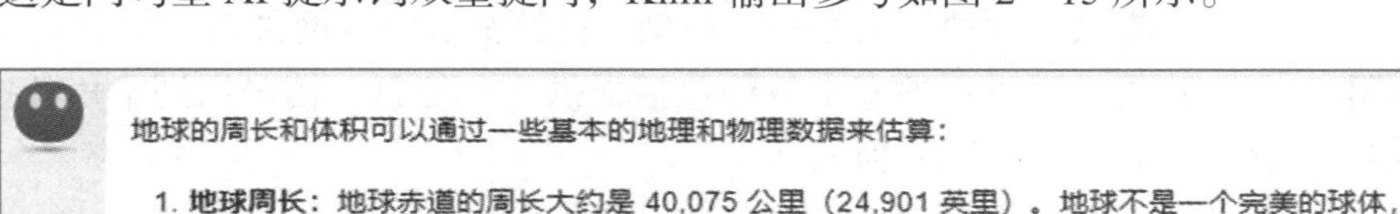

图 2－15 问句型 AI 提示词双重提问

提示词 3（请选择 AI 大语言模型练习）：

请问职业教育与普通高等教育有哪些区别？职业教育学生怎么制定自己的职业生涯规划？

（4）提示词基本结构。

提示词 1：

你是一名中学教师，现在正在统计学生成绩，学生成绩如下：

王某：57 分

周某：93 分

李某：77 分

请将上述学生成绩进行平均，并以保留两位小数的格式输出。

Kimi 输出参考如图 2－16 所示。

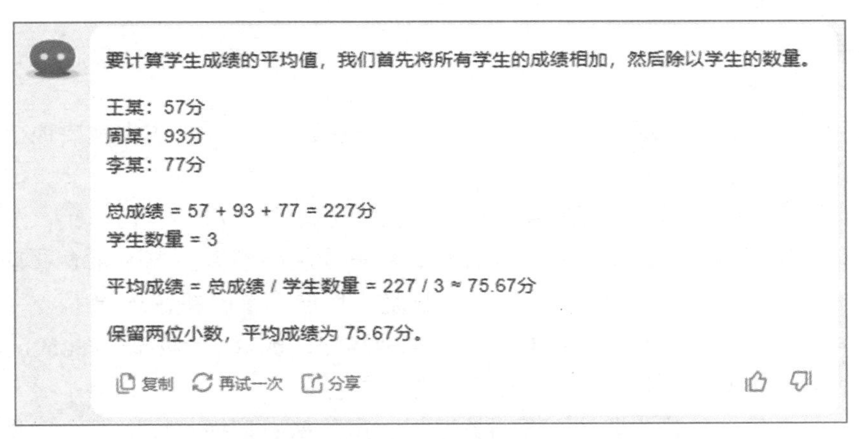

图 2－16 基本的结构化的 AI 提示词

提示词 2（请选择 AI 大语言模型练习）：

你是一名大学会计专业教师，我是一名学生，请帮助我列出“会计基础”课程中

“权责发生制”这一章的学习要点。

（二）提示词基础：掌握提示词设计基本技能

1. 本次实训使用文心一言模型。打开文心一言网页端应用。

2. 提示词设计的基本技能包括提供充分信息、精确用词、角色扮演、分步提问等，下面分别训练。

（1）提供充分信息。

提示词（提供详细的场景上下文）：

我是一名高三学生的家长，孩子还有半年就要参加高考了。目前孩子很努力，学习习惯也很好，但学习成绩不理想。尤其是物理和生物成绩一直上不去。除了具备良好的学习习惯、制订学习计划、多做题之外，在时间有限的情况下，是否有办法在半年内切实有效地提高孩子的物理和生物成绩？我希望你提出具体、可行、实际的做法，200 字左右。

文心一言输出参考如图 2－17 所示。

针对您孩子物理和生物成绩的提升，建议可以这么做：首先，要定期复习，巩固基础知识，把握课程重点；其次，可以寻找有针对性的辅导资料或视频教程进行深度学习；同时，鼓励孩子多做模拟试题，通过实战提升解题技巧；此外，可以让孩子参加学习小组讨论，共同解决问题，加深对知识点的理解。重要的是，保持积极心态，合理安排时间，半年内坚持执行，相信孩子的物理和生物成绩会有显著提升。

由文心大模型 4.0 生成

重新生成

图 2－17　AI 提示词基本技能（提供充分信息）示例

参照上面示例，学习者可自己设计提供充分信息 AI 提示词，并选择 AI 大语言模型练习体会。

（2）精确用词。

提示词 1：

请阅读下面的文章：

【在我国摇滚乐的发展历程中，中原腹地的历史名城新乡始终占据重要地位，被誉为我国著名的“摇滚之乡”。

新乡与摇滚乐的深厚渊源可追溯至具有里程碑意义的 1998 年。这一年，改革开放推动中国社会发生深刻变革，新思想、新文化、新事物层出不穷，中国摇滚乐亦成为这股新浪潮中的一股重要力量。1998 年 4 月 11 日晚，首届“中国新音乐演唱会”在新乡体育中心盛大开幕，演出历时近四小时，现场氛围热烈，观众情绪激昂。此次演唱会的成功举办，奠定了新乡作为中国摇滚乐发祥地之一的地位。

为回应广大乐迷的热烈期待，郑州铁路局客运处精心策划并推出了“启源”号歌迷专列，车次为 680、681 对开，票价定为 11 元。此举不仅为乐迷提供了便捷的交通方式，更在中国摇滚乐史上留下了浓墨重彩的一笔。

首届演唱会的成功举办，为次年第二届“中国新音乐（新乡）演唱会”的举办奠定了坚实基础。很多摇滚巨匠纷纷加盟并倾情献艺。连续两年在新乡市体育中心举办的摇滚音乐盛宴，进一步巩固了新乡作为中国摇滚乐基地的地位。

在新乡市体育中心这片热土上，众多耳熟能详的摇滚乐队纷纷登台献艺，与观众共同分享音乐带来的激情与欢愉。这些历经岁月沉淀的音乐经典，不仅承载了一代人的青春记忆，更见证了中国摇滚乐的发展与壮大。

尽管时代变迁，音乐形式不断创新发展，但新乡作为中国摇滚乐的重要发源地，其蕴含的骨气与精神历久弥新。摇滚精神如同熊熊燃烧的火焰，在不同时代、不同地域、不同文化中绽放出独特光芒，其核心价值始终如一，激励着无数音乐人为梦想而努力奋斗。】

Q：请概括这篇文章的中心思想，不低于 200 字。

文心一言输出参考如图 2－18 所示。

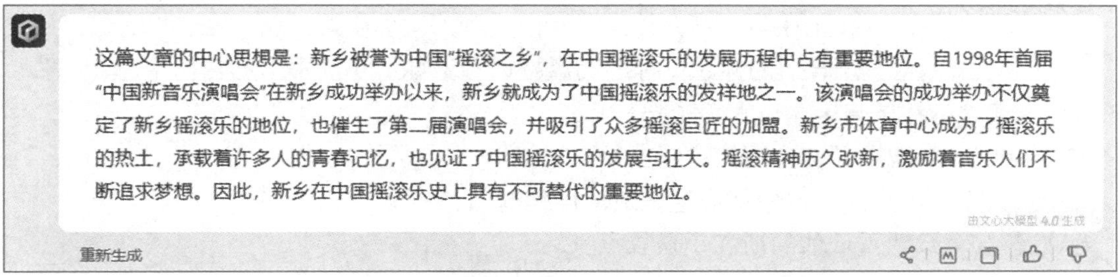

这篇文章的中心思想是：新乡被誉为中国"摇滚之乡"，在中国摇滚乐的发展历程中占有重要地位。自1998年首届"中国新音乐演唱会"在新乡成功举办以来，新乡就成为了中国摇滚乐的发祥地之一。该演唱会的成功举办不仅奠定了新乡摇滚乐的地位，也催生了第二届演唱会，并吸引了众多摇滚巨匠的加盟。新乡市体育中心成为了摇滚乐的热土，承载着许多人的青春记忆，也见证了中国摇滚乐的发展与壮大。摇滚精神历久弥新，激励着音乐人们不断追求梦想。因此，新乡在中国摇滚乐史上具有不可替代的重要地位。

由文心大模型 4.0 生成

重新生成

图 2－18　AI 提示词基本技能（精确用词）示例

提示词 2：

用一句话概括这篇文章的主要观点。

请用文心一言进一步体验，自己设计精准用词 AI 提示词并选择 AI 大语言模型练习体会。

（3）角色扮演。

提示词：

你现在是一个电脑维修专家，最近我的 PC 电脑突然出现反复蓝屏现象，硬件测试没有问题，你能帮忙分析原因吗？

文心一言输出参考如图 2－19 所示。

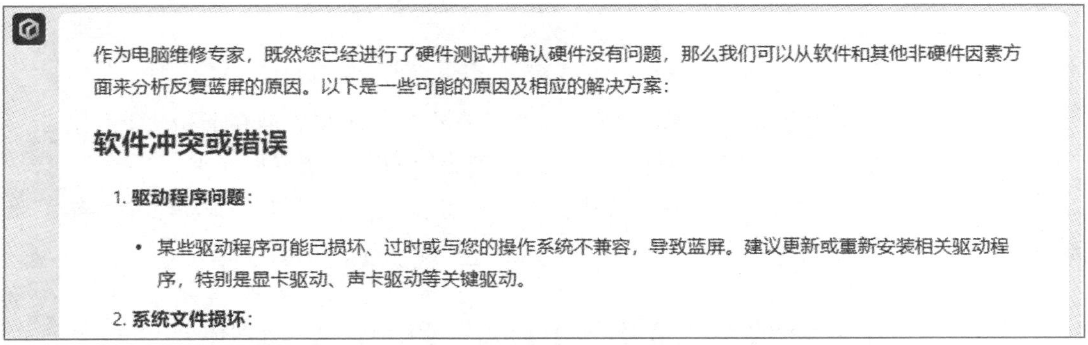

作为电脑维修专家，既然您已经进行了硬件测试并确认硬件没有问题，那么我们可以从软件和其他非硬件因素方面来分析反复蓝屏的原因。以下是一些可能的原因及相应的解决方案：

软件冲突或错误

1. **驱动程序问题**：
    - 某些驱动程序可能已损坏、过时或与您的操作系统不兼容，导致蓝屏。建议更新或重新安装相关驱动程序，特别是显卡驱动、声卡驱动等关键驱动。
2. **系统文件损坏**：

图 2－19　AI 提示词基本技能（角色扮演）示例

参照上面示例，自己设计角色扮演 AI 提示词并选择 AI 大语言模型练习体会。

（4）分步提问。

学习者可根据前面所学内容，将问题分步提出，设计分步提问 AI 提示词，并选择 AI 大语言模型练习体会。

（三）提示词进阶：通晓提示词设计核心技能

1. 本次实训使用通义千问模型。打开通义千问网页端应用。

2. 提示词设计的进阶技巧包括提供参考（样本）、多维提问、迭代提问等，下面分别训练。

（1）提供参考（样本）。

提示词 1：

我正在写一篇介绍武汉新洲道观河（小众露营点）的推荐笔记，帮我想 5 个合适的标题。标题的风格请参考如下小红书上的热门主题：

【谁懂这是在杭州……也太美了吧！！

不会吧不会吧，还有人不知道吗？

问了 30 个杭州人，他们都说这是最值得爬的山！

推荐⑤个被严重低估的浙江小众景点！

这里真的很炸裂……西湖边被问爆的宝藏景点！

超级惊喜！真的不敢相信这里竟然可以遛狗！

难以置信……少喝两杯奶茶就可以在这里玩整整一天！】

通义千问输出参考如图 2－20 所示。

当然可以，下面是根据您提供的小红书风格为武汉新洲道观河定制的5个推荐标题：

1. 这不是仙境吗？武汉新洲道观河，美到窒息的小众露营地！
2. 不会吧！武汉周边竟藏着这样一个露营秘境—道观河？
3. 问了100个武汉露营达人，都推荐的隐世宝地—道观河攻略来袭！
4. 超低调奢华！武汉新洲道观河，⑤大理由让你爱上这里的露营之旅！
5. 难以置信的周末好去处！武汉道观河，少刷一次朋友圈就能享受的自然野趣！

图 2－20　AI 提示词核心技能（提供参考）示例

提示词 2：

【北京有故宫、长城、十三陵等景点。来北京旅游的最佳季节是春季和秋季。

武汉有黄鹤楼、东湖、归元寺等景点。来武汉旅游的最佳季节是春季。

乌鲁木齐有天池、国际大巴扎、天山大峡谷等景点。来乌鲁木齐旅游的最佳季节是夏季和秋季。】

请按照上面的参考格式介绍杭州。

请自己设计提供参考的 AI 提示词，选择通义千问大语言模型练习体会。

（2）多维提问。

提示词：

我想开一家咖啡店，你有什么建议？请从以下几个方面给我提供建议：

市场调研：我应该如何了解目标客户和竞争对手？

选址：我应该如何选择店面位置？

装修：我应该如何设计店面？

人员：我应该如何选择员工？

产品：我应该如何确定产品线？

定价：我应该如何设置价格？

营销：我应该如何吸引和保持客户？

通义千问输出参考如图 2－21 所示。

开设一家咖啡店是一项既充满挑战又极具创意的事业，以下是从您提出的几个方面给出的建议：

市场调研

1. **目标客户定位**：首先明确您的咖啡店想要吸引哪类顾客，比如学生、上班族、家庭还是特定的兴趣群体（如咖啡爱好者）。通过问卷调查、社交媒体互动或直接在潜在区域进行观察，了解他们的消费习惯、偏好的咖啡类型、喜欢的环境氛围等。
2. **竞争对手分析**：研究同区域内已有的咖啡店，了解它们的菜单、价格、特色服务、顾客评价等。利用网络评价、实地考察等方式，找出它们的优势与不足，以便差异化竞争。

选址

1. **人流与交通**：选择人流量大且交通便利的位置，如商业街区、办公区附近或大学城周边。确保容易被目标顾客群发现。
2. **成本考量**：平衡租金成本与潜在收益。高人流量区域通常意味着更高的租金，评估是否能带来足够的利润覆盖成本并实现盈利。

装修

图 2－21　AI 提示词核心技能（多维提问）示例

请参照上面示例自己设计多维提问提示词并在通义千问中练习体会。

（3）迭代提问。

提示词 1：

请帮我润色这句话：“傍晚太阳照在东湖水面上，微波荡漾，闪闪发光。”

通义千问输出参考如图 2－22 所示。

黄昏时分，夕阳温柔地洒落在东湖波光粼粼的水面上，轻轻摇曳的涟漪仿佛镶嵌了无数细碎的金箔，熠熠生辉，美不胜收。

图 2－22　AI 提示词核心技能（迭代提问第一次提问）示例

提示词 2：

请帮我重新润色这句话：“傍晚太阳照在东湖水面上，微波荡漾，闪闪发光。”我希望这段文字比前面输出的版本更生动一些，能够更好地描绘夕阳下东湖迷人的景象。

继续在通义千问提问，通义千问输出参考如图 2－23 所示。

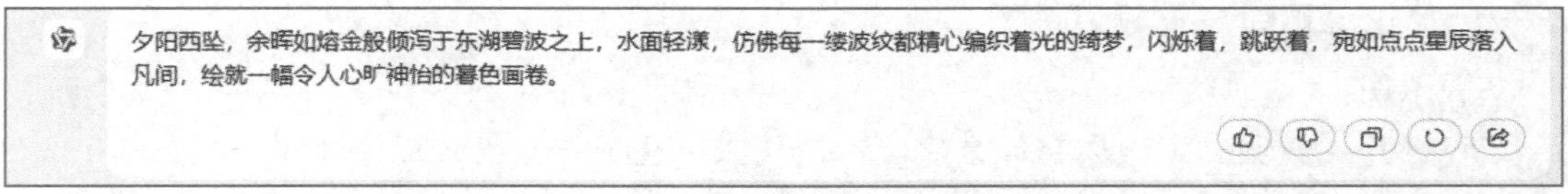

夕阳西坠，余晖如熔金般倾泻于东湖碧波之上，水面轻漾，仿佛每一缕波纹都精心编织着光的绮梦，闪烁着，跳跃着，宛如点点星辰落入凡间，绘就一幅令人心旷神怡的暮色画卷。

图 2－23　AI 提示词核心技能（迭代提问第二次提问）示例

请参照示例自己设计迭代提问 AI 提示词并在通义千问中练习体会。

六、实训拓展

1. 分析提示词“请为我写一篇文章”有什么问题。如果让通义千问写一篇 2024 年高考作文范文，请设计提示词，并在通义千问输出。

2. 用角色扮演设计 5 个提示词，在 Kimi 输出。

3. 根据自身英语水平，设计提示词让 AI 语言模型为你制订 3 个月通过四六级英语等级考试的学习计划，在讯飞星火输出。

4. 根据不同的场景设计提示词，并在不同的 AI 语言模型输出。

思考与练习

1. 描述性提示词在 AI 生成内容中扮演了什么角色？请举例说明如何设计一个有效的描述性提示词。

2. 在个性化创作中，提示词如何帮助用户根据自己的需求生成内容？请讨论提示词个性化的重要性及对用户体验的影响。

3. 提示词体现了一个人的哪些综合能力？请结合实际例子，讨论如何通过提升这些能力来改善提示词的编写。

4. 请描述“AIGC”和“ICDO”两种提示词范式，解释这两种范式的主要区别，并讨论它们各自适用的场景。

5. 当面对一个复杂的任务时，如何利用 AIGC 提示词的复杂任务细分策略来简化问题？请提供一个复杂任务的例子，并说明如何将其拆解为简单子任务。

模块三

AIGC 赋能办公应用

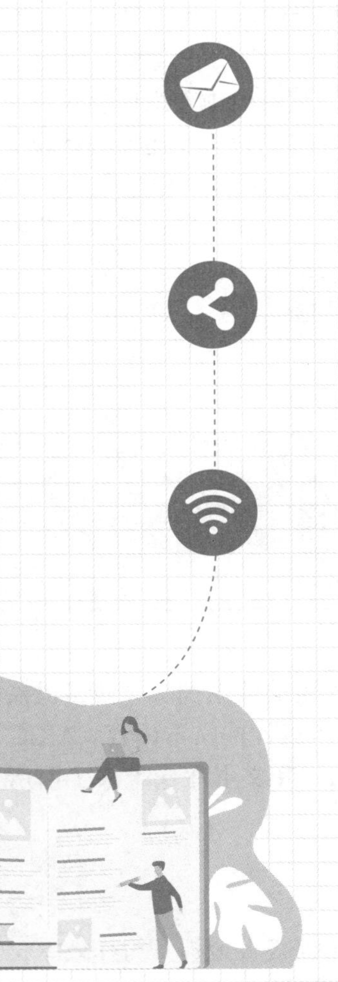

学习目标

素质目标

1. 在使用 AIGC 技术时，能不断尝试新的方法和思路，以创新的方式解决问题。
2. 能适应人工智能技术快速发展的趋势，不断学习新技术，提升个人技能。
3. 在使用 AIGC 技术时，注重数据安全与隐私保护，确保技术应用符合道德和法律规定。
4. 能对生成的内容进行质量控制，不断追求更高的工作质量和创作水平。

知识目标

1. 了解 AIGC 如何提高写作效率、创意与多样性、个性化与定制化，以及辅助编辑与校对功能。
2. 了解 AIGC 如何进行精准定位与受众分析、情感分析与共鸣、创新表达与语言风格、跨模态创作与整合。
3. 熟悉 AIGC 在智能化内容生成、文档内容改写、文字润色、文档编排、智能表格处理和智能计算公式等方面的应用。

4. 理解 AIGC 如何生成 PPT 内容，并了解其在商务演示、教育培训、学术会议和个人分享中的应用。

能力目标

1. 能将 AIGC 技术应用于实际的文书写作、文案创作、文档处理和图形设计中。
2. 能通过 AIGC 技术激发创意，生成新颖的文案和设计方案。
3. 能利用 AIGC 技术分析目标受众，解决写作和设计中遇到的问题。
4. 能运用 AIGC 的辅助编辑与校对功能，提升文档和演示文稿的质量。

当前 AIGC 正逐步渗透至办公领域的每一个角落，悄然引领着工作模式与效率的深刻变革。它不仅重塑了传统办公流程，使之更加智能化、高效化，还深刻体现了技术创新对于推动社会进步、实现高质量发展的重要性。AIGC 的应用，鼓励着每一位职场人士勇于探索新知，积极适应技术革新带来的挑战与机遇，以实际行动践行时代赋予的使命，共同促进一个更加智慧、包容、可持续发展的工作环境。在这一过程中，每个人都是变革的推动者，共同书写着 AI 技术与人文融合的新篇章。

AIGC 赋能文书撰写

AIGC 基于深度学习和自然语言处理技术，通过大量的数据训练，使得机器能够模仿人类的写作风格和思维逻辑，自动生成具有创意和可读性的文本内容。AIGC 技术的出现，不仅大大提高了内容生产的效率，还为文案创作和文书写作带来了前所未有的可能性。

一、AIGC 在文书写作中的应用

AIGC 技术正逐渐改变着传统文书写作的面貌，不仅极大地提升写作效率，实现过程的自动化，还为作者带来前所未有的创意灵感与多样性选择。AIGC 不仅能够模仿人类的写作风格，还能根据个性化需求生成定制化的文本内容，满足作者和读者的独特需求。此外，AIGC 强大的辅助编辑与校对功能，进一步保障了文书的质量与可读性。AIGC 技术的出现，无疑为文书写作领域带来了一场深刻的变革。

（一）自动化与高效性

在传统的文书写作中，作者需要花费大量的时间和精力进行资料的搜集、整理、撰写和修改。AIGC 技术的应用，使得这一过程变得高效且自动化。通过输入关键词或主题，AIGC 能够迅速生成与之相关的文章内容。这不仅减轻了作者的写作负担，还大大提高了写作效率。

例如，在商业计划书的撰写中，AIGC 可以根据用户提供的数据和信息，自动生成市场分析、竞争态势、营销策略等部分的内容，这使得用户能够更快速地完成商业计划书的撰写，从而有更多的时间和精力去关注业务的发展和市场的拓展。

（二）创意与多样性

AIGC 技术不仅能够模仿人类的写作风格，还能通过算法生成具有创意和新颖性的文本内容。这使得文书写作不再局限于传统的写作模式和思维框架，为作者提供了更多的创作灵感和思路。

在广告文案的创作中，AIGC 可以根据产品的特点和目标受众的需求，生成具有吸引力和感染力的广告语。这些广告语不仅能够准确传达产品的核心价值，还能通过独特的表达方式和语言风格，引起消费者的关注和兴趣。

（三）个性化与定制化

每个人的写作风格和语言习惯都是独特的。AIGC 技术能够学习和模仿这些风格和习惯，生成符合用户个人特色的文本内容。这使得文书写作更具个性化，能够更好地满足作者和读者的需求。

例如，在撰写文章时，AIGC 可以根据作者的要求，生成相关内容，这样可以提高写作效率。

（四）辅助编辑与校对

AIGC 技术还具有强大的辅助编辑和校对功能。它能够自动检查文书中的语法错误、拼写错误和格式问题，并提供相应的修改建议。这使得作者在写作过程中能够及时发现并纠正错误，提高文书的质量和格式规范性。

二、AIGC 在文案创作中的应用

AIGC 技术在文案创作领域展现出巨大潜力，它通过大数据分析实现精准定位与受众分析，生成符合目标受众兴趣和需求的文案，提升营销效果和转化率。同时，AIGC 技术擅长情感分析与共鸣，能够生成具有感染力和共鸣力的文案，增强用户与品牌之间的互动和联系，提升品牌形象和用户忠诚度。AIGC 技术还能带来语言表达与风格上的创新，为文案创作提供源源不断的灵感和思路，吸引更多关注和讨论。AIGC 技术实现跨模态创作与整合，生成更具表现力和感染力的多媒体文案作品，吸引用户关注和互动。

（一）精准定位与受众分析

在文案创作中，了解目标受众的需求和喜好是至关重要的。AIGC 技术能够通过大数据分析，精准地定位目标受众，并生成符合他们兴趣和需求的文案内容。这使得文案更具针对性和吸引力，能够提高营销效果和转化率。

例如，在电商平台的商品描述中，AIGC 可以根据用户的浏览记录和购买行为，生成符合他们需求的商品描述和推荐语。这不仅提高了商品的曝光率和销售量，还能提升用户的购物体验。

（二）情感分析与共鸣

文案创作不仅仅是文字的堆砌，更重要的是能够触动读者的情感，引起他们的共鸣。AIGC 技术能够分析文本中的情感色彩和语义关系，生成具有感染力和共鸣的文案。这使得文案更能够打动人心，提高品牌形象和用户忠诚度。

在社交媒体营销中，AIGC 可以根据用户的评论和反馈，生成符合他们情感需求的文案。这不仅能够增强用户与品牌之间的互动和联系，还能提升品牌的知名度和美誉度。

（三）创新表达与语言风格

文案创作需要不断创新，突破传统的表达方式和语言风格。AIGC 技术能够通过算法生成新颖、独特的文案，为作者提供源源不断的创作灵感和思路。这使得文案更具创意和新颖性，能够吸引更多的关注和讨论。

在广告创意的策划中，AIGC 可以根据产品的特点和品牌形象，生成具有创新性和吸引力的广告文案。这不仅能够提升广告的点击率和转化率，还能增强品牌的竞争力和影响力。

（四）跨模态创作与整合

随着多媒体技术的发展，文案创作已经不再局限于纯文本的形式。AIGC 技术能够结合文本、图像、音频等多种模态的内容进行创作，生成更具表现力和感染力的文案作品。这使得文案更加生动有趣，能够吸引更多的用户关注和互动。

例如，在视频广告的策划中，AIGC 可以根据广告的主题和品牌形象，生成包含文本、图像和音频等多种元素的创意广告文案。这不仅提升了广告的表现力和吸引力，还能增强用户对品牌的认知和记忆。

三、未来展望

随着人工智能技术的不断发展和完善，AIGC 在文书写作和文案创作方面的应用将更加广泛和深入。未来，我们可以期待 AIGC 技术在以下几个方面取得更大的突破和创新。

（一）更高级别的自动化写作功能

通过更先进的算法和模型训练，实现更高级别的自动化写作功能。例如，能够自动生成更复杂、更具深度的文章、报告和策划方案等。这将进一步解放人类的创作力，提高内容生产的效率和质量。

（二）更丰富的创意激发手段

结合多模态技术和跨模态创作能力，为作者提供更丰富的创意激发手段。例如，通过图像、音频、视频等多种元素的融合创作来激发新的灵感和思路。这将有助于推动内容创作的创新和多样化发展。

（三）更精准的个性化定制服务

通过精细的用户画像和数据分析技术，实现更精准的个性化定制服务。例如，根据用户的兴趣、需求和行为习惯来生成更符合个人需求的文章、广告和推广内容等。这将有助于提升用户体验和满意度，增强品牌与消费者之间的互动和联系。

（四）更智能的辅助编辑与校对功能

通过自然语言处理和机器学习等技术手段，实现更智能的辅助编辑与校对功能。例如，自动识别并纠正语法错误、拼写错误和格式问题，提供优化文章结构和逻辑的建议等。这将有助于提高文书写作和文案创作的专业性和可读性。

总之，AIGC 技术为文书写作和文案创作带来了前所未有的变革和机遇。随着技术的不断进步和应用场景的拓展深化，AIGC 将在未来内容产业中发挥更加重要的作用和价值。同时，我们也需要持续关注数据安全与隐私保护问题以及保持文章的原创性和个性化等方面，以确保技术的健康发展。

AI 知识链接

使用 AI 的人将会取代不使用 AI 的人

让我们来认识一下永不休息的新同事吧。AIGC 将逐渐影响几乎所有组织角色和层级，大量的初级工作者的工作职责将发生变化，而超过四分之一的高级管理者的工作职责也将发生变化。

AI 是否能够被成功采用取决于团队是否愿意接受新的 AI 工具和应用，是否相信生成式 AI 是值得信赖的。

AI 机器人并不是新事物。更多的组织开始引入 AI 来与员工协作。全天候运行的 AI 机器人将处理日常的重复性任务，从而让人们专注于处理更高价值的战略性工作。

不可替代的人类品质将变得更加重要，例如创造力（这是受访企业高管认为最有价值的技能）、缜密的决策能力和同理心。

目前，尽管预见能力有限，但 87% 的受访企业高管预计，AIGC 将增强而不是取代人类员工。

关键是要培养人才在新形势下的就业技能，无论是在当前职位还是全新的工作环境中都能出色完成工作。AI 对劳动力的影响将进一步加深。

AI 增强员工与替代员工的比例可能会发生变化。随着 AIGC 技术的迅速成熟，越来越多的职位和层级将受到来自 AI 的更严重的影响。例如，大多数领导者预计五年后在 AI 和自动化领域的支出将超过人才支出。

至少 80% 的受访高管预计，AIGC 将从根本上变革其组织的工作流程以及员工的工作方式。但是，员工必须对他们的 AI 新同事产生信任，这种变革才能取得成功。要建立这种信任关系，组织不仅需要竭力确保 AI 基础模型的有效性，还需要针对员工开展再培训和技能提升培训。

单元二

AIGC 赋能文档处理

随着人工智能技术的飞速发展，AIGC 已成为现代文档处理中不可或缺的重要工具。AIGC 技术在文档处理的各个环节中展现出了强大的能力，从智能化内容生成到文档编排，再到智能表格处理和计算公式，无一不体现其高效、精准的特点。AIGC 技术在文档处理中发挥着越来越重要的作用。随着技术的不断进步和创新发展，AIGC 将在文档处理领域发挥更加重要的作用。

一、AIGC 赋能文档处理的优势

传统文档处理方式烦琐、低效，难以满足日益提高的质量需求。AIGC 技术，作为文档处理领域的革新力量，正逐步改变这一现状。它凭借高效性、精准性、灵活性和可扩展性等显著优势，为用户带来前所未有的便捷与创新。通过智能化内容生成、文档内容改写、文字润色、文档编排、智能表格处理和智能计算公式等功能的应用，AIGC 极大地提升了文档处理的效率和质量。AIGC 技术不仅能够自动化完成烦琐的文档处理任务，提高工作效率，还能精准理解用户需求，生成高质量文档内容。AIGC 强大的自定义功能和不断扩展的性能，更使其广泛应用于各行业，满足多样化需求，引领文档处理新潮流。

（一）高效性

AIGC 技术能够自动化完成大量烦琐的文档处理任务，如内容生成、改写、润色等，从而极大地提高了工作效率。用户可以将更多精力投入文档内容的创作和审核上，而不是耗费在琐碎的操作上。随着 AIGC 技术的不断精进与普及，其在文档处理领域的潜力被进一步挖掘。除了现有的自动化内容生成与优化功能外，AIGC 正逐步融入更高级的文档管理与协作流程中，为企业和个人带来前所未有的便捷与高效。

想象一下，未来的工作场景中，AIGC 不仅能够智能分析文档中的关键词汇、句式结构乃至逻辑链条，还能根据用户习惯及行业规范，自动调整文档的排版风格、字体大小、颜色搭配等视觉元素，使每一份文档都能以最专业、最吸引人的面貌呈现。这种个性化的美化与定制服务，将极大提升文档的专业度和读者的阅读体验。

此外，AIGC 还将深度融合到团队协作平台中，实现文档的实时共编与智能同步。团队成员无须再担心版本冲突或遗漏修改，AIGC 能够智能识别并整合每位成员的贡献，自动生成清晰的修订记录与意见汇总，使团队成员间的沟通与协作更加顺畅高效。同时，它还能根据团队成员的权限设置，智能控制文档的访问与编辑权限，确保信息安全与隐私保护。并且，AIGC 将具备更强的学习与适应能力。通过分析用户的操作习惯、偏好反馈以及行业趋势，AIGC 能够不断优化自身算法，提供更加个性化、精准化的服务。例如，对于经常需要撰写特定类型文档的用户，AIGC 能够自动推荐合适的模板、词汇及句式，甚至根据用户的历史文档生成新的内容草案，让创作变得更加轻松愉悦。

（二）精准性

基于深度学习和自然语言处理算法的 AIGC 技术，拥有强大的能力来精确理解用户的需求，并据此生成符合要求的文档内容。这种技术不仅能够进行语法检测，以确保文档的语言表达准确无误，还可以进行文字润色，提升文档的语言表达效果，使得文档更加流畅、易懂。此外，AIGC 技术还能进行表格处理，包括但不限于数据整理、数据分析等，以满足用户在表格处理方面的需求。无论是对于文档的质量，还是对于用户的体验，AIGC 技术都能提供高质量的结果，满足用户严格的质量要求。

（三）灵活性

AIGC 技术具有强大的自定义功能，用户可以根据自己的需求设定不同的参数和规则，以适应不同的文档处理场景。这种灵活性使得 AIGC 能够广泛应用于各种行业和领域，满足不同用户的需求。AIGC 技术的这一特性，在文档处理的深度与广度上开辟了前所未有的可能。比如，在医疗领域，医生可以利用 AIGC 技术，根据患者的具体病历信息，自动生成个性化的治疗报告和建议，不仅提高了工作效率，更确保了报告内容的准确性和专业性。通过设定严格的医学术语库和逻辑规则，AIGC 能够精准地整合分析数据，为医生提供决策支持，推动医疗服务的智能化进程。

AIGC 技术的强大自定义功能，为其在不同行业和领域的应用提供了广阔的空间。随着技术的不断成熟和普及，AIGC 将成为推动社会各行各业数字化转型的重要力量，为人们的生活和工作带来更加便捷、高效、智能的体验。

（四）可扩展性

伴随着科技的飞速进步，AIGC 技术也在不断成熟，其功能和效能正随着时间的推移而显著增强。在不久的将来，我们可以满怀信心地展望 AIGC 在文档处理领域扮演更为重要的角色。AIGC 在文档处理领域的可扩展性主要体现在其能够适应多种文档处理需求、支持多样化的应用场景，并随着技术的不断进步而持续扩展其功能与性能，支持多样化的文档处理需求，适应多种应用场景，与其他技术深度融合。

二、AIGC 赋能文档处理典型场景

AIGC 技术通过深度学习和自然语言处理算法，实现了文档内容的智能化生成，极大提高了文档编写效率。同时，该技术还具备文档内容改写、文字润色、文档编排、智能表格处理和智能计算公式等多重功能，能够满足用户在不同场景下的多样化需求。无论是快速产出文档、本地化内容、提升文档质量，还是高效管理表格数据，AIGC 都提供了全面而强大的支持。

（一）文档智能化内容生成

在智能化内容生成过程中，AIGC 技术首先会分析用户输入的关键词或主题，然后从海量的数据资源中检索相关信息，并结合语言模型和知识图谱进行内容创作。通过这种方式，AIGC 能够生成结构清晰、内容丰富的文档，满足用户的各种需求。

（二）文档内容改写

在文档处理中，有时需要对已有内容进行改写，以适应不同的场景或读者群体。AIGC 技术能够快速地对文档内容进行改写，在保持原文意思不变的同时，调整语言风格和表达方式。这种改写功能在处理多语种文档时尤为实用，能够帮助用户快速地将文档内容本地化，以适应不同地区的读者。

（三）文字润色

好的文档不仅需要内容准确，还需要语言优美、表达流畅。AIGC 技术具备强大的文字润色功能，能够自动检测文档中的语言问题，如语法错误、表达不清等，并给出相应的修改建议。通过文字润色，AIGC 能够帮助用户提升文档的整体质量，使其更加易读、易懂。

（四）文档编排

文档编排是文档处理中不可或缺的一环。一个好的文档编排能够让读者更加清晰地理解文档内容，提升阅读体验。AIGC 技术能够根据用户设定的样式和格式，自动对文档进行编排。无论是字体、字号、行间距，还是段落布局、页眉页脚等，AIGC 都能精准控制，确保文档的美观性和易读性。

（五）智能表格处理

在文档处理中，Excel 电子表格是一种常见的数据展示方式。然而，手动创建和编辑表格往往耗时且易出错。AIGC 技术能够智能地处理表格数据，包括自动填充数据、调整表格结构、进行数据统计和分析等。通过智能表格处理，用户可以更加高效地管理和利用表格中的数据，提升工作效率。

（六）智能计算公式

在基于 Excel 电子表格的文档处理中，经常会涉及各种计算公式和数学模型。AIGC 技术能够智能地识别和处理这些计算公式，帮助用户快速完成复杂的数学运算和数据分析。无论是简单的加减乘除，还是复杂的统计分析、数学建模，AIGC 都能提供强大的计算支持，让用户更加专注于文档内容的创作和分析。

AI 超级个体训练

AIGC 赋能文本润色

现在几乎所有的 AI 大模型都有文字润色功能。

例如要将下面这段话“全球变暖是一个重要的问题。它影响天气，导致极端天气事件发生。人们应该采取措施减少碳足迹。比如，使用公共交通，少开车。”改写为不同的风格。

打开智谱清言网页版。

提示词：

【全球变暖是一个重要的问题。它影响天气，导致极端天气事件发生。人们应该采取措施减少碳足迹。比如，使用公共交通，少开车。】

请将上面段话按照更正式、更活泼、喜剧演员语气三种风格润色，分别输出。

在智谱清言的输出如图 3－1 所示。

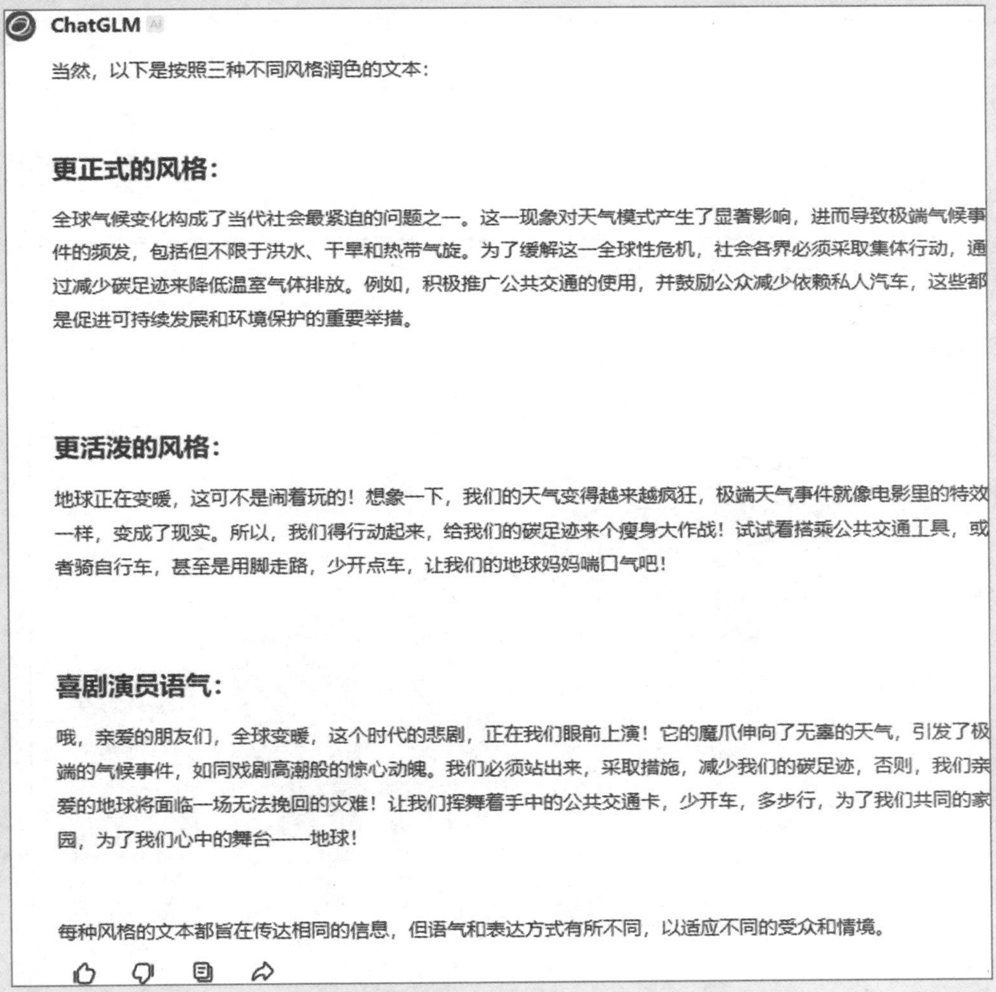

ChatGLM

当然，以下是按照三种不同风格润色的文本：

更正式的风格：

全球气候变化构成了当代社会最紧迫的问题之一。这一现象对天气模式产生了显著影响，进而导致极端气候事件的频发，包括但不限于洪水、干旱和热带气旋。为了缓解这一全球性危机，社会各界必须采取集体行动，通过减少碳足迹来降低温室气体排放。例如，积极推广公共交通的使用，并鼓励公众减少依赖私人汽车，这些都是促进可持续发展和环境保护的重要举措。

更活泼的风格：

地球正在变暖，这可不是闹着玩的！想象一下，我们的天气变得越来越疯狂，极端天气事件就像电影里的特效一样，变成了现实。所以，我们得行动起来，给我们的碳足迹来个瘦身大作战！试试看搭乘公共交通工具，或者骑自行车，甚至是用脚走路，少开点车，让我们的地球妈妈喘口气吧！

喜剧演员语气：

哦，亲爱的朋友们，全球变暖，这个时代的悲剧，正在我们眼前上演！它的魔爪伸向了无辜的天气，引发了极端的气候事件，如同戏剧高潮般的惊心动魄。我们必须站出来，采取措施，减少我们的碳足迹，否则，我们亲爱的地球将面临一场无法挽回的灾难！让我们挥舞着手中的公共交通卡，少开车，多步行，为了我们共同的家园，为了我们心中的舞台——地球！

每种风格的文本都旨在传达相同的信息，但语气和表达方式有所不同，以适应不同的受众和情境。

图 3－1 智谱清言润色段落文字示例

AI 超级个体训练

AIGC 智能绘制柱状图和饼图

大部分 AI 大模型可以智能生成柱状图，其中智谱清言还可以智能生成饼图。

提示词：

请分别用柱状图和饼图呈现 2023 年我国 GDP 排名前 5 名的城市。

在智谱清言的输出如图 3－2 所示。

ChatGLM

好的，我将使用2023年中国GDP排名前5的城市的数据来创建柱状图和饼图。根据公开数据，2023年中国GDP排名前5的城市包括上海、北京、深圳、广州和重庆。为了展示，我将使用假设的GDP数值来创建这些图表。假设的数据如下：

1. 上海：4.5万亿元
2. 北京：4万亿元
3. 深圳：3.5万亿元
4. 广州：3万亿元
5. 重庆：2.5万亿元

首先，我将创建一个柱状图来展示这些城市之间的GDP对比。然后，我将制作一个饼图来显示这些城市在中国的GDP总量中所占的比例。让我们开始制作柱状图。

代码生成...

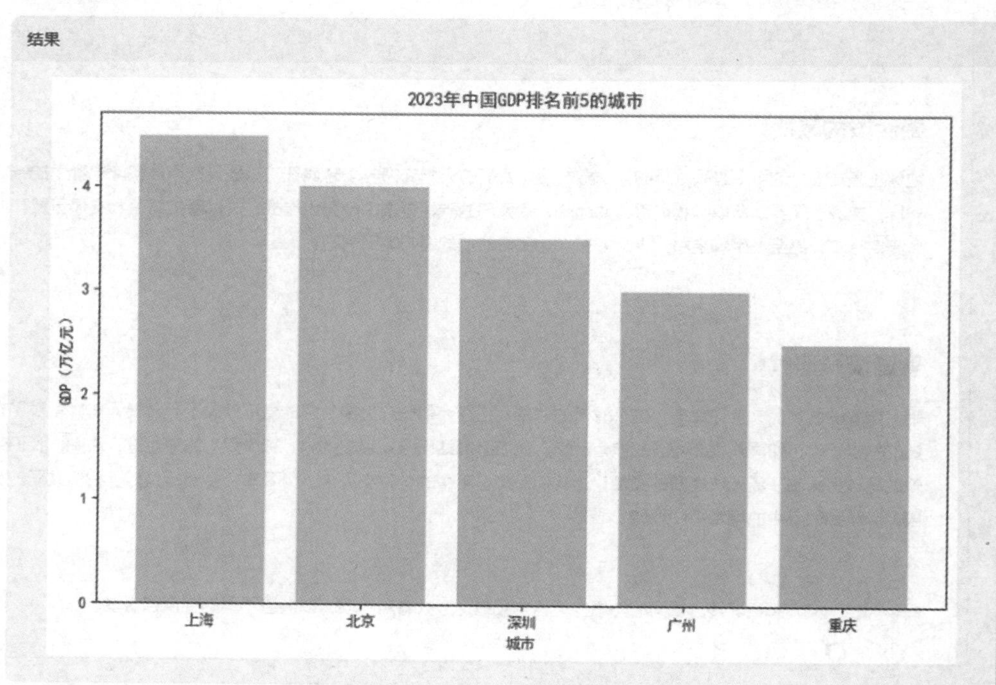

这是2023年中国GDP排名前5的城市的柱状图。接下来，我将使用相同的数据制作一个饼图，以展示这些城市在中国的GDP总量中所占的比例。让我们继续制作饼图。

代码生成...

结果

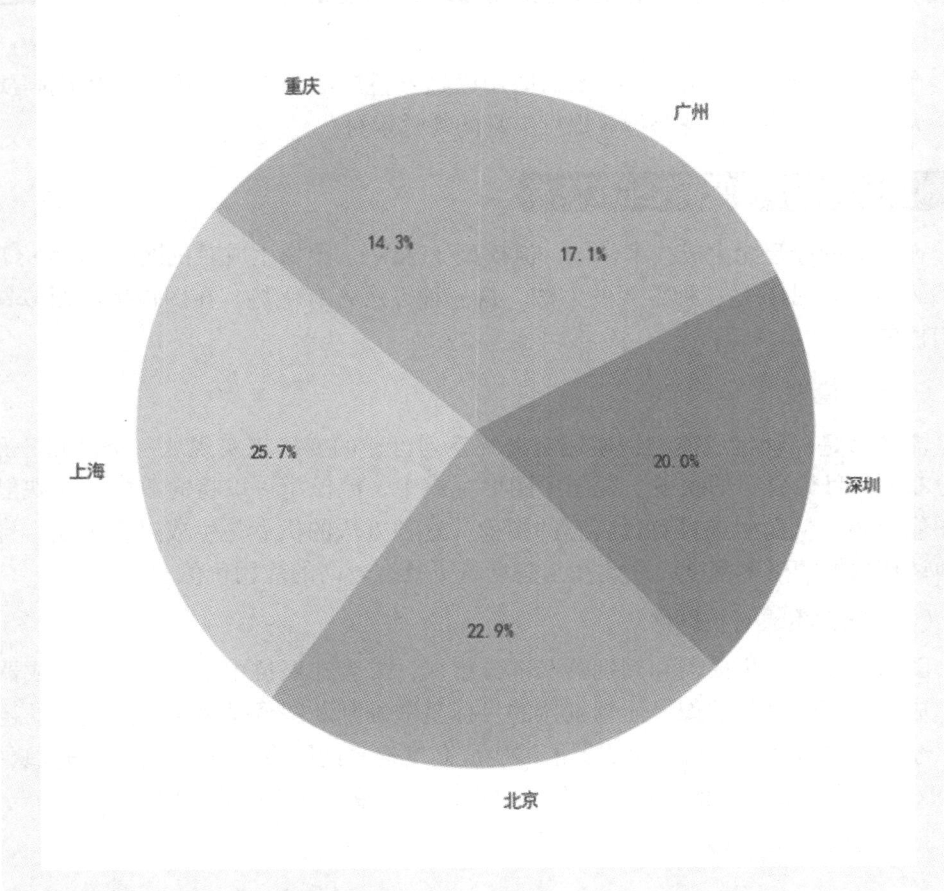

这是2023年中国GDP排名前5的城市的饼图，展示了这些城市在中国的GDP总量中所占的比例。柱状图和饼图分别从不同的角度展示了这些城市在经济总量中的地位和相对重要性。

请将饼图中的颜色做得更加鲜明一些，以便读者更容易区分各个城市的GDP比例。

在柱状图中，请确保每个城市的柱子高度都清晰可见，不要让它们互相重叠。

能否在图表的旁边加上每个城市的名称和对应的GDP数值，以便读者更直观地了解数据。

图 3－2　智谱清言智能生成柱状图和饼图示例

AIGC 在图形设计中的创新应用

在图形图像领域，AIGC 技术的应用已经日益广泛，它能够智能地生成高质量的图像，为广告、游戏、影视等行业提供丰富的视觉素材。

一、AIGC 图形图像智能生成技术

在图形图像智能生成技术领域，流模型（Flow）、图像生成对抗网络（GANs）和变分自编码器（VAEs）是三种重要的方法。这三种方法各有优势，在图像生成领域具有广泛应用价值。

（一）流模型

流模型是一种生成模型，通过定义一系列可逆的变换来实现从一个已知分布（如高斯分布）到目标分布的映射。在图形图像生成中，流模型可以将简单的分布映射到复杂的图像分布，从而生成具有真实感的图像。这种方法的优点是生成过程可逆，且能够精确地计算数据的概率密度，因此在某些场景下具有较高的应用价值。

（二）图像生成对抗网络

图像 GANs 由生成器和判别器两部分组成，二者在对抗中不断优化。生成器的目标是生成尽可能逼真的图像，而判别器的目标是准确判断图像是由生成器生成的还是真实的。经过多次迭代训练后，生成器能够生成高度逼真的图像，甚至达到以假乱真的效果。GANs 在图像生成、风格迁移、超分辨率重建等领域有着广泛的应用。

（三）变分自编码器

VAEs 是一种无监督学习算法，主要用于数据降维、生成和重建。它通过编码器将数据压缩成一个低维的潜在表示，再通过解码器将这个潜在表示还原成原始数据。在图形图像生成中，VAEs 可以学习图像数据的潜在分布，并生成新的图像。与 GANs 相比，VAEs 生成的图像可能更加模糊，但其优点是能够控制生成图像的潜在特征。

二、AIGC 文生图与图生图

在图像生成领域，AIGC 展现了强大的能力，主要包括文生图（文字到图像）和图生图（图像到图像）两大应用方向。

（一）文生图

文生图是指通过人工智能技术，将文字描述转化为图像的过程。这种技术极大地丰富了内容创作的可能性，使得非专业设计师也能通过简单的文字描述生成高质量的图像。

其主要优势是自动化程度高、精度高、可扩展性强及可定制化。在文生图的应用场景中，用户只需输入一段描述性的文字，如“阳光下的金色麦田”，AIGC 系统便能根据这段文字生成相应的图像。

文生图技术广泛应用于艺术创作、广告创意、游戏和影视制作等多个领域。例如，在游戏开发中，设计师可以快速生成角色概念图和场景设计图，大大缩短了开发周期。在广告行业，营销人员可以根据文案需求快速生成视觉素材，提高广告制作效率。此外，文生图技术还被用于生成艺术作品，如根据文字描述生成具有特定风格的绘画，为艺术家提供灵感和辅助创作。

（二）图生图

图生图是指基于已有图像，通过人工智能技术进一步编辑、修改或生成新图像的过程。这种技术允许用户在原有图像的基础上进行个性化调整，以满足特定的需求。图生图的应用场景同样广泛，包括图像修复、风格转换、图像增强等。

在图像修复方面，AIGC 技术可以自动填充图像中的缺失部分或去除图像中的瑕疵，使图像看起来更加完整和美观。在风格转换方面，用户可以将一张图像转换成具有不同艺术风格的图像，如将照片转换成油画风格或水彩风格。此外，图生图技术还可以用于图像增强，通过调整图像的亮度、对比度、色彩等参数，使图像更加清晰和吸引人。

图生图技术在专业设计领域尤为重要，设计师可以利用该技术快速生成设计草图、优化图像效果，甚至根据客户需求生成个性化的设计方案。例如，在服装设计中，设计师可以利用图生图技术快速生成不同材质、颜色和款式的服装效果图，提高设计效率和质量。

三、AIGC 图形图像的创新应用

AIGC 技术在图形图像生成领域的创新应用主要体现在以下几个方面。

（一）创意设计

AIGC 技术为创意设计领域带来了革命性的变革。设计师可以利用 AIGC 技术快速生成多种设计方案，从而加速创意的产生和实现。例如，通过输入关键词或参考图像，AIGC 可以智能地生成符合设计师意图的创意草图或概念设计。

（二）虚拟角色制作

在游戏、电影等领域，虚拟角色的制作是一个重要的环节。AIGC 技术可以根据导演或游戏设计者的需求，智能地生成具有特定特征和表情的虚拟角色。这不仅提高了制作效率，还为角色制作带来了更多的创意可能性。

（三）艺术创作

AIGC 技术也为艺术创作领域带来了新的创作手段。艺术家可以借助 AIGC 技术生成独特的艺术作品，如绘画、插图和设计等。这些作品既具有艺术价值，又展现了人工智能与艺术的完美结合。

（四）效率提升与创作丰富性

在广告行业，AIGC 技术可以快速生成多种广告设计方案，帮助广告商更高效地找到吸引人的设计方案。同时，AIGC 技术还可以为创作者提供更丰富的创作手段和灵感来源，推动图形图像创作的创新和发展。

总之，AIGC 在图形图像领域的应用标志着一个新时代的开启，它不仅革新了创意产业的生产方式，还极大地拓宽了艺术创作和视觉传播的边界。这一技术通过深度学习算法、机器学习模型及其他人工智能技术，自动生成高质量的图像、视频、动画甚至 3D 模型，为设计、广告、娱乐、教育等多个行业带来了前所未有的创新机遇。随着技术的不断成熟和应用边界的拓展，AIGC 将在更多领域展现其无限潜力，同时，我们也应持续关注其带来的社会影响，确保技术进步服务于人类社会的长远利益。

AI 超级个体训练

体验文生图与图生图

360 智绘是一款集成人工智能技术的图像生成工具，其文生图功能允许用户通过输入关键词或文本描述，自动生成符合要求的图像；图生图功能则进一步扩展了图像编辑的可能性，用户可以在已有图像基础上进行风格转换、元素添加等操作，生成全新的图像作品。这些功能不仅简化了图像创作过程，还提高了设计效率，适用于广告设计、社交媒体内容制作等多种场景。

1. 在 360AI 浏览器左侧工具栏选择“AI 绘图”，进入 360 智绘页面，如图 3－3 所示。

图 3－3　360 智绘图形图像创作页面

2. 体验 360 智绘文生图。选择“文生图”，输入提示词。分别设置比例、画质、风格后点击“立即生成”，即可生成图片，如图 3－4 所示。

提示词：

一只可爱的兔子在奔跑。

图 3－4　360 智绘文生图

3. 体验 360 智绘图生图。在如图 3－3 所示的页面中，选择“图生图”，上传一张图片，这里是“一只可爱的哈士奇在玩耍.png”，选择风格，这里选择“动漫”，完成“画质”等其他设置后，点击“立即生成”，完成图生图创作，如图 3－5 所示。

图 3－5　360 智绘图生图

单元四

AIGC 生成 PPT 演示文稿

在众多的应用场景中，AIGC 与 PPT 演示文稿的结合尤为引人注目。这种结合不仅极大地提高了制作 PPT 的效率，还为演示文稿带来了前所未有的创意和专业性。

一、AIGC 生成 PPT 的原理及优势

AIGC 生成 PPT 演示文稿的原理主要基于人工智能技术，特别是自然语言处理和深度学习技术。通过大量的数据训练和学习，AIGC 能够掌握语言模式、图像特征等知识，进而生成高质量的演示文稿内容。具体来说，用户只需输入主题或关键词，AIGC 便能自动生成与之相关的文本、图片、图表等内容，并按照一定的逻辑和排版规则，将这些内容整合成一份完整的 PPT 演示文稿。

与传统的手动制作 PPT 相比，AIGC 生成 PPT 具有以下优势。

（一）高效快捷

传统制作 PPT 需要在内容收集、排版和设计上花费大量时间和精力，而 AIGC 能够在短时间内自动生成一份专业且美观的演示文稿，大大提高了工作效率。

（二）创意丰富

AIGC 通过深度学习和自然语言处理技术，能够生成具有创意和新颖性的内容，使演示文稿更加吸引人。

（三）个性化定制

用户可以根据自己的需求输入关键词或主题，AIGC 会根据这些信息生成符合用户需求的演示文稿，实现个性化定制。

（四）质量保障

AIGC 基于大量的数据训练和学习，能够生成高质量的内容，避免了人为因素导致的错误和不专业。

二、AIGC 生成 PPT 的应用场景

AIGC 智能生成 PPT 演示文稿在多个领域展现出广泛应用价值，以下是一些代表性的应用领域。

（一）商务演示

美观的演示文稿，帮助企业更好地传达信息，提升企业形象。

（二）教育培训

在教育领域，教师可以利用 AIGC 生成 PPT 来辅助课堂教学，使教学内容更加生动有趣。同时，学生也可以利用 AIGC 来制作学习报告或展示作品，提高学习效率。

（三）学术会议

在学术会议中，研究人员经常需要使用 PPT 来展示研究成果。AIGC 能够帮助他们快速生成高质量的演示文稿，更好地展示研究内容和成果。

（四）个人分享

在日常生活中，人们经常需要使用 PPT 来分享旅行经历、生活感悟等。AIGC 可以帮助他们快速制作出具有个性和创意的演示文稿，让分享更加生动有趣。

三、如何使用 AIGC 生成 PPT

使用 AIGC 生成 PPT 非常简单方便，以下是一般的步骤。

（一）选择 AIGC 平台

首先选择一个可靠的 AIGC 平台，如 AiPPT、iSlide、讯飞智文、万知 AI、WPS AI、百度文库等。这些平台都能够帮助用户快速生成 PPT 演示文稿。

（二）输入主题或关键词

在选定的 AIGC 平台上输入演示文稿的主题或关键词。这些信息将成为 AIGC 生成内容的依据。

（三）选择模板和风格

根据需要选择适合的模板和风格。许多 AIGC 平台都提供了丰富的模板和风格供用户选择，以满足不同的需求。

（四）生成并预览 PPT

点击生成按钮后，AIGC 将根据输入信息自动生成 PPT 演示文稿。用户可以在平台上预览生成的演示文稿并进行必要的调整。

（五）下载并分享

最后，用户可以将生成的 PPT 下载到本地电脑或分享给其他人查看。

四、典型 AIGC 生成 PPT 的工具

以下是几款典型 AIGC 智能化 PPT 演示文稿生成工具。

（一）Kimi+AiPPT

AiPPT 是一款全智能 AI 一键生成 PPT 的解决方案，通过结合最新的 AI 技术，为用户提供快速生成高质量 PPT 的服务。Kimi+AiPPT 生成功能是一项创新服务，它结合了智能助手 Kimi 与 AiPPT 平台的优势，旨在通过一键操作极大提升 PPT 制作效率。用户只需在 Kimi 平台输入内容或上传文档，即可自动生成 PPT 大纲，选择模板后即可进行一键生成。此功能不仅简化了 PPT 制作流程，提高了工作效率，还允许用户进行个性化定制，满足多样化需求，为用户带来便捷高效的体验。

（二）iSlide

iSlide AI 是一款集成人工智能技术的 PPT 设计工具，能够帮助用户快速创建和美化 PPT 演示文稿。iSlide AI 通过其一键设计功能，极大地简化了 PPT 的制作过程，使用户

可以更加专注于内容的创造和演讲的准备。AI 技术的运用不仅提高了设计效率，也提升了演示文稿的专业度和吸引力。随着 AI 技术的不断进步，iSlide AI 有望在未来提供更多创新和智能化的设计功能。

（三）讯飞智文

讯飞智文是由科大讯飞研发的一款 AI PPT 生成工具，旨在通过人工智能技术简化 PPT 的制作流程，提高办公效率。用户只需输入一句话或一个主题，讯飞智文即可快速生成 PPT 的标题和大纲。讯飞智文还提供多种模板和图式，用户可以根据个人喜好和演示需求快速切换模板。讯飞智文通过 Spark AI 技术帮助用户处理文本内容，提高文本处理的效率和质量。讯飞智文通过其智能化的功能，极大地简化了 PPT 的制作流程，使得用户可以更加专注于内容创作和演讲准备。

（四）WPS AI

WPS Office 是一款被广泛使用的办公软件套件，它包括文字处理、表格、演示等多种功能。WPS AI 一键生成幻灯片是 WPS Office 中的一项创新功能，利用人工智能技术帮助用户快速创建演示文稿。用户只需输入演示的主题或关键内容，WPS AI 即可一键生成完整的幻灯片文稿。WPS AI 技术会根据内容的重要性和逻辑关系进行智能排版，确保幻灯片布局的专业性。WPS AI 一键生成幻灯片功能可极大地提高用户的工作效率，尤其适合需要快速准备演示材料的商务人士和教育工作者。

（五）万知 AI PPT 生成工具

万知 AIPPT 生成工具是万知 AI 平台提供的一项功能，旨在帮助用户快速将文档内容转化为专业的 PPT 演示文稿。用户可以通过上传文档或输入关键词，利用万知 AI 的自然语言处理和模板生成技术，自动创建包含结构化内容和设计良好的 PPT 幻灯片。这个工具特别适合需要快速准备演示材料的用户，如企业职员、教育工作者、分析师等，可以显著提高工作效率和演示质量。

AI 超级个体训练

Kimi PPT 助手

Kimi PPT 助手是 Kimi 智能助手的一个扩展功能，专门为需要制作 PPT 演示文稿的用户设计。它可以提供以下服务：

（1）内容建议：根据用户的需求，提供 PPT 内容的建议和结构安排。

（2）模板推荐：根据 PPT 的主题和风格，推荐合适的 PPT 模板。

（3）数据可视化：帮助用户将数据以图表、图形等形式在 PPT 中展示。

（4）设计优化：提供设计建议，如字体选择、颜色搭配等，以增强 PPT 的视觉效果。

（5）动画效果：提供动画效果建议，使 PPT 更加生动有趣。

（6）演讲辅助：提供演讲稿的撰写建议，帮助用户更好地进行演示。

（7）技术问题解答：解答用户在使用 PPT 软件时遇到的技术问题。

（8）智能生成 PPT：自动调用 AiPPT 插件，自动生成 PPT 演示文稿。

使用操作如下：

（1）打开 Kimi 网页端。

（2）点击左侧“Kimi+”图标，选择“PPT 助手”。

（3）设计提示词生成内容，例如：

提示词：

我是一名英语四六级考试考务负责人，请为我生成一份全国大学四级英语考试流程和注意事项的 PPT 演示大纲，演示时间为 30 分钟，PPT 在 20 页左右，请输出。

（4）Kimi PPT 助手完成 PPT 大纲智能创作后，点击“一键生成 PPT”按钮。Kimi PPT 助手自动调用 AiPPT 插件智能生成 PPT，如图 3－6 所示。

图 3－6　Kimi PPT 助手智能生成 PPT 演示文稿

（5）可以在线修改生成的 PPT，包括重新生成、增加 PPT 页面、替换背景、修改内容等。

（6）在线预览和下载 PPT。

实训项目一

AIGC 赋能办公文档写作

一、实训背景

在现代办公环境中，AIGC 智能化技术正逐渐改变我们的工作方式，特别是在办公文书制作方面，正成为提升工作效率和质量的得力工具。

通过 AIGC 智能文书助手，我们能够更加便捷地处理办公文书。它能帮助我们快速整理、分析和组织信息，从而生成结构清晰、内容准确的文档。不仅如此，它还能根据我们的需求，提供个性化的写作建议，使文书更加符合特定的场景和读者群体。

AIGC 智能助手的出现，极大地减轻了我们在办公文书写作方面的负担。以前我们需要花费大量时间和精力去收集资料、构思框架，现在只需简单输入关键信息，智能助手就能为我们生成一份初稿。当然，这并不意味着我们可以完全依赖它，人类的判断和修改仍然是不可或缺的。

AIGC 智能助手并非替代我们进行思考和创造，而是作为一个强大的辅助工具，帮助我们更高效地完成工作。它让我们有更多时间和精力去关注文书的内容和质量，而不是纠结于格式和排版等琐碎事项。

二、实训环境

1. PC 台式电脑，安装 Windows 10 及以上版本操作系统，连接互联网。安装浏览器（推荐 360AI 浏览器）。

2. 手机安装通义千问、智谱清言、文心一言、天工 AI 等 AI 大语言模型应用。

三、实训内容

1. AIGC 赋能撰写工作计划。
2. AIGC 赋能撰写工作总结。
3. AIGC 赋能撰写策划方案。
4. AIGC 语言翻译。

四、实训准备

1. 通过 PC 电脑浏览器分别打开天工 AI、豆包、Kimi 或者文心一言等其他 AIGC 对话工具。

2. 手机端安装天工 AI 应用，并完成注册登录。

五、实训指导

扫码看视频

AIGC 赋能办公文档写作

（一）AIGC 赋能撰写工作计划：撰写软件测试工程师工作计划

打开天工 AI，选择“天工 3.0 对话助手”，并新建对话。

提示词：

你是一位工作计划设计专家。我是一名软件测试工程师。请你为我制订 2024 年第三季度的工作计划，要求完成客户服务系统管理后台和 AI 大模型训练效果测试这两个任务。注意工作计划需要包括以下要点：

（1）工作目标：明确需要达成的目标，将目标分解为具体的、可以达成的目标。

（2）工作任务：列出达成目标所需要完成的任务，为每项任务规划好时间，并明确每项任务的截止时间。

（3）所需资源：确定需要哪些资源完成相应的目标。

（4）风险预测：预测可能出现的风险、困难和挑战，提出应对策略。

（5）跟进与评估：制定可跟踪进度的目标，设置定期检查机制。

输入上述提示词，然后点击“发送”按钮。天工 AI 生成的工作计划如图 3－7 所示。

工作目标

客户服务系统管理后台任务

子目标1：完成管理后台的功能测试，确保所有模块按预期运行。

子目标2：优化用户体验，通过测试反馈改进界面设计和交互流程。

子目标3：提升系统的稳定性和安全性，通过性能测试和安全测试发现并修复潜在问题。

AI大模型训练效果测试任务

子目标1：验证AI模型的准确性和泛化能力，确保模型在不同数据集上的表现一致。

子目标2：评估模型在实际应用中的响应速度和资源消耗，优化模型效率。

子目标3：建立持续的模型监控和迭代机制，确保模型长期有效。

工作任务

任务	开始日期	截止日期	负责人
客户服务系统功能测试	2024/07/01	2024/07/15	测试工程师
用户体验测试与反馈收集	2024/07/16	2024/07/31	测试工程师
性能与安全测试	2024/08/01	2024/08/15	测试工程师

图 3－7 天工 AI 生成的工作计划

查看上述生成的内容，可以修改提示词重新生成，然后复制到文本编辑软件中进行修改和调整。

（二）AIGC 赋能撰写工作总结：撰写设计工程师工作总结

打开天工 AI，选择“天工 3.0 对话助手”，并新建对话。

1. 设计撰写工作总结框架。

提示词：

你是一位办公文书写作专家，擅长撰写工作总结。我是一名设计工作人员，现在需要向领导和部门同事汇报 6 月份个人设计工作完成情况，请帮我设计撰写一个工作总结框架。

天工 AI 生成的工作总结框架如图 3－8 所示。

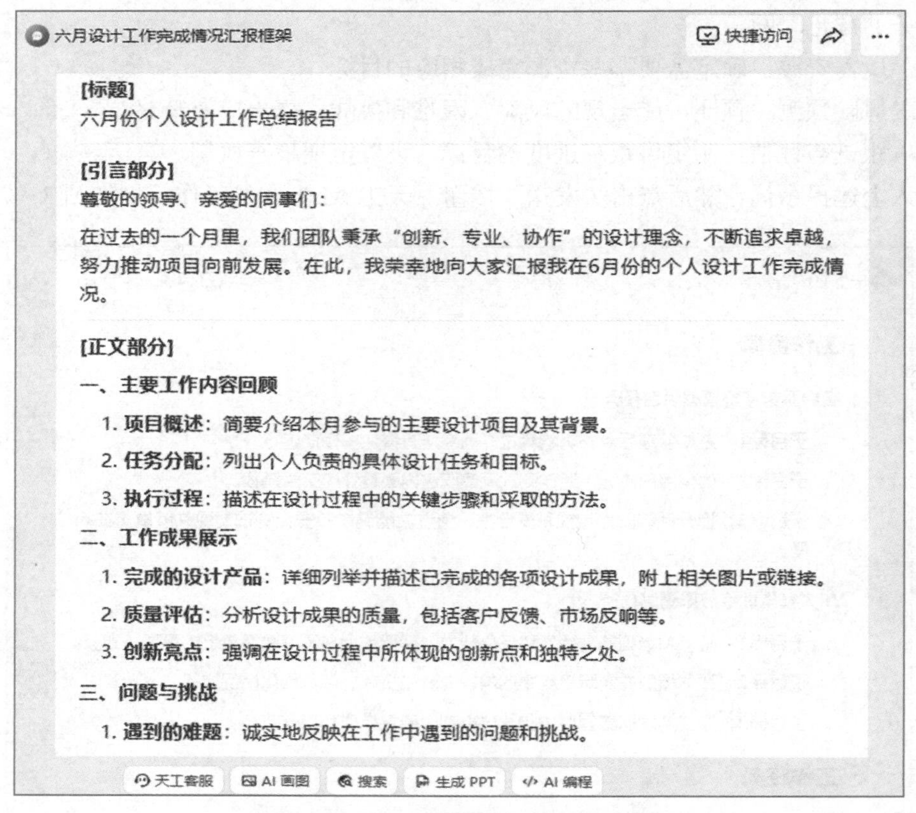
六月设计工作完成情况汇报框架

[标题]
六月份个人设计工作总结报告

[引言部分]
尊敬的领导、亲爱的同事们：
在过去的一个月里，我们团队秉承“创新、专业、协作”的设计理念，不断追求卓越，努力推动项目向前发展。在此，我荣幸地向大家汇报我在6月份的个人设计工作完成情况。

[正文部分]
一、主要工作内容回顾
1. **项目概述**：简要介绍本月参与的主要设计项目及其背景。
2. **任务分配**：列出个人负责的具体设计任务和目标。
3. **执行过程**：描述在设计过程中的关键步骤和采取的方法。
二、工作成果展示
1. **完成的设计产品**：详细列举并描述已完成的各项设计成果，附上相关图片或链接。
2. **质量评估**：分析设计成果的质量，包括客户反馈、市场反响等。
3. **创新亮点**：强调在设计过程中所体现的创新点和独特之处。
三、问题与挑战
1. **遇到的难题**：诚实地反映在工作中遇到的问题和挑战。

图 3－8　天工 AI 生成的工作总结框架

2. 将上面的框架复制到 WPS 或 Office 文档编辑软件中，根据框架标题提示填充具体内容，然后将填充后的框架文档作为下面提示词的附件文档。

提示词：

上传的附件文档是我根据你提供的框架完善了相关信息，请为我生成一篇工作总结。要求语言正式、规范、简洁，突出我的工作业绩和成绩，1 500 字以内。

3. 将生成的工作总结复制到文档编辑器中修改、排版或打印。

（三）AIGC 赋能撰写策划方案：儿童节新媒体营销策划方案

1. 在 PC 电脑打开豆包网页端，并新建对话。

提示词：

你是一名新媒体营销活动策划专家，6 月 1 日儿童节即将到来，请策划一个与小朋友互动的新媒体营销活动方案，具体要求如下：

（1）萌童公司是一家游乐场，新媒体营销活动主题需要与游乐场和儿童节相结合。

（2）新媒体营销活动的发布平台是微信公众号和抖音。

（3）活动总体成本控制在 3 000 元以内。

策划方案请用通用的语言，总字数不超过 1 000 字。

输入上述提示词，然后点击“发送”按钮。豆包生成的策划方案如图 3－9 所示。

以下是为萌童游乐场策划的新媒体营销活动方案，希望能为您提供一些参考：

一、活动主题

"萌童欢乐季，六一乐翻天"

二、活动目的

在六一儿童节这个特殊的日子里，通过新媒体平台举办互动活动，吸引更多家庭带着小朋友来到萌童游乐场，提高游乐场的知名度和客流量，同时增强与客户的互动和黏性。

三、活动时间

5 月 25 日 - 6 月 3 日

四、活动平台

微信公众号、抖音

五、活动内容

1. 线上互动游戏
   - 在微信公众号上推出"寻找萌童游乐场的小秘密"问答游戏。设置 10 个与游乐场设施、特色项目相关的问题，参与者在留言区回答。每天从回答正确参与者中抽取 10 名幸运儿，获得游乐场的免费门票

图 3 - 9　豆包生成的策划方案

2. 针对上面的提示方案，根据需要修改提示词重新生成或者反复追问提示优化，然后复制到文档编辑软件进行编排。

（四）AIGC 赋能语言翻译

在 PC 电脑打开 Kimi 网页端。

1. 多种语言翻译。

提示词：

你是一名语言专家，精通中文、英文、日文、俄文和韩文，请将下面的英文分别翻译成中文、日文、俄文和韩文。要翻译的英文是：

【 What is not there can not be wrong.The most reliable component is that it is not there. 】

输入上述提示词后点击"发送"按钮，Kimi 输出的翻译如图 3 - 10 所示。

这句英文翻译成不同的语言如下：

- 中文：不存在的东西不可能出错。最可靠的部分就是它不存在。
- 日文：存在しないものは間違えられない。最も信頼できる部分はそれが存在しないことです。
- 俄文：То, что отсутствует, не может быть неправильным. Самым надежным компонентом является его отсутствие.
- 韩文：없는 것은 틀릴 수 없다. 가장 신뢰할 수 있는 부분은 그것이 없다는 것입니다.

请注意，由于不同语言的表达方式和语法结构不同，翻译可能会有所变化以适应目标语言的语境。

复制　再试一次　分享

图 3 - 10　Kimi 智能多语言翻译

2. 中英文互译。

提示词：

你是一名中英文专家，请扮演中英文互译角色。当我输入中文时，你翻译成英文；当我输入英文时，你翻译成中文。你首先回答“好的（OK）”，然后我们开始。

输入上述提示词，然后点击“发送”按钮，并且按提示输入中文或英文。

Kimi 输出参考如图 3－11 所示。

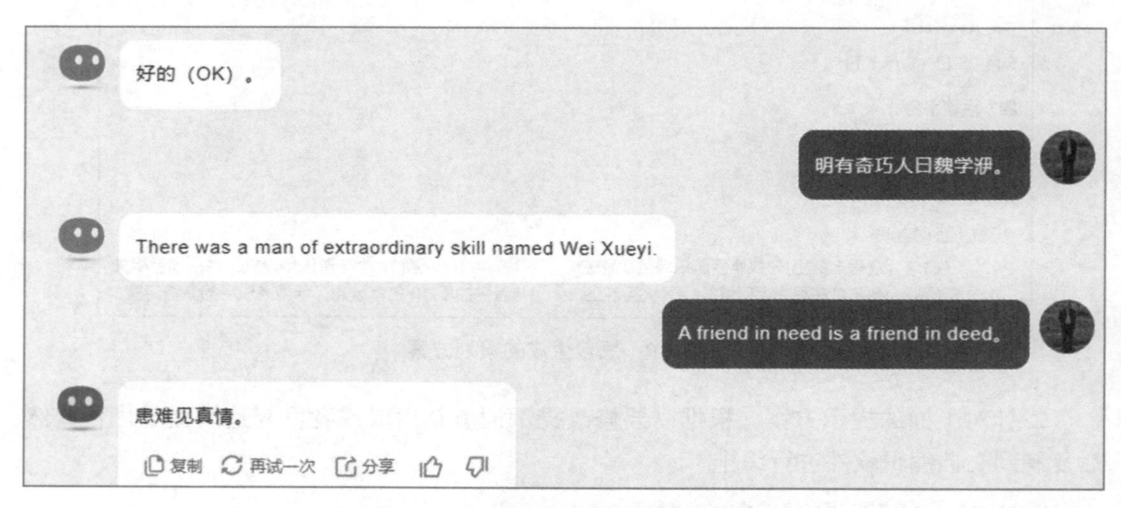

图 3－11　Kimi 智能实现中英文翻译

六、拓展实训

1. 自己撰写一段包括拼写错误、语法错误、标点错误的段落文字，然后设计提示词让文心一言帮忙找出其中的各类错误并予以纠正。

2. 结合自己的学习工作情况，设计提示词让豆包为你撰写一篇 1 000 字的周学习或工作汇报，包括背景、内容、成效、建议、感言等内容。

3. 设计 AI 提示词，拓展实训中的多种语言翻译和中英文互译功能。

实训项目二

AIGC 智能操纵 Excel 电子表格

一、实训背景

随着 AIGC 技术的不断发展，其在 Excel 等办公软件中的应用已经越来越广泛，越来越多的职场人开始利用 AIGC 提升工作效率。目前的 AIGC 技术已经相对成熟，能够准确理解并执行用户的指令，对 Excel 表格进行高效操作。AIGC 技术仍在不断发展和进化中，未来有望在 Excel 等办公软件中发挥更大的作用，提供更智能、更便捷的服务。

AIGC 智能操作 Excel 电子表格的介绍可以归纳为以下几点。

（一）数据可视化辅助

AIGC 在 Excel 中的应用可以显著提升数据可视化的效果。它可以帮助用户快速选择合适的图形类型，如饼图、帕累托图等，并进行专业的配置，使数据展示更加吸引人且有效。

（二）自然语言操作

通过 AIGC 工具，如酷表 ChatExcel，用户可以直接使用自然语言对 Excel 表格中的数据信息进行查询、修改等操作。这种交互方式极大地简化了 Excel 的使用难度，提高了工作效率。

（三）复杂函数处理

AIGC 还能辅助处理复杂的 Excel 函数，例如实现行与列交叉多条件求和等高级功能。这降低了对用户使用 Excel 的专业技能要求，让更多人能够轻松应对复杂的数据处理任务。

（四）智能 Excel 平台

除了上述的 AIGC 工具外，还有如 SmartExcel 这样的智能 Excel 平台。这类平台依靠先进的插件技术，将操作界面完全嵌入 Excel 中，并利用多种模式实现远程多数据库安全访问。用户无须编程，即可在 Excel 中设计模板、表间公式、工作流等，轻松构建适合自己的网络化信息管理系统。

总的来说，AIGC 智能操作 Excel 电子表格通过数据可视化、自然语言操作、复杂函数处理以及智能 Excel 平台等多种方式，为用户提供了更高效、更便捷的数据处理体验。这些功能不仅降低了 Excel 的使用门槛，还大大提高了工作效率和数据处理能力。

二、实训环境

1. PC 台式电脑，安装 Windows 10 及以上版本操作系统，连接互联网。安装浏览器（推荐 360AI 浏览器）。
2. 安装 WPS Office 或 Microsoft Office 办公软件。

三、实训内容

1. 使用文心一言通过对话智能生成 Excel 表格。
2. 使用文心一言和 WPS AI 通过对话生成 Excel 公式并实现表格计算。
3. 使用 ChatExcel 智能操纵 Excel 表格。

四、实训准备

1. 通过 PC 电脑浏览器分别打开文心一言、ChatExcel。
2. 在 PC 电脑端安装 WPS Office，开通 AI 会员或者活动免费试用资格，或者安装

Microsoft Office。

五、实训指导

扫码看视频

使用文心一言生成Excel表格

（一）使用文心一言通过对话生成 Excel 表格

1. 打开文心一言网页端应用。
2. 准备好表格内容和提示词，然后复制到提示文本框中。

提示词：

【日期	销售订单号	金额	客户名称	销售员	累计销售笔数	累计销售金额
2024/7/1	Da10101	3 500	张三	王丽丽	1	3 500
2024/7/2	Da10102	2 400	李四	张婷婷	1	2 400
2024/7/3	Da10103	3 600	王五	刘青青	1	3 600
2024/7/4	Da10104	2 000	翟柳	张婷婷	2	4 400
2024/7/5	Da10105	1 500	李建华	刘青青	2	5 100
2024/7/6	Da10106	2 700	赵倩	张婷婷	3	7 100
2024/7/7	Da10107	3 200	王明	刘青青	3	8 300
2024/7/8	Da10108	1 500	刘明	王丽丽	2	5 000
2024/7/9	Da10109	2 600	王璇	王丽丽	3	7 600
2024/7/10	Da10110	4 200	刘丽	刘青青	4	12 500
2024/7/11	Da10111	4 000	王华	张婷婷	4	11 100】

请将上面的内容转换为 Excel 表格。

文心一言输出参考如图 3－12 所示。

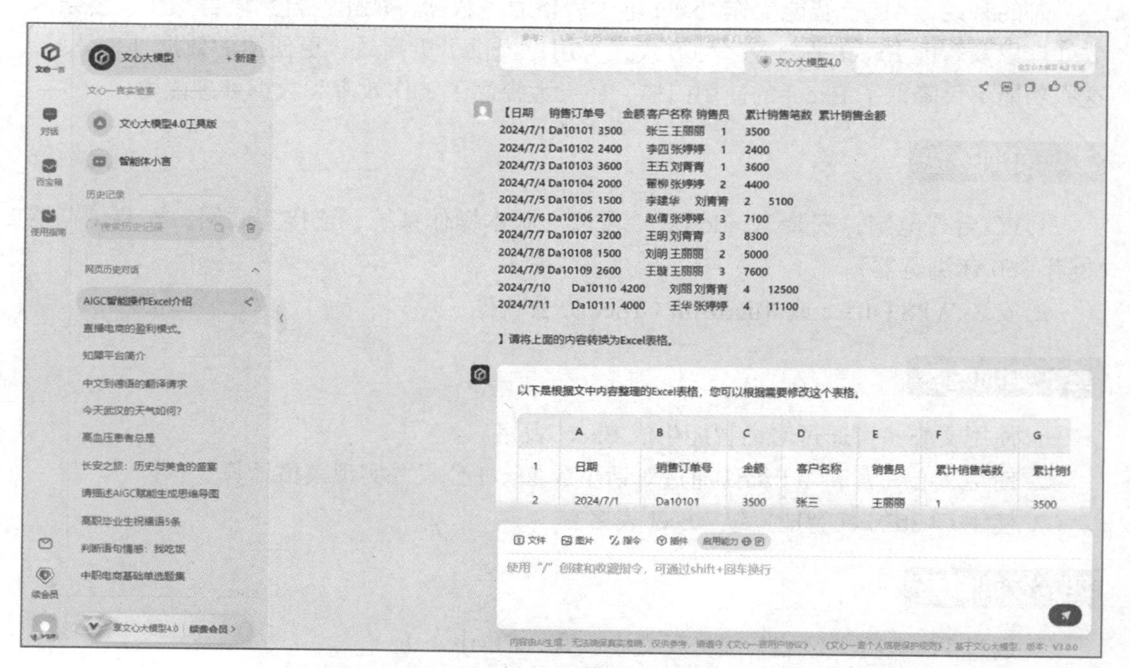

图 3－12 文心一言通过文本智能生成 Excel 表格

3. 打开 WPS Office 或者 Microsoft Excel，新建一个 Excel 文档，将文心一言生成的表格框选复制粘贴到 Excel 表格中，删除多余的表头行和序号列。将该文件保存为“销售统计表 .xlsx”。如图 3－13 所示。

日期	销售订单号	金额	客户名称	销售员	累计销售笔数	累计销售金额
2024/7/1	Da10101	3500	张三	王丽丽	1	3500
2024/7/2	Da10102	2400	李四	张婷婷	1	2400
2024/7/3	Da10103	3600	王五	刘青青	1	3600
2024/7/4	Da10104	2000	瞿柳	张婷婷	2	4400
2024/7/5	Da10105	1500	李建华	刘青青	2	5100
2024/7/6	Da10106	2700	赵倩	张婷婷	3	7100
2024/7/7	Da10107	3200	王明	刘青青	3	8300
2024/7/8	Da10108	1500	刘明	王丽丽	2	5000
2024/7/9	Da10109	2600	王璇	王丽丽	3	7600
2024/7/10	Da10110	4200	刘丽	刘青青	4	12500
2024/7/11	Da10111	4000	王华	张婷婷	4	11100

图 3－13　在 WPS Office 中编辑文心一言生成的 Excel 表格

（二）使用文心一言对话生成 Excel 计算公式

使用文心一言对话生成 Excel 公式

1. 计算“累计销售金额”的总和。

提示词：

请给出计算上面生成表的“累计销售金额”的 Excel 计算公式。

然后点击执行按钮。文心一言输出参考如图 3－14 所示。

2. 复制上面的代码“ =SUM（G2:G12）”到 Excel 表单的任何一个单元格中，将显示累计销售金额的总和，如图 3－15 所示。

3. 如果你是 WPS AI 会员，也可以在 WPS Office 中直接调用 AI 功能进行对话生成 Excel 计算公式，如图 3－16 所示。

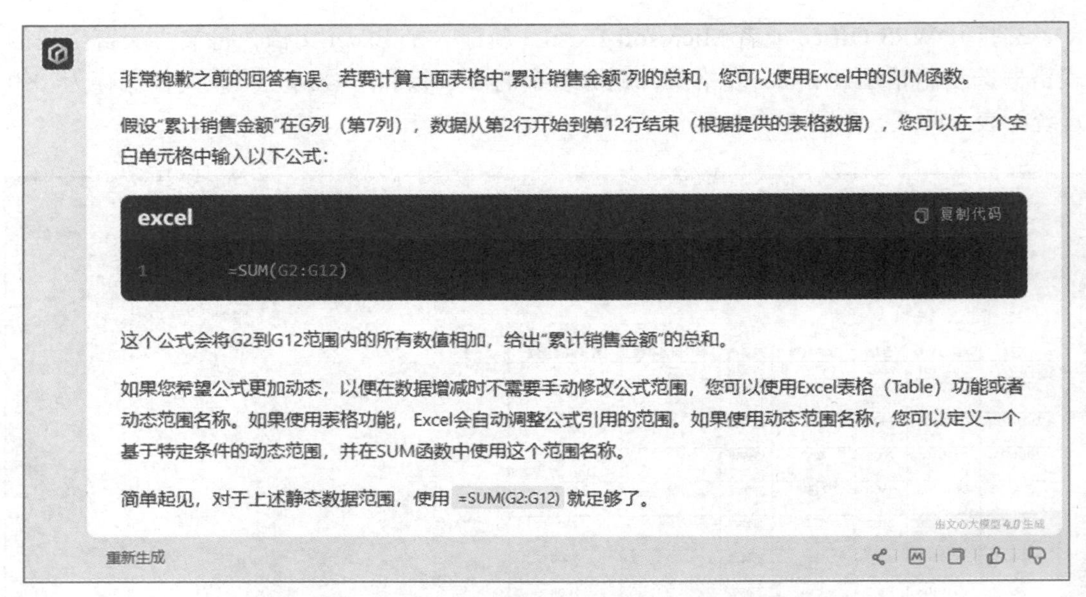

图 3－14　文心一言智能生成的 Excel 表格计算公式

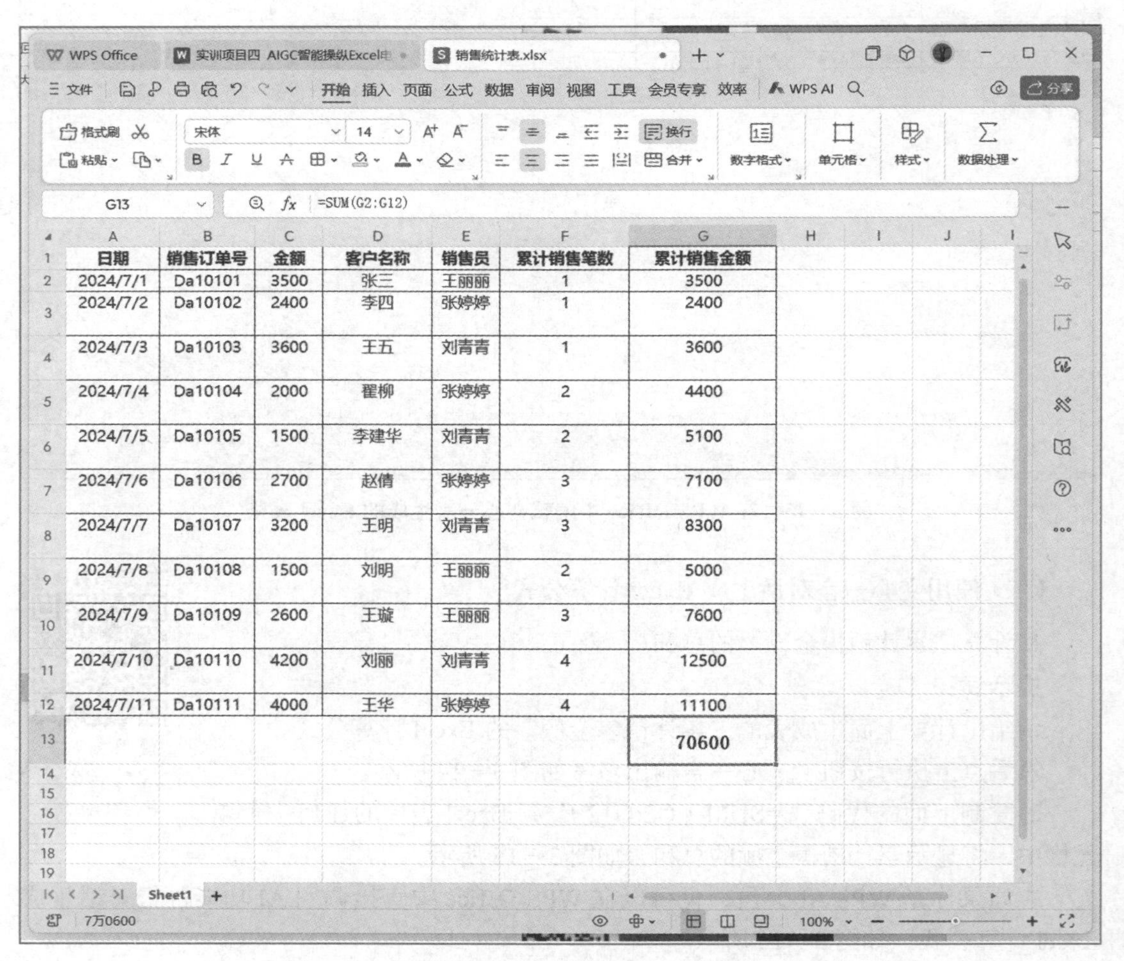

G13　=SUM(G2:G12)

日期	销售订单号	金额	客户名称	销售员	累计销售笔数	累计销售金额
2024/7/1	Da10101	3500	张三	王丽丽	1	3500
2024/7/2	Da10102	2400	李四	张婷婷	1	2400
2024/7/3	Da10103	3600	王五	刘青青	1	3600
2024/7/4	Da10104	2000	翟柳	张婷婷	2	4400
2024/7/5	Da10105	1500	李建华	刘青青	2	5100
2024/7/6	Da10106	2700	赵倩	张婷婷	3	7100
2024/7/7	Da10107	3200	王明	刘青青	3	8300
2024/7/8	Da10108	1500	刘明	王丽丽	2	5000
2024/7/9	Da10109	2600	王璇	王丽丽	3	7600
2024/7/10	Da10110	4200	刘丽	刘青青	4	12500
2024/7/11	Da10111	4000	王华	张婷婷	4	11100
						70600

图 3－15　在 Excel 表格中运用自动生成的计算公式

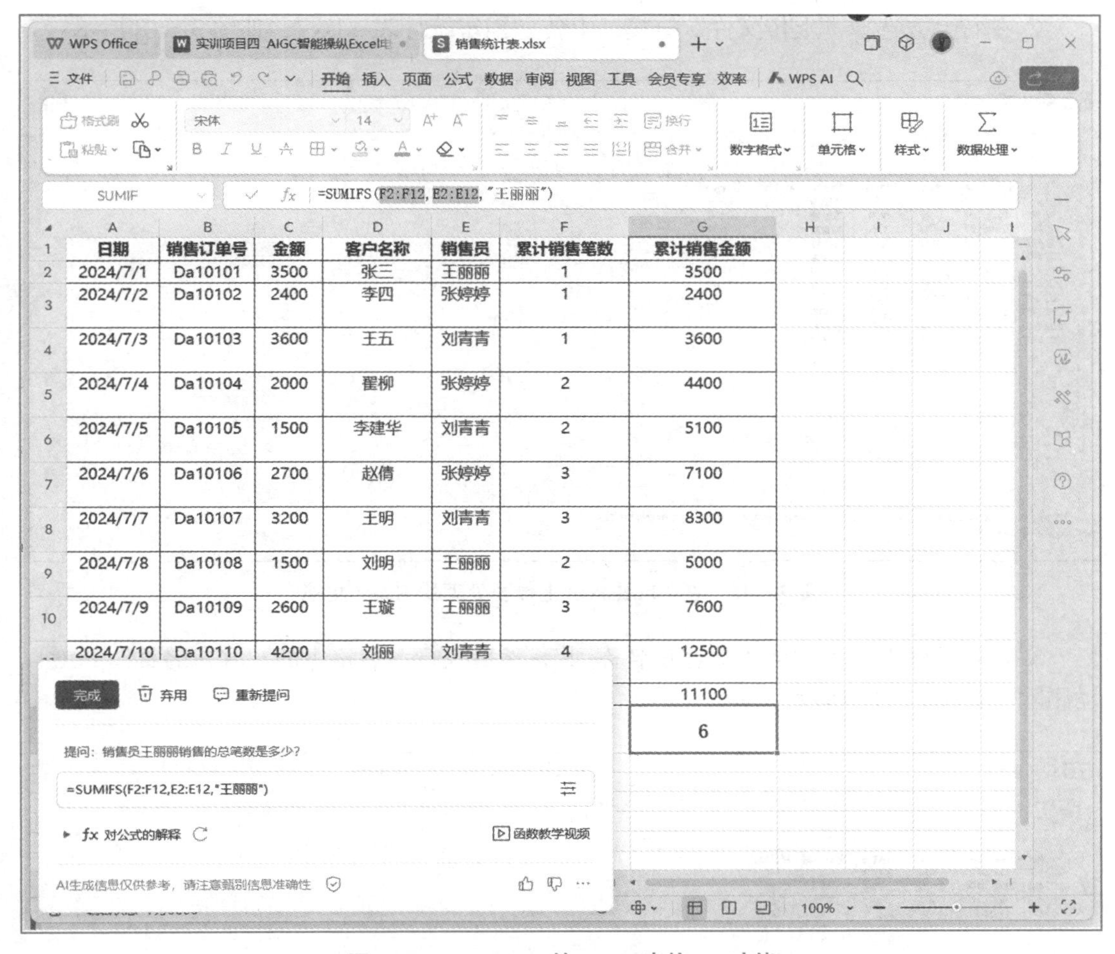

图 3－16　WPS AI 的 Excel 表格 AI 功能

（三）使用 ChatExcel 智能操纵 Excel 表格

1. 使用浏览器打开 ChatExcel 平台，点击“现在开始”按钮，并按照提示获取并使用验证码完成验证，如图 3－17 所示。

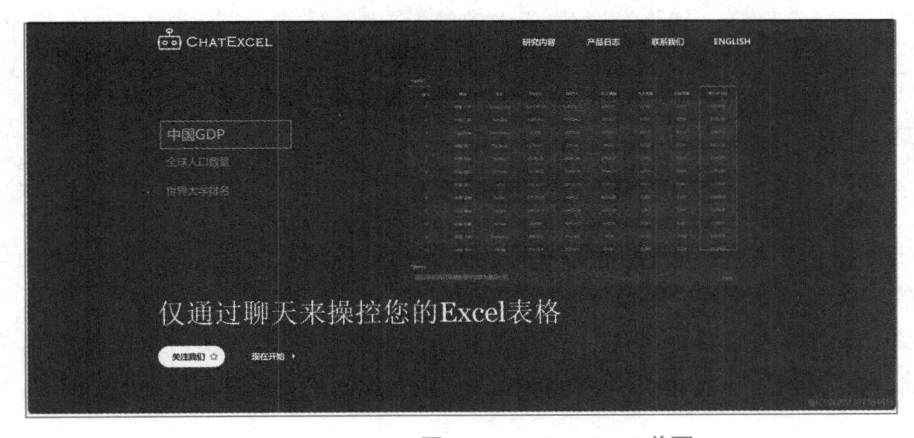

图 3－17　ChatExcel 首页

2. 在右上方选择“上传文件”链接，上传“销售统计表.xlsx”，如图 3－18 所示。

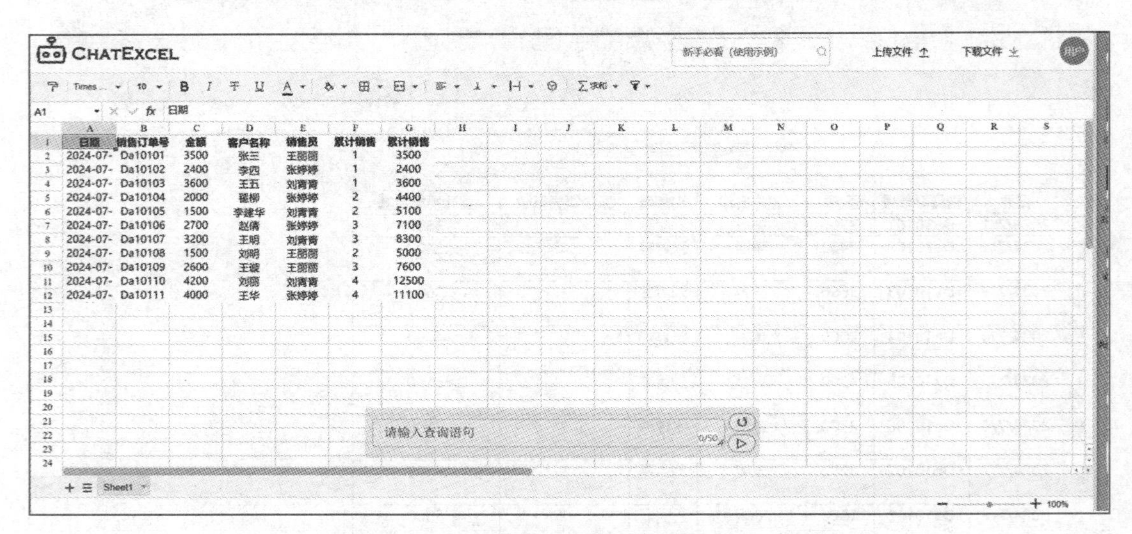

日期	销售订单号	金额	客户名称	销售员	累计销售	累计销售
2024-07-	Da10101	3500	张三	王丽丽	1	3500
2024-07-	Da10102	2400	李四	张婷婷	1	2400
2024-07-	Da10103	3600	王五	刘青青	1	3600
2024-07-	Da10104	2000	翟柳	张婷婷	2	4400
2024-07-	Da10105	1500	李建华	刘青青	2	5100
2024-07-	Da10106	2700	赵倩	张婷婷	3	7100
2024-07-	Da10107	3200	王明	刘青青	3	8300
2024-07-	Da10108	1500	刘明	王丽丽	2	5000
2024-07-	Da10109	2600	王骏	王丽丽	3	7600
2024-07-	Da10110	4200	刘丽	刘青青	4	12500
2024-07-	Da10111	4000	王华	张婷婷	4	11100

图 3－18　在 ChatExcel 上传要处理的 Excel 文档

3. 在对话框中输入“请删除客户名称列”，然后执行。表格中的“客户名称”列就自动删除，如图 3－19 所示。

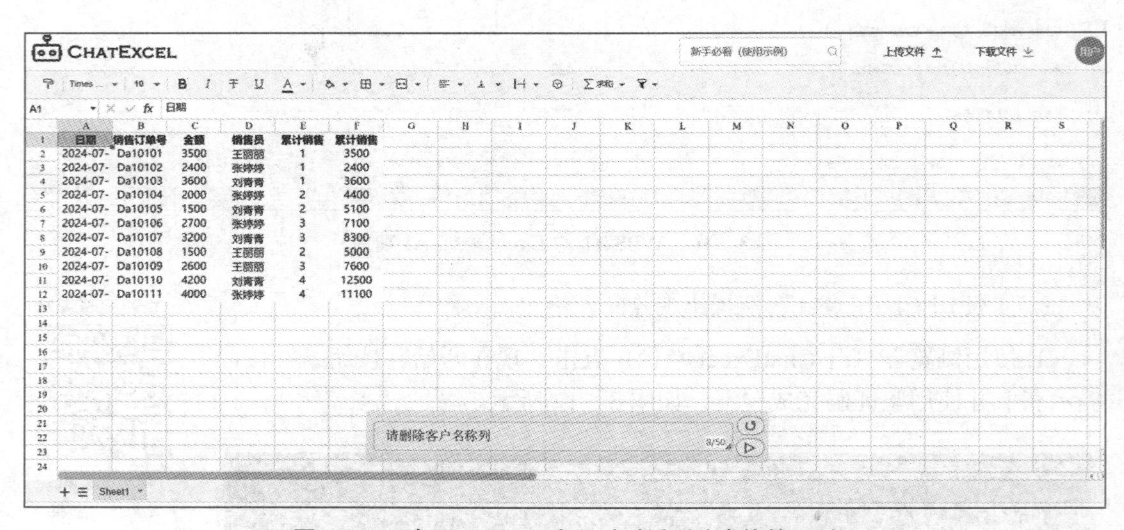

日期	销售订单号	金额	销售员	累计销售	累计销售
2024-07-	Da10101	3500	王丽丽	1	3500
2024-07-	Da10102	2400	张婷婷	1	2400
2024-07-	Da10103	3600	刘青青	1	3600
2024-07-	Da10104	2000	张婷婷	2	4400
2024-07-	Da10105	1500	刘青青	2	5100
2024-07-	Da10106	2700	张婷婷	3	7100
2024-07-	Da10107	3200	刘青青	3	8300
2024-07-	Da10108	1500	王丽丽	2	5000
2024-07-	Da10109	2600	王丽丽	3	7600
2024-07-	Da10110	4200	刘青青	4	12500
2024-07-	Da10111	4000	张婷婷	4	11100

图 3－19　在 ChatExcel 中通过对话删除表格的一列

4. 在对话框中输入“请只保留销售员王丽丽的记录”，然后执行。表格中不想保留的行就自动删除，如图 3－20 所示。

5. 点击撤回按钮还原表格，在对话框中输入“请将所有销售订单号的‘Da’改为‘销售部－’”，然后执行，如图 3－21 所示。

6. 在对话框中输入“在‘累计销售’后增加‘备注’列，将累计销售金额最高的‘备注’设为‘最大’”，然后执行，如图 3－22 所示。

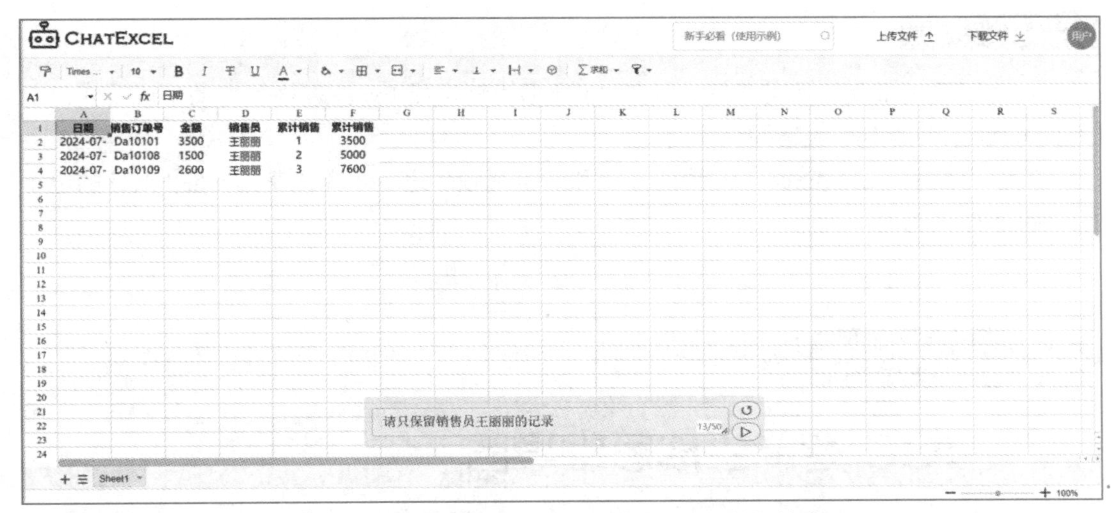

日期	销售订单号	金额	销售员	累计销售	累计销售
2024-07-	Da10101	3500	王丽丽	1	3500
2024-07-	Da10108	1500	王丽丽	2	5000
2024-07-	Da10109	2600	王丽丽	3	7600

图 3－20 在 ChatExcel 中通过对话进行数据筛选

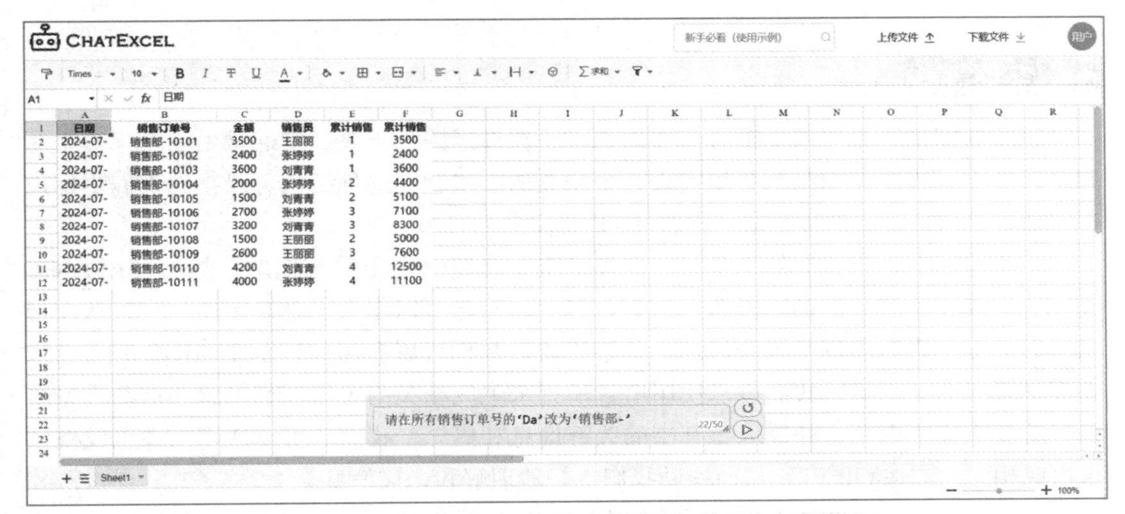

日期	销售订单号	金额	销售员	累计销售	累计销售
2024-07-	销售部-10101	3500	王丽丽	1	3500
2024-07-	销售部-10102	2400	张婷婷	1	2400
2024-07-	销售部-10103	3600	刘青青	1	3600
2024-07-	销售部-10104	2000	张婷婷	2	4400
2024-07-	销售部-10105	1500	刘青青	2	5100
2024-07-	销售部-10106	2700	张婷婷	3	7100
2024-07-	销售部-10107	3200	刘青青	3	8300
2024-07-	销售部-10108	1500	王丽丽	2	5000
2024-07-	销售部-10109	2600	王丽丽	3	7600
2024-07-	销售部-10110	4200	刘青青	4	12500
2024-07-	销售部-10111	4000	张婷婷	4	11100

图 3－21 在 ChatExcel 中通过对话增加单元格内容前缀

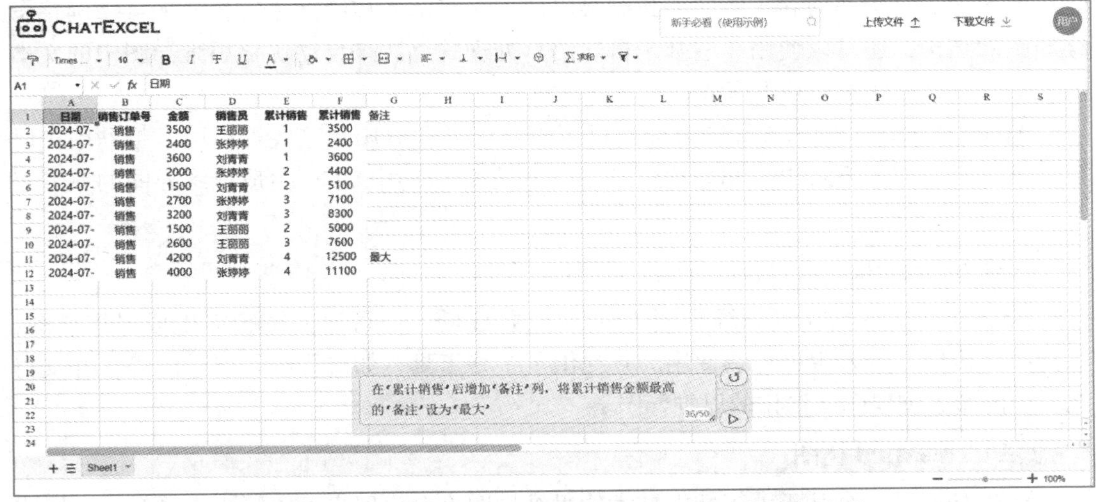

日期	销售订单号	金额	销售员	累计销售	累计销售	备注
2024-07-	销售	3500	王丽丽	1	3500	
2024-07-	销售	2400	张婷婷	1	2400	
2024-07-	销售	3600	刘青青	1	3600	
2024-07-	销售	2000	张婷婷	2	4400	
2024-07-	销售	1500	刘青青	2	5100	
2024-07-	销售	2700	张婷婷	3	7100	
2024-07-	销售	3200	刘青青	3	8300	
2024-07-	销售	1500	王丽丽	2	5000	
2024-07-	销售	2600	王丽丽	3	7600	
2024-07-	销售	4200	刘青青	4	12500	最大
2024-07-	销售	4000	张婷婷	4	11100	

图 3－22 在 ChatExcel 中通过对话增加"备注"列和数据

六、实训拓展

1. 使用讯飞星火、通义千问、天工 AI 数据模型生成 Excel 表格和自动生成公式，对比不同 AI 工具的电子表格操纵能力。

2. 学习酷表（ChatExcel）的帮助文档和演示视频，进一步深入掌握 ChatExcel 的电子表格智能操纵能力。

实训项目三 AIGC 智能生成思维导图

一、实训背景

思维导图是一种可以帮助人们组织思维、梳理思路的工具。它通常由一个中心主题和多个分支组成，其中每个分支代表一个相关的子主题。这种结构可以帮助人们更好地理解和记忆信息，并促进创造性思维和问题解决。

AIGC 可以赋能生成思维导图。首先，需要确定一个主题或问题，然后使用 AIGC 技术来生成相关的关键词和概念。这些关键词和概念可以作为思维导图的分支，从而帮助我们更好地组织思维和梳理思路。具体来说，我们可以使用一些基于 AIGC 的工具来生成思维导图。例如，我们可以使用语言模型来生成相关的关键词和概念。这些模型可以自动分析文本内容，并提取出其中的关键信息和概念。我们还可以使用图像生成模型来生成相关的图像和图表，从而帮助我们更好地理解和记忆信息。

除了使用 AIGC 工具来生成思维导图，我们还可以使用一些基于 AIGC 的算法来优化思维导图的结构和内容。例如，我们可以使用一些基于神经网络的算法来自动调整思维导图的结构，还可以使用一些基于自然语言处理的算法来自动优化思维导图中的文本内容，使其更加准确和易于理解。

AIGC 技术在生成思维导图方面提供了多种工具和应用，这些工具可以帮助用户以更高效、更智能的方式组织和呈现信息。以下是一些使用 AIGC 生成思维导图的典型工具和应用。

（一）Boardmix

Boardmix 是一款在线思维导图工具，内置 AI 助手，可以一键智能生成思维导图，支持团队协作，个人版可免费使用。它提供了多种工具，如流程图、概念图等，并支持在一个画布上创建图文混排的思维导图。

（二）TreeMind 树图

TreeMind 是一个基于人工智能技术的思维导图平台，用户可以输入需求和文字提问后，智能自动生成思维导图，提高学习和工作效率。

（三）GitMind 思乎

GitMind 是一款国内知名的免费思维导图协作软件，推出 AIGC 能力的思乎 AI 机器人，允许用户通过对话快速生成思维导图。

（四）AmyMind

AmyMind 是一个无须注册的轻量级在线 AI 思维导图工具，提供网页版本，界面设计简约易用，支持 AI 生成思维导图。

（五）ChatMind

ChatMind 是一个帮助用户与 AI 对话生成思维导图的软件，提供了丰富的模板库，适合不同场景下使用。

（六）ProcessOn

ProcessOn 是一款专业的在线作图工具和分享社区，添加了 AIGC 功能，可以智能自动生成清晰完整的思维导图。

（七）知犀思维导图

知犀思维导图是一款结合人工智能技术的思维导图工具，它能够根据用户输入的关键词、句子或段落自动生成各式各样的思维导图，覆盖学习、办公和生活等各种场景。

这些工具和应用展示了 AIGC 技术在帮助用户生成思维导图方面的潜力，它们通过智能分析和自动布局，大大提高了信息组织和呈现的效率。

二、实训环境

1. PC 台式电脑，安装 Windows 10 及以上版本操作系统，连接互联网。
2. 安卓手机，安装 Android 8 及以上版本移动操作系统，连接移动互联网。

三、实训内容

1. 使用讯飞星火智能生成思维导图。
2. 使用 AmyMind 平台智能生成思维导图。
3. 使用知犀 AI 平台自动生成思维导图。

四、实训准备

通过 PC 电脑浏览器分别打开讯飞星火、AmyMind 中文版、知犀 AI，并注册账号。

扫码看视频

使用讯飞星火智能生成思维导图

五、实训指导

（一）使用讯飞星火智能生成思维导图

1. 打开讯飞星火网页端应用。

2. 体验讯飞星火的“智能体中心”。通过搜索“思维导图”，找到“TreeMind”智能体插件，生成思维导图。

（1）打开讯飞“TreeMind”智能体插件，如图 3－23 所示。

图 3－23　讯飞星火的 TreeMind 思维导图生成智能体

（2）在提示词对话框输入“电子商务模式及简介”，点击“发送”按钮，自动调用“TreeMind”智能体插件，智能生成电子商务模式及介绍的思维导图，如图 3－24 所示。

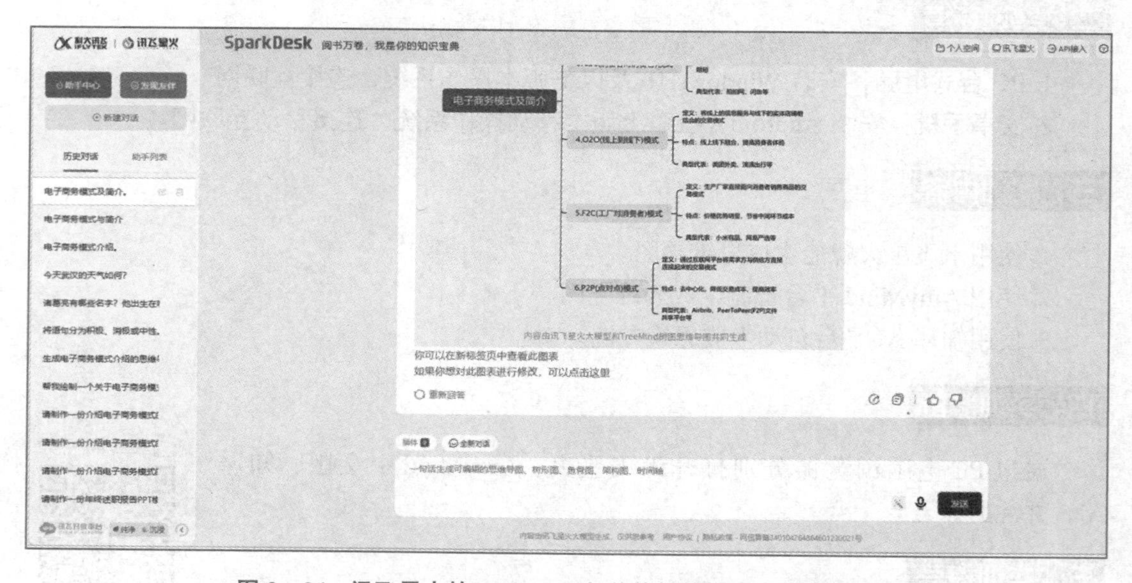

图 3－24　讯飞星火的 TreeMind 智能体插件智能生成思维导图

（3）点击“如果你想对此图表进行修改，可以点击这里”链接，打开“TreeMind 树图”工具编辑修改生成的思维导图，如图 3－25 所示。

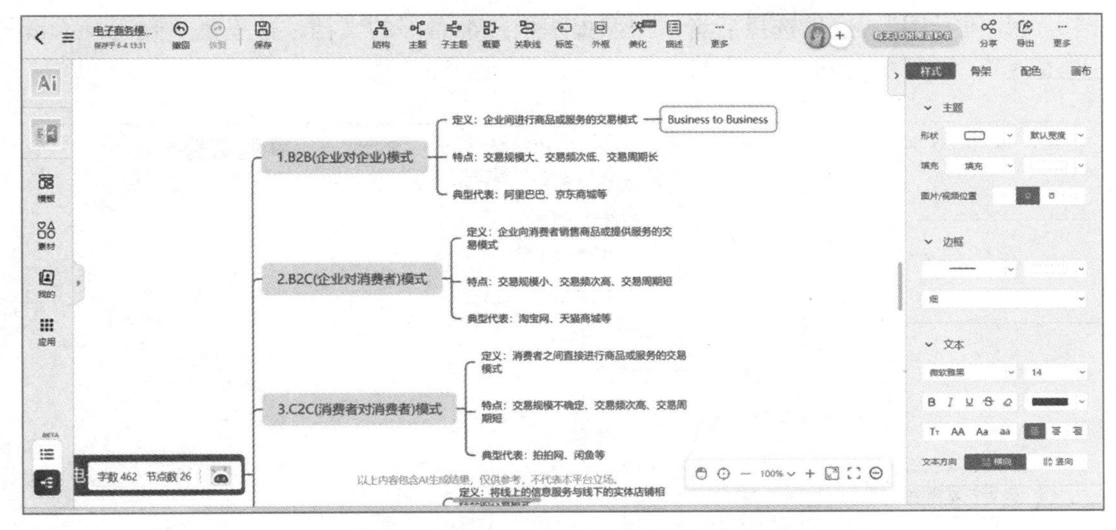

图 3－25　TreeMind 思维导图智能编辑修改

（4）分享或导出制作完成的思维导图。

注意：讯飞星火的“ProcessOn”插件（“智能体中心”通过搜索“思维导图”找到“ProcessOn”智能体插件）也可以智能生成思维导图并编辑导出，请读者自己尝试并做比较。

扫码看视频

使用 Boardmix 平台提炼文档生成思维导图

（二）使用 Boardmix 平台智能生成思维导图

1. 打开 Boardmix 网页端应用，点击“免费使用→”进入，并扫码登录，如图 3－26 所示。

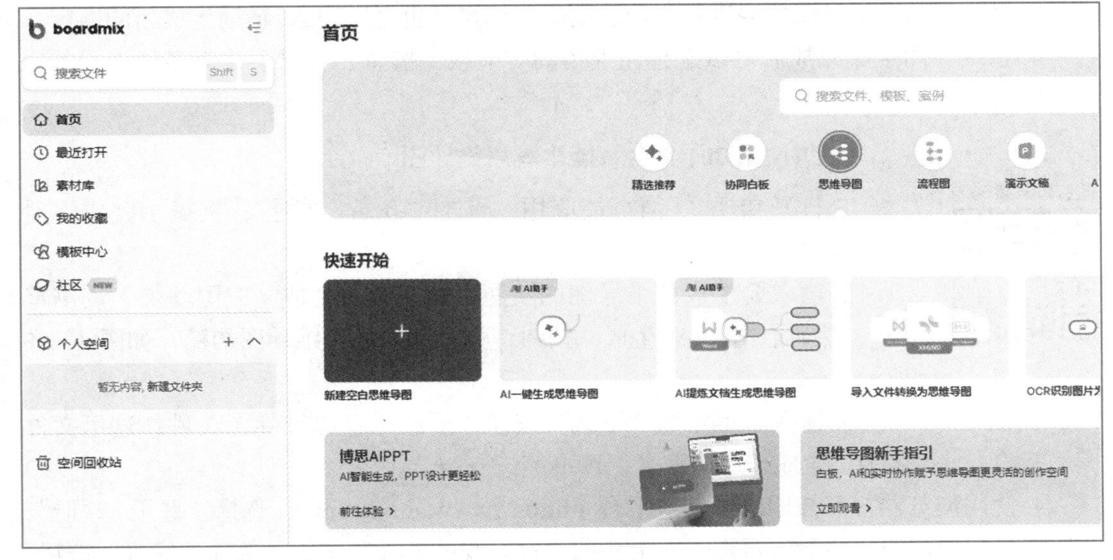

图 3－26　Boardmix 智能生成思维导图页面

2. 选择“思维导图”按钮，然后选择“AI 一键生成思维导图”或者“AI 提炼文档生成思维导图”，这里选择后者，按照提示上传准备好的文档，这里是“微调技术概述 .docx”，如图 3－27 所示。

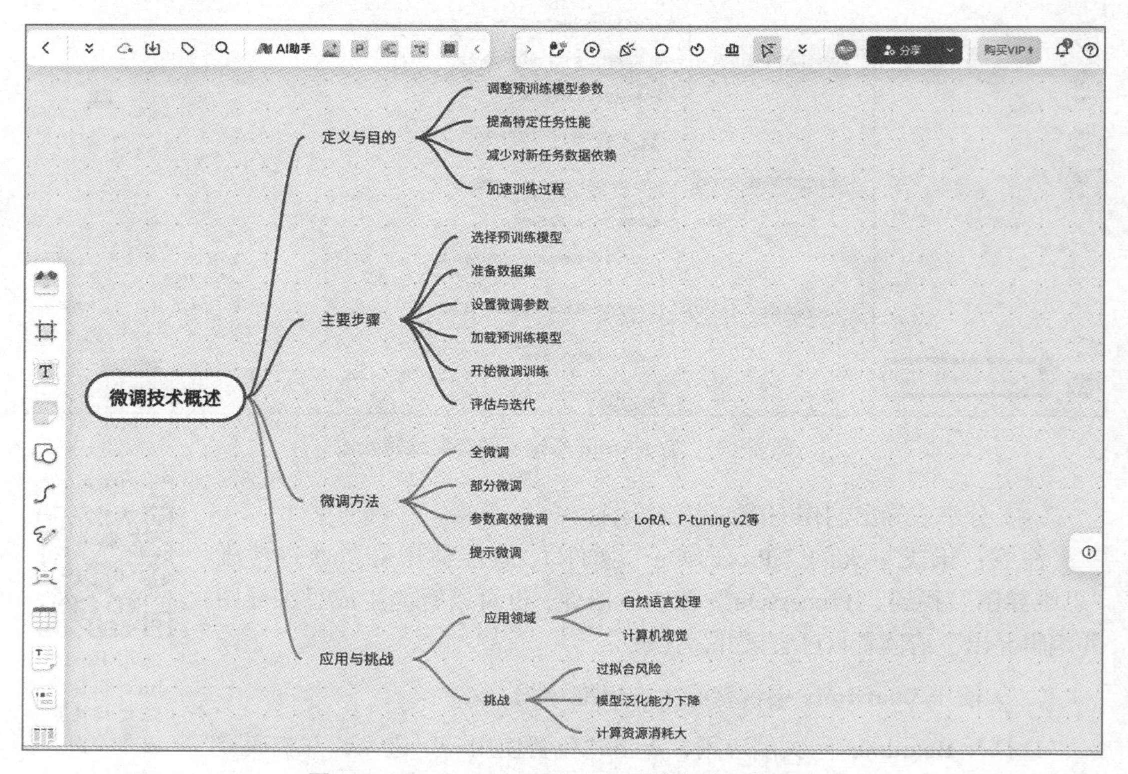

图 3－27　**Boardmix** 智能分析文档生成思维导图

3. 对生成的思维导图可以进行添加、删除等编辑，也可以用 AI 辅助生成新的内容。

4. 思维导图生成完成后可以选择左上角的“下载”按钮，可以下载为多种格式的思维导图文件。

（三）使用知犀平台智能生成思维导图

使用知犀平台智能生成思维导图

1. 打开知犀 AI 网页端应用，点击“登录 / 注册”，按提示完成注册操作并登录。

2. 输入要生成思维导图的主题，这里为“生成《三国演义》读书笔记”，然后点击“ AI 生成”按钮，将自动生成思维导图初稿，如图 3－28 所示。

3. 选择右上角的“下载”按钮，下载保存思维导图文件，这里文件名为“生成《三国演义》读书笔记 .zxm”。

4. 使用浏览器打开知犀思维创造平台（https://www.zhixi.com/），选择“登录 / 注册”，按照提示完成注册并登录。再点击右上角的“进入我的文件”链接，选择“导入”按钮，按照提示导入“生成《三国演义》读书笔记 .zxm”思维导图文件，如图 3－29 所示。

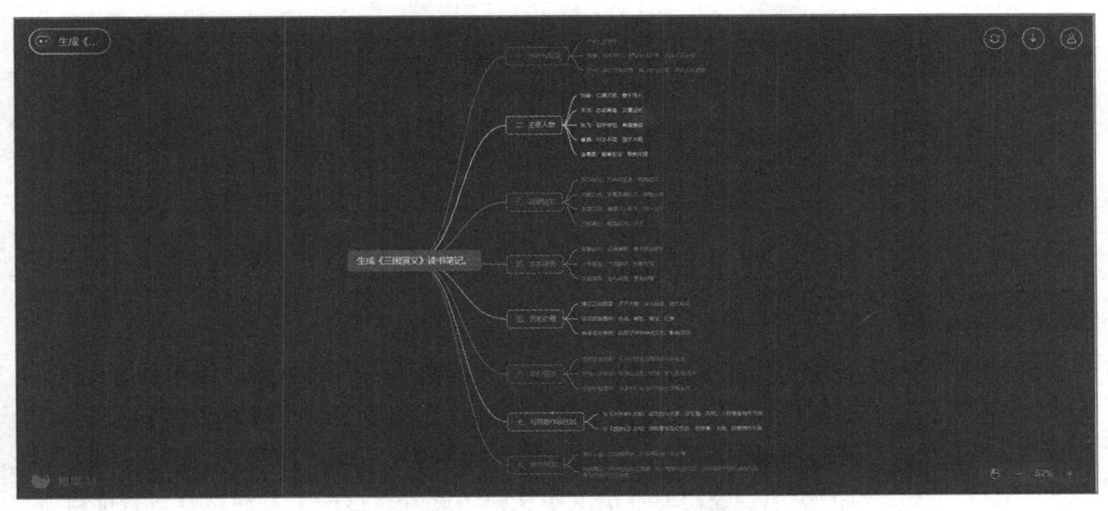

图 3－28　知犀 AI 生成思维导图

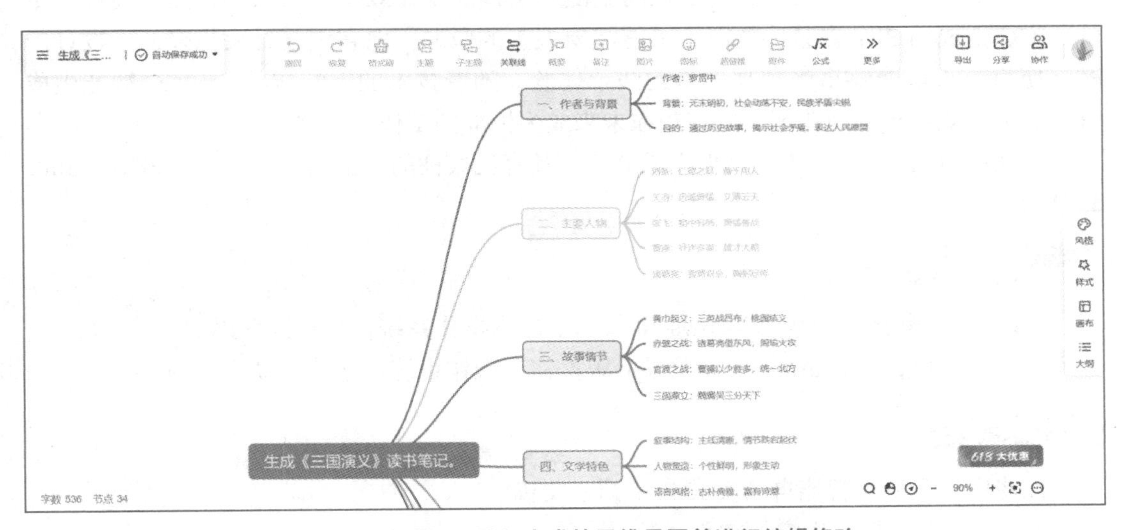

图 3－29　知犀 AI 导入生成的思维导图并进行编辑修改

5. 根据需要对生成的思维导图进行编辑修改完善，然后选择“导出”或“分享”，完成相应的导出分享操作。

提示：知犀创造平台可以将思维导图导出为 Excel、Markdown 和 XMind 格式，可以使用大多数思维导图软件打开和编辑，通用型和实用性很强。

六、实训拓展

1. 使用讯飞星火、知犀 AI、AmyMind 等工具智能生成鱼骨图。

2. 使用讯飞星火、知犀 AI、AmyMind 等工具智能生成流程图。

3. 使用 Boardmix 平台智能生成思维导图、流程图、用户旅程图、框架图、组织架构图、时序图等。

AIGC 智能生成 PPT 演示文稿

一、实训背景

现阶段，AIGC 智能生成 PPT 演示文稿已经逐步普及应用。AIGC 技术的显著进步能满足现代社会对效率和个性化的双重需求，特别是在商业演示、教育讲座和公共演讲等领域。AI PPT 工具通过提供易于使用的界面和丰富的模板库，使用户无须具备深厚的设计或技术背景，也能快速创建出专业的演示文稿。此外，这些工具通常具备智能排版、数据分析和云协作等功能，进一步提高了演示文稿的制作效率和团队协作的便捷性。尽管 AIGC 生成的 PPT 在某些情况下可能需要人工的微调，但它们已经大幅降低了设计门槛，使每个人都能够享受到高质量的演示体验。随着技术的不断成熟，AIGC 智能生成 PPT 的工具变得越来越普及，并有望在未来成为标准的工作流程之一。

现在可以通过多种 AI 工具来生成 PPT，具有代表性的包括讯飞星火、AiPPT、iSlide 和 WPS AI 等。

二、实训环境

1. PC 台式电脑，安装 Windows 10 及以上版本操作系统，连接互联网。
2. 安卓手机，安装 Android 8 及以上版本移动操作系统，连接移动互联网。

三、实训内容

1. 使用讯飞星火智能自动生成 PPT 演示文稿。
2. 使用 iSlide 自动生成 PPT 演示文稿。
3. 使用手机天工 AI 智能生成 PPT 演示文稿。

四、实训准备

1. 通过 PC 电脑网页端分别打开讯飞星火、百度文库、iSlide，并注册账号或通过手机登录。

2. 在手机上安装天工 AI App。

3. 在 PC 电脑端和手机端安装 WPS Office，开通 AI 会员或者获得免费试用资格。

扫码看视频

使用讯飞星火智能生成 PPT 演示文稿

五、实训指导

（一）使用讯飞星火智能生成 PPT 演示文稿

1. 打开讯飞星火网页端应用。

2. 通过“讯飞智文”快速智能生成 PPT。

（1）在“智能体中心”中选择“讯飞智文”智能体，如图 3－30 所示。

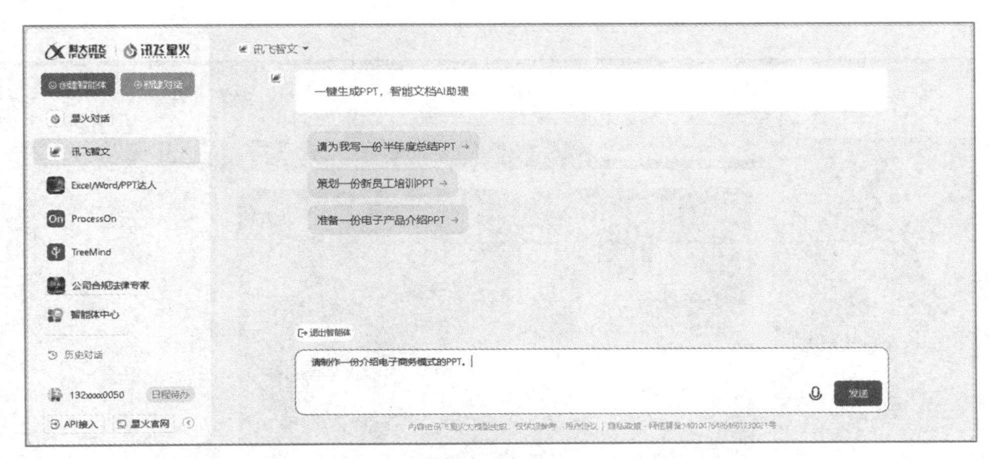

图 3－30　讯飞智文智能生成 PPT 智能体

（2）在提示词对话框输入“请制作一份介绍电子商务模式的 PPT”，点击“发送”按钮，自动生成 PPT 演示文稿大纲。

（3）点击“一键生成 PPT”按钮，自动生成 PPT 演示文稿模板，如图 3－31 所示。

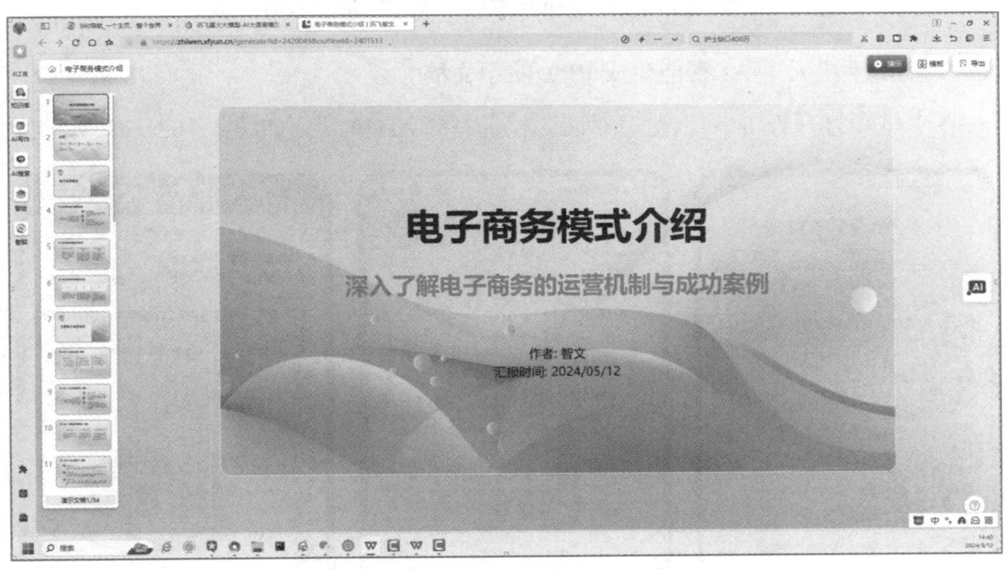

图 3－31　讯飞智文智能体智能生成 PPT

（4）演示和导出 PPT 文稿。

（5）使用 WPS Office 进一步修改和完善 PPT 演示文稿。

扫码看视频
使用 iSlide 智能生成 PPT 演示文稿

（二）使用 iSlide 自动生成 PPT 演示文稿

1. 打开 iSlide 网页端应用，然后登录。

2. 在对话框输入相应主题，生成 PPT 大纲。

3. 点击生成的大纲下面的“生成 PPT”按钮，开始自动生成 PPT 演示文稿。

4. 可以重新编辑大纲内容页，也可以使用“一键换肤”更换 PPT 演示文稿配图，如图 3－32 所示。

图 3－32　使用 iSlide 智能生成 PPT 演示文稿

（三）使用手机天工 AI 智能生成 PPT 演示文稿

1. 在手机端打开天工 AI，在“对话”栏选择“AI PPT”，如图 3－33（a）所示。

（a）　（b）　（c）

图 3－33　手机天工 AI 中“AI PPT”智能体对话与大纲生成

2. 按照提示输入 PPT 主题，也可以输入文字的链接。这里输入“AIGC 的影响和发展趋势。”，然后点击“发送”按钮，如图 3－33（b）所示。

扫码看视频

使用手机天工 AI 智能生成 PPT 演示文稿

3. 天工 AI 将快速生成 PPT 文稿的大纲。选择底部的“编辑大纲”对大纲进行修改，完成后，点击“生成 PPT”按钮，如图 3－33（c）所示。

4. 选择模板后点击“继续生成”按钮，等待生成完成，如图 3－34（a）所示。

5. 点击右上角的下载按钮，选择保存为“PPTX”，完成下载，注意保存的路径为手机端“download/”文件夹，如图 3－34（b）所示。

6. 在手机文件夹中使用 WPS Office 打开生成的 PPT 演示文档，可以预览、编辑，也可以分享到 PC 端和其他应用。如图 3－34（c）所示。

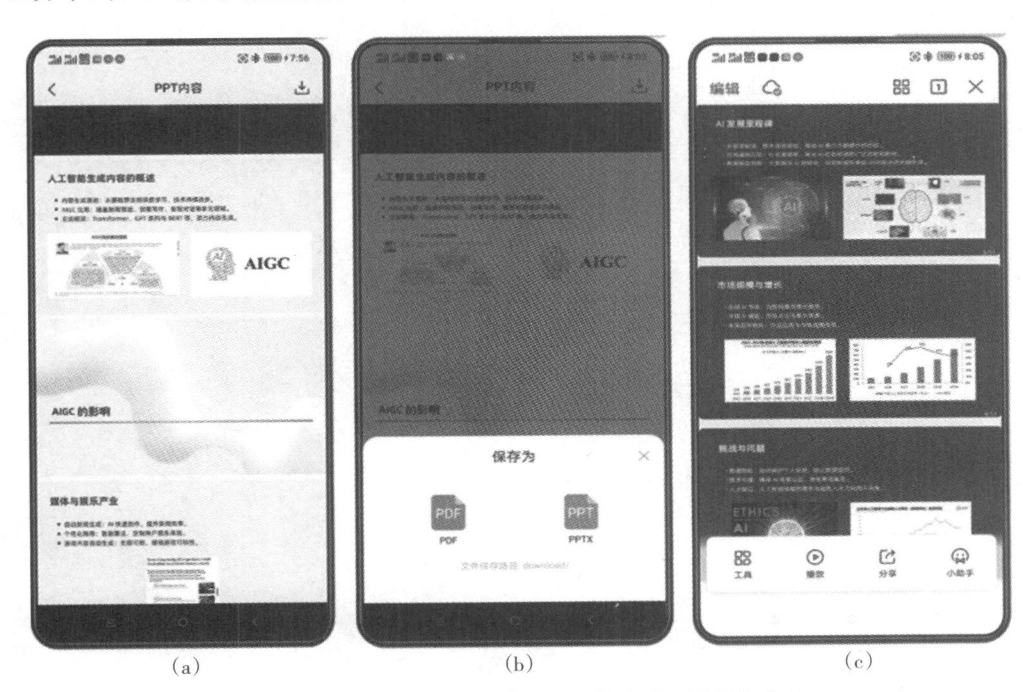

（a）（b）（c）

图 3－34 手机天工 AI 中 PPT 智能生成、编辑与分享

六、实训拓展

1. 使用 AiPPT（https://www.aippt.cn/）智能生成 PPT 演示文稿。

2. 使用百度文库（https://wenku.baidu.com/）的“AI 辅助生成 PPT”智能生成 PPT 演示文稿。

3. 使用万知（https://www.wanzhi.com/）智能生成 PPT 演示文稿。

4. 比较各种 AI 智能 PPT 演示文稿生成工具的优缺点，并总结经验和使用技巧。

思考与练习

1. 解释 AIGC 技术如何通过深度学习和自然语言处理技术模仿人类的写作风格和思维逻辑。

2. 讨论 AIGC 在提高文书写作效率方面的作用，并思考它如何帮助减轻作者的负担。

3. 描述 AIGC 如何通过大数据分析精准定位目标受众，并生成具有情感共鸣的文案内容。

4. 分析 AIGC 在文档编排和智能表格处理方面的优势，并探讨其如何提升文档处理的质量和效率。

5. 探讨 AIGC 技术在创意设计和虚拟角色制作中的应用，并思考它如何推动图形图像创作的创新。

6. 讨论使用 AIGC 生成 PPT 演示文稿相比传统制作方法的优势，并思考它如何实现个性化定制。

模块四

AIGC 赋能创作

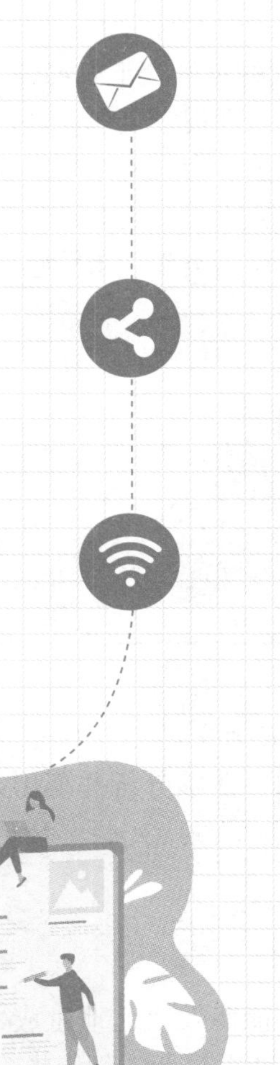

学习目标

素质目标

1. 通过学习 AIGC 技术在艺术创作中的应用，提升个人的艺术鉴赏力和审美能力。
2. 认识到 AIGC 技术的快速发展，培养终身学习的态度，不断更新知识和技能。
3. 理解 AIGC 技术在创作中的伦理和版权问题，培养负责任的创作和使用技术的习惯。

知识目标

1. 了解 AIGC 技术如何通过深度学习和自然语言处理等算法，分析并模仿人类创作风格，生成文学作品。
2. 掌握 AIGC 在不同文学形式中的作用，包括诗歌、对联、散文、小说和传记等，以及 AIGC 在这些领域中的具体应用和优势。
3. 学习 AIGC 在音乐创作中的优势和应用，包括提高创作效率、拓展创作灵感、个性化定制等，以及 AIGC 在旋律创作、和声设计、节奏控制等方面的应用。
4. 认识 AIGC 在视频创作中的应用，包括内容自动生成、智能剪辑与后期处理、虚拟人物与场景生成等技术路径，以及 AIGC 在视频创作各阶段的应用。

能力目标

1. 通过学习 AIGC 技术在不同艺术领域的应用，培养创新思维和创意表达的能力。
2. 掌握如何利用 AIGC 技术进行文学、美术、音乐和视频创作，提升个人的技术应用能力。
3. 分析 AIGC 技术在创作中的优势与局限性，培养批判性思维，更好地平衡技术与艺术的关系。
4. 学习如何根据个人或客户的需求，利用 AIGC 技术进行个性化创作。

人工智能与创意产业的融合之路，是技术与艺术的美妙交汇。AIGC 技术以其深度学习和自然语言处理的能力，不仅在文学、绘画、音乐和视频创作等领域展现出了革命性的潜力，更是在传承与创新中，激发了文化自信与创造力。通过这一技术，我们得以挖掘传统文化的精髓，同时赋予其新的时代内涵，让艺术作品更加贴近当代生活，传递正面价值与精神追求。这不仅是一种技术进步，更是对人类智慧与情感表达的一次深刻致敬。

单元一

AIGC 赋能文学创作

随着人工智能技术的飞速发展，AIGC 已逐渐成为文学创作领域的一股新势力。AIGC 技术通过深度学习、自然语言处理等先进算法，能够分析并模仿人类创作风格，生成具有独特风格和创意的文学作品。在诗歌、对联、散文、小说、传记等多种文学形式中，AIGC 均展现出其强大的赋能潜力。

一、AIGC 在文学创作中的优势

AIGC 技术在文学创作领域展现出显著优势。它能高效快速地生成大量文学作品，极大提升创作效率；通过学习海量文学作品，该技术能发掘新的创作规律和趋势，为文学创作提供源源不断的创意灵感；同时，它还能根据作者或读者的需求进行个性化定制，满足多样化的阅读需求。

（一）高效快速

AIGC 技术能够以惊人的速度创作出大量的文学作品，从而极大地提高文学创作的效率。这项技术通过深度学习和自然语言处理等先进算法，模拟人类的创作过程，快速生成具有丰富情节和生动描绘的文学作品。这不仅为创作者提供了极大的便利，使他们能够更快速地完成创作任务，同时也为读者提供了更多的阅读选择，使他们能够更快速地获取到更多的文学作品。

（二）创意丰富

通过深入学习和研究大量的文学佳作，AIGC 技术能够深入挖掘和发现新的创作规律和趋势，这为文学创作提供了源源不断的创意灵感。通过对这些作品的深入分析，AIGC 技术能够更好地理解和掌握文学创作的本质和技巧，从而在创作过程中更好地运用和发挥自己的想象力和创造力，使得文学创作更加丰富多样和有深度。

（三）个性化定制

AIGC 能够依据创作者或者读者的特定需求，提供定制化的服务，以满足他们在阅读方面的多元化要求。这种技术能够理解并分析用户的个性化喜好，从而提供符合他们期望的内容。无论是在文章的风格、结构，还是在所涉及的主题、信息上，AIGC 技术都能根据用户的需求进行精准的匹配和调整。这样的个性化定制不仅提升了用户的阅读体验，也使得内容创作者能够更好地满足他们的受众群体，进一步推动阅读文化的多样化和个性化发展。

二、AIGC 在文学创作中的典型场景

AIGC 技术在文学创作领域展现出巨大潜力，为诗歌、对联、散文、小说和传记等多种文学形式带来了创新。在诗歌创作中，AIGC 技术提升了创作效率，丰富了情感与意境的表达，并推动了创新。对于对联，AIGC 能精准把握对仗与韵律，融合了传统文化与现代语境。在散文和小说创作中，AIGC 实现了个性化表达，深化了情感与哲思，探索了多样的风格与流派。在传记创作中，AIGC 助力历史资料的挖掘与整理，平衡了客观性与艺术性。

（一）AIGC 与诗歌创作

诗歌作为文学的瑰宝，其创作往往需要深厚的文化底蕴和无限的灵感。AIGC 技术的出现，为诗歌创作带来了新的可能性。

（1）创作丰富性与效率提升。AIGC 技术能够快速生成大量具有不同风格和主题的诗歌作品，极大地丰富了诗歌的创作内容和形式。同时，由于 AIGC 不存在创作瓶颈，因此能够不间断地工作，大大提高了诗歌创作的效率。

（2）情感与意境的把握。AIGC 技术通过学习海量的诗歌作品，能够捕捉到诗歌中的情感变化和意境营造的精髓。这使得 AIGC 生成的诗歌在情感和意境上具有深度和层次感。

（3）创新性的探索。AIGC 技术不仅可以模仿现有的诗歌风格，还能通过大数据分析发现新的创作规律和趋势，从而推动诗歌创新的步伐。

（二）AIGC 与对联创作

对联是中国传统文化的重要组成部分，其创作讲究对仗工整、意境深远。AIGC 技术为对联创作带来了新的活力。

（1）对仗与韵律的把握。AIGC 技术能够分析并学习大量对联作品，精准把握对仗

和韵律的规律，从而生成既符合传统规范，又具有新意的对联作品。

（2）文化元素的融合。在对联创作中，AIGC 技术能够巧妙地将传统文化元素与现代语境相结合，创作出既具有传统文化底蕴，又不失现代感的对联作品。

（三）AIGC 与散文创作

散文以自由、灵活著称，AIGC 技术为散文创作提供了更多可能性。

（1）个性化表达。AIGC 技术能够根据作者或读者的个性化需求，生成具有独特风格和主题的散文作品，满足多样化的阅读需求。

（2）情感与哲思的融入。AIGC 技术通过学习大量经典散文作品，能够深刻捕捉到散文中的情感变化和哲思内涵，从而在生成的散文作品中融入丰富的情感和深刻的思考。

（四）AIGC 与小说创作

小说作为叙事性文学的重要形式，AIGC 技术在其中的应用也尤为广泛。

（1）情节构思与角色塑造。AIGC 技术能够通过分析大量小说作品，掌握情节构思和角色塑造的规律，从而生成引人入胜的小说情节和鲜活的角色形象。

（2）风格与流派的探索。AIGC 技术可以模仿不同的小说风格和流派，为创作者提供多样化的创作风格和思路。

（五）AIGC 与传记创作

传记是记录人物生平经历和事迹的文学形式，AIGC 技术为传记创作带来了新的视角和方法。

（1）历史资料的挖掘与整理。AIGC 技术能够高效地搜索和整理历史人物的相关资料，为传记创作提供丰富的素材和灵感来源。

（2）客观性与艺术性的平衡。在传记创作中，AIGC 技术能够协助作者在保持历史客观性的同时，融入艺术性的叙述和描写，使传记作品更加生动有趣。

三、未来展望

随着 AIGC 技术的不断发展和优化，我们有理由相信它在文学创作领域的应用将更加广泛和深入。未来，AIGC 技术有望在保持文学作品艺术性的同时，更加注重作品的原创性和思想深度，为读者带来更加丰富多彩的文学体验。同时，我们也需要关注 AIGC 技术在文学创作中的伦理和版权问题，确保其健康、可持续地发展。

（一）更深层次的学习和理解

随着技术的进步，AIGC 能够更深入地学习和理解文学作品的内涵和情感。

（二）更广泛的应用场景

AIGC 技术将被应用于更多的文学创作领域，如剧本创作、歌词创作等。

（三）更智能的交互

AIGC 技术将能够与作者进行更智能的交互，提供更个性化的创作辅助。

AIGC 技术在文学创作领域的应用前景广阔，它将为文学创作带来革命性的变化。然而，AIGC 技术仍然需要不断地优化和发展，以更好地理解和表达人类的情感和智慧。同时，我们也应该认识到，尽管 AIGC 技术可以辅助文学创作，但人类作者的创造力和情感表达仍然是不可替代的。

AI 超级个体训练

小红书文案标题生成

通过 AIGC 技术，小红书用户或内容创作者可以轻松生成吸引人眼球的标题，从而增加笔记的曝光率和用户互动量。从生成的标题中，可以选择最符合你预期的一个或多个，并根据需要进行微调。例如，你可能觉得某个标题已经很好，但想要加入一些更具体的细节描述，进行小红书文案创作。

打开文心一言网页版。

提示词：

你是一位小红书文案专家，我准备使用小红书笔记推广荆门风干鸭，请在提炼总结小红书爆款笔记标题的特点的基础上，根据这些特点帮忙设计推广荆门风干鸭的小红书爆款笔记文案的标题，不少于 10 个。

文心一言输出参考如图 4－1 所示。

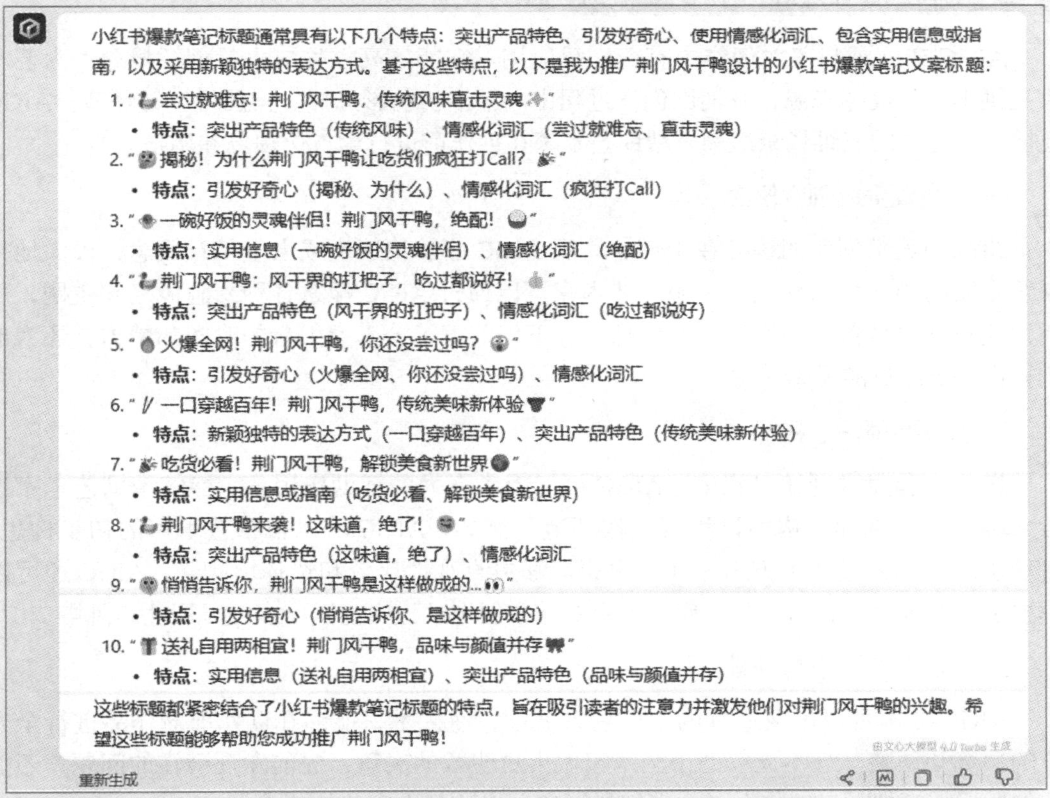

小红书爆款笔记标题通常具有以下几个特点：突出产品特色、引发好奇心、使用情感化词汇、包含实用信息或指南，以及采用新颖独特的表达方式。基于这些特点，以下是我为推广荆门风干鸭设计的小红书爆款笔记文案标题：

1. "尝过就难忘！荆门风干鸭，传统风味直击灵魂"
   - **特点**：突出产品特色（传统风味）、情感化词汇（尝过就难忘、直击灵魂）
2. "揭秘！为什么荆门风干鸭让吃货们疯狂打Call？"
   - **特点**：引发好奇心（揭秘、为什么）、情感化词汇（疯狂打Call）
3. "一碗好饭的灵魂伴侣！荆门风干鸭，绝配！"
   - **特点**：实用信息（一碗好饭的灵魂伴侣）、情感化词汇（绝配）
4. "荆门风干鸭：风干界的扛把子，吃过都说好！"
   - **特点**：突出产品特色（风干界的扛把子）、情感化词汇（吃过都说好）
5. "火爆全网！荆门风干鸭，你还没尝过吗？"
   - **特点**：引发好奇心（火爆全网、你还没尝过吗）、情感化词汇
6. "一口穿越百年！荆门风干鸭，传统美味新体验"
   - **特点**：新颖独特的表达方式（一口穿越百年）、突出产品特色（传统美味新体验）
7. "吃货必看！荆门风干鸭，解锁美食新世界"
   - **特点**：实用信息或指南（吃货必看、解锁美食新世界）
8. "荆门风干鸭来袭！这味道，绝了！"
   - **特点**：突出产品特色（这味道，绝了）、情感化词汇
9. "悄悄告诉你，荆门风干鸭是这样做成的…"
   - **特点**：引发好奇心（悄悄告诉你、是这样做成的）
10. "送礼自用两相宜！荆门风干鸭，品味与颜值并存"
    - **特点**：实用信息（送礼自用两相宜）、突出产品特色（品味与颜值并存）

这些标题都紧密结合了小红书爆款笔记标题的特点，旨在吸引读者的注意力并激发他们对荆门风干鸭的兴趣。希望这些标题能够帮助您成功推广荆门风干鸭！

由文心大模型 4.0 Turbo 生成

重新生成

图 4－1 文心一言智能生成小红书文案标题

AIGC 赋能绘画与美术创作

AIGC 通过深度学习、神经网络等先进技术，能够分析并学习海量的绘画作品，进而生成具有独特风格和创意的美术作品。AIGC 在绘画与美术创作领域的应用，是科技与艺术融合的典范，不仅拓宽了创意表达的边界，还重新定义了艺术创作的可能性。

一、AIGC 在绘画与美术创作中的优势

AIGC 在绘画与美术创作中展现出显著优势，主要体现在以下几个方面：

（1）高效快速。AIGC 能够快速生成创意概念和作品草案，提高创作效率。

（2）创意丰富。AIGC 通过学习大量作品和风格，为艺术家提供无尽的创意灵感。

（3）个性化定制。AIGC 能够满足用户的个性化需求，生成独一无二的艺术作品。

（4）交互式体验。AIGC 提供交互式艺术体验，增强观众的参与感和沉浸感。

二、AIGC 在绘画与美术创作中的应用

AIGC 在绘画与美术创作中有着广泛应用。它能够高效生成大量创意概念，为艺术家提供丰富的灵感来源，并辅助创作过程中的素描、色彩选择、构图设计等环节。AIGC 还能生成逼真的三维场景渲染，帮助艺术家在创作前进行全方位预览和调整。

（一）高效生成创意概念

绘画和美术创作的核心在于创意，而 AIGC 能够快速生成大量创意概念，极大地拓展艺术家的创作思路和灵感来源。艺术家可以通过 AIGC 探索各种绘画风格和主题，从而快速找到符合自己创作理念的创意。这不仅节省了艺术家大量的时间和精力，还为他们提供了更广泛的灵感来源。

（二）辅助创作过程

在绘画和美术创作过程中，AIGC 可以提供强大的辅助作用。它能够帮助艺术家进行素描、色彩选择、构图设计等创作环节。例如，AIGC 可以根据艺术家的初步构想，自动生成多种色彩搭配方案，让艺术家能够更直观地比较和选择。此外，AIGC 还可以模拟不同的画笔和画布效果，使艺术家能够在创作过程中尝试更多的可能性和风格。

（三）逼真的渲染与场景模拟

AIGC 技术可以生成逼真的三维场景渲染，使艺术家能够在创作前对作品进行全方位的预览和调整。这不仅有助于艺术家做出更明智的决策，提前发现潜在的问题，还能让他们根据模拟效果对作品进行精细化调整，以达到更完美的艺术效果。

三、AIGC 在美术教育中的应用

AIGC 技术在美术教育中的应用也有着巨大潜力，能为教师提供丰富的教学素材和定制化学习方案，有效提升学生的学习效果。同时，AIGC 能为学生提供虚拟创作环境和智能评估，助力实践技能的提升。

（一）智能辅助教学

AIGC 技术为美术教育提供了全新的教学手段。教师可以通过 AIGC 生成丰富的教学素材和案例，帮助学生更好地理解绘画技巧和美术知识。同时，AIGC 还可以根据学生的个性化需求和能力水平，提供定制化的学习方案和反馈机制，有效提升学生的学习效果。

（二）创作实践与评估

在美术教育中，实践是检验学生学习成果的重要环节。AIGC 技术可以为学生提供虚拟的创作环境和丰富的创作素材，让他们在实践中不断提升自己的绘画技能和创作能力。同时，AIGC 还可以对学生的作品进行智能评估，为教师提供更全面、客观的学生学习进度和效果反馈。

四、未来展望

随着 AIGC 技术的不断进步和优化，它在绘画与美术创作领域的应用将更加广泛和深入。未来，我们期待 AIGC 技术在保持艺术作品艺术性的同时，更加注重作品的原创性和思想深度。同时，也需要关注并解决 AIGC 技术在绘画与美术创作中面临的挑战和问题，确保其可持续地发展。我们或许会见证一个全新的艺术时代，其中 AI 不仅是工具，更是人类创造力的延伸，二者协同合作，探索艺术的无限可能。随着对 AI 伦理和法律框架的完善，AIGC 赋能的美术创作将更加规范，更加尊重人类情感与价值，共同推动艺术与科技的和谐共生。

综上所述，AIGC 技术为绘画与美术创作带来了前所未有的变革和创新。从创意生成到作品呈现，从辅助教学到个性化定制，AIGC 技术在各个环节都展现出了强大的赋能潜力。我们期待 AIGC 技术在绘画与美术创作领域的更多精彩表现！

AI 超级个体训练

即梦 AI 美术创作的文生图与文生视频、图生视频

即梦 AI 是字节跳动旗下的一款强大的 AI 创作工具。用户只需输入描述关键词，即梦 AI 就能利用深度学习算法生成高质量的图片。它还支持导入参考图及选择生图模型，以便生成符合用户需求的图片。图片质量和尺寸也可由用户决定，精细度数值越大，生成效果质量越好，但耗时会更久。无论是仿真的摄影写真，还是风格迥异的手绘插画等风格，即梦 AI 都有不错的表现。

即梦 AI 美术创作的文生图的提示词可以采用以下公式来构建：

主体描述＋风格特征＋细节要求

提示词：一只美丽的蝴蝶，它的翅膀五彩斑斓，上面布满了精美的花纹。蝴蝶停留在一朵盛开的花朵上，花朵的颜色鲜艳欲滴，与蝴蝶的翅膀相互映衬。周围是一片绿色的草地，草地上点缀着五颜六色的花朵。阳光洒在蝴蝶和花朵上，仿佛给它们披上了一层金色的外衣，插画风格，扁平效果。

即梦 AI 生成效果如图 4－2 所示。

图 4－2　使用即梦 AI 智能生成美术图片

在视频生成方面，即梦 AI 可提供文本生视频和图生视频两种模式。对于文本生视频，用户输入文字提示，AI 会根据提示生成视频，但目前对关键词的逻辑理解还有待提升。图生视频模式下，用户可以上传图片作为蓝图，让 AI 在此基础上生成视频，相对来说效果更可控。用户还能通过运镜控制和调整视频的景别、角度、速度等，并且平台会员模式提供去除水印、延长视频时长、文字转语音等高级功能。

即梦 AI 文生视频的提示词公式如下：

场景概述＋主体行动＋氛围营造＋风格倾向

提示词：阳光明媚的海边，一位少年在奔跑，海浪拍打着沙滩，微风轻拂，画面充满活力，清新风格。

即梦 AI 生成效果如图 4－3 所示。

图 4－3　使用即梦 AI 智能生成视频片段

单元三

AIGC 赋能音乐创作

AIGC 在音乐创作领域的应用日益广泛。AIGC 技术通过深度学习、神经网络等算法，能够分析并学习大量音乐作品，从而生成具有独特风格和创意的音乐作品。以下详细介绍 AIGC 如何赋能音乐创作，并探讨其带来的变革。

一、AIGC 在音乐创作中的优势

AIGC 在音乐创作中展现出显著优势，主要体现在以下几个方面。

（一）提高创作效率

传统的音乐创作需要耗费大量的时间和精力，而 AIGC 技术可以大大缩短创作周期。通过输入特定的参数和需求，AIGC 能够快速生成符合要求的音乐作品，从而提高了音乐创作的效率。

（二）拓展创作灵感

AIGC 技术通过学习大量的音乐作品，能够发掘出新的音乐元素和创作思路。这为音乐家提供了更多的灵感来源，有助于他们打破传统思维的束缚，创作出更加新颖和独特的音乐作品。

（三）个性化定制

AIGC 技术可以根据音乐家的个人风格和需求进行个性化定制。通过调整算法参数和输入需求，AIGC 能够生成符合音乐家个人特色的音乐作品，满足他们对音乐的独特追求。

二、AIGC 在音乐创作中的应用

AIGC 能够分析并学习大量音乐作品，生成符合音乐理论的旋律，并根据情感、场景等因素进行个性化调整。同时，AIGC 还能自动生成适合的和声进行，丰富音乐的层次感和色彩。此外，该技术还能控制节奏，使音乐更加富有动感和表现力，贴切地表达特定情感和场景。

（一）旋律创作

AIGC 技术能够分析并学习大量音乐作品中的旋律走向、和弦进行等要素，从而生成新的旋律。这些旋律不仅符合音乐理论规则，还能根据特定的情感需求、场景氛围等因素进行个性化调整。例如，在游戏音乐创作中，AIGC 可以根据游戏的剧情、氛围和角色等因素，自动生成与之匹配的旋律，为游戏增添更多的沉浸感和与玩家的情感共鸣。

（二）和声设计

和声是音乐创作中不可或缺的要素之一，它能够丰富音乐的层次感和色彩。AIGC 技术通过学习大量音乐作品中的和声规则与搭配，能够自动生成适合的和声进行。这些和声进行不仅符合音乐理论，还能根据音乐的风格和情感需求进行灵活调整，使音乐更加动听和富有表现力。

（三）节奏控制

节奏是音乐的骨架，它决定了音乐的动感和律动。AIGC 技术能够分析音乐作品中的节奏型、拍子等要素，并生成新的节奏模式。这些节奏模式可以根据音乐的需求进行调整，使音乐更加富有节奏感和动力。同时，AIGC 还可以根据音乐的情感需求和场景氛围，自动调整节奏的速度和强度，使音乐更加贴切地表达特定的情感和场景。

三、AIGC 在音乐分享与传播中的作用

AIGC 技术与音乐分享平台结合，可以提升音乐的吸引力和传播效果，主要体现在以下两个方面。

（一）智能推荐与个性化体验

AIGC 技术可以与音乐分享平台相结合，为用户提供个性化的音乐推荐服务。通过分析用户的聆听历史和喜好，AIGC 能够精准地推送符合用户口味的音乐作品，提升用户的音乐体验。同时，AIGC 还可以根据用户的实时反馈调整推荐策略，不断优化推荐效果。

（二）交互式音乐体验

AIGC 技术可以为音乐分享平台提供交互式音乐体验的功能。例如，用户可以通过平台与 AIGC 进行互动，共同创作音乐作品；或者通过虚拟现实技术，让用户身临其境地感受音乐的魅力和氛围。这些交互式体验能够增强用户对音乐的参与感和沉浸感，提升音乐的吸引力和传播效果。

四、AIGC 赋能音乐创作的挑战与展望

AIGC 赋能音乐创作面临诸多挑战，包括版权与知识产权问题、技术与艺术的融合难题，以及人类判断与机器生成的平衡。

（一）版权与知识产权问题

随着 AIGC 技术的广泛应用，版权和知识产权问题也日益凸显。由于 AIGC 技术可以生成新的音乐作品，因此需要明确这些作品的版权归属和使用权限。未来需要建立完善的版权保护机制，确保音乐家的权益得到充分保障。

（二）技术与艺术的融合难题

虽然 AIGC 技术在音乐创作中具有广泛的应用前景，但如何将其与艺术完美地融合仍然是一个挑战。音乐家需要不断地探索如何将 AIGC 技术融入自己的创作中，使其成为提升音乐质量和表现力的有力工具。

（三）人类判断与机器生成的平衡

尽管 AIGC 技术能够生成音乐作品，但人类的判断和审美仍然是不可或缺的。音乐家需要在利用 AIGC 技术的同时，保持自己的独特视角和审美标准，以确保音乐作品的独特性和艺术性。

展望未来，随着 AIGC 技术的不断进步和优化，它在音乐创作领域的应用将更加广泛和深入。我们期待着 AIGC 技术与音乐艺术的完美结合，为音乐创作带来更多的可能性和创新。同时，也需要关注并解决 AIGC 技术在音乐创作中面临的挑战和问题，确保其健康发展。

AI 超级个体训练

使用天工网页端智能创作歌曲

天工 AI 网页端的“AI 音乐”模块，是一个便捷、高效且富有创意的音乐创作平台。

使用天工“AI 音乐”模块进行音乐创作的具体步骤如下：

（1）登录天工 AI 网页端。首先，用户需要登录天工 AI 的网页端，进入天工“AI 音乐”界面，如图 4－4 所示。

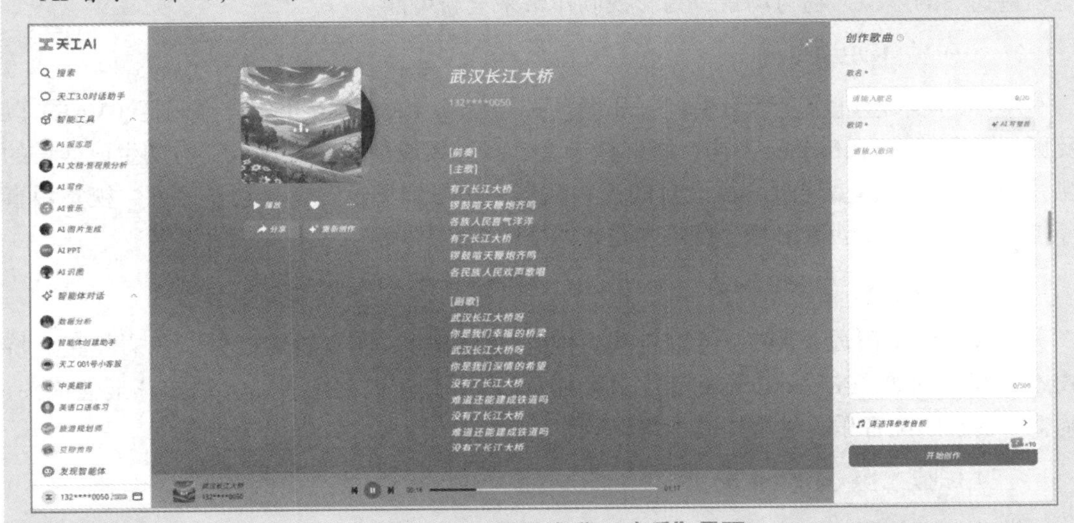

图 4－4　天工网页端“AI 音乐”界面

（2）输入歌词与歌名。在创作页面，用户可以输入自己创作的歌词和歌名，或者选择让 AI 辅助完成歌词创作。

（3）选择参考曲目。用户可以选择一首参考曲目，以帮助 AI 把握歌曲的风格和基调。天工 SkyMusic 不仅提供了丰富的曲库供用户选择，还支持用户自行上传音频文件作为参考。

（4）生成歌曲。完成以上步骤后，用户点击“开始创作”按钮，天工 SkyMusic 将快速为用户打造出音乐作品。用户可以从生成的多首备选歌曲中选择自己满意的作品进行下载或分享。

AIGC 赋能视频创作

AIGC 正在深刻改变着视频创作领域的生态，从策划、拍摄到后期制作，AIGC 技术的应用正在为视频创作者带来前所未有的便利和创新空间。AIGC 在视频创作领域的应用，标志着数字媒体制作的一场革命。这一技术不仅极大地提升了视频制作的效率和创意边界，还深刻地改变了内容创作、传播乃至消费的方式。

一、AIGC 赋能视频创作的技术路径

AIGC 技术正深刻改变着视频创作的面貌。通过深度学习模型，AIGC 能够自动生成连贯的视频内容，实现从文本、音频到视频的创造性转化。在视频编辑阶段，AIGC 的智能剪辑与后期处理功能显著提升了效率。同时，借助先进的图形渲染技术，AIGC 还能创造逼真的虚拟人物与场景，为影视制作带来全新可能。

（一）内容自动生成

AIGC 技术通过深度学习模型，如循环神经网络（RNN）、变分自编码器（VAE）以及更为复杂的 Transformer 架构，能够基于文本、音频或少量图像输入，自动生成连贯的视频内容。这些模型通过分析大量的视频数据，学习到场景转换、动作序列、视觉叙事等复杂规律，从而创造出符合特定主题或风格的视频片段。

（二）智能剪辑与后期处理

在视频编辑阶段，AIGC 可以自动识别并剪辑素材，实现智能选帧、色彩校正、特效添加等。例如，Adobe Sensei 等工具利用 AI 算法分析视频内容，自动推荐最佳镜头、调整节奏和匹配音乐，显著提高了剪辑效率。

（三）虚拟人物与场景生成

借助先进的图形渲染技术和自然语言处理，AIGC 能创造出高度逼真的虚拟人物和环境，用于电影、广告、游戏以及虚拟现实体验。例如 Unity 平台的 Meta Human Creator 工具，可以创建具有真实表情和动作的数字化演员，为影视制作开辟了全新天地。

二、AIGC 文生视频与图生视频

AIGC 飞速发展产生了文生视频与图生视频技术。文生视频技术，作为这一变革的先锋，能够将简单的文本描述转化为生动的视频内容，极大地丰富了创作可能性，并降低了制作门槛。而图生视频技术，则进一步拓展了这一领域，它基于静态图像生成动态视频，为视频创作带来全新的思路和无限的可能性。

（一）文生视频

文生视频技术是一种创新的人工智能应用，它能够将文本描述转化为生动的视频内容。用户只需提供简单的文本提示，如场景、动作或风格要求，系统就能自动生成符合描述的视频片段。这一技术极大地丰富了视频创作的可能性，降低了视频制作成本和时间，可以广泛应用于广告、教育和短视频制作等领域。

（二）图生视频

图生视频技术是基于静态图像，通过人工智能技术生成与该图像相关的动态视频内容。它不仅能够为图像赋予生命力和动态感，还能根据用户需求进行个性化调整和优化，这一技术在产品展示、场景模拟和艺术创作等领域展现了巨大的应用潜力。

AI 超级个体训练

清影 -AI 生视频

清影 -AI 生视频是一款基于人工智能技术的视频生成工具。它能够根据用户输入的文字描述或关键词，自动生成与之匹配的视频内容，包括文生视频和图生视频两种模式。

文生视频模式基于自然语言处理技术，用户只需输入一段文本描述，系统便能自动生成与之匹配的视频内容。文生视频的优势在于操作简便，能够快速实现文本到视频的转换，适用于新闻简报、教育讲解等场景。文生视频提示词公式如下：

【镜头语言】+【光影】+【主体描述】+【主体运动】+【场景描述】+【情绪/氛围/风格】

图生视频模式以图片为基础，通过 AI 分析图片中的场景、人物、动作等信息，生成与之相关的视频内容。图生视频的特点是具有较高的创意性，适用于广告制作、艺术创作等领域，能够为用户提供丰富的视觉体验。图生视频创作时，尽量选择清晰的图片，并且设计简单明晰的灵感描述提示词。

文生视频的操作步骤如下：

1. 打开智谱清言 AI 应用平台，选择 清影-AI生视频 ，进入视频创作应用平台。
2. 选择“文生视频”，在“灵感描述”中输入视频创作提示词。

提示词：

摄像机拉近，一位老大爷坐在公园的长椅上，手里捧着一杯热茶，他穿着蓝色中山装，头发花白，看起来安详，满足。背景是绿树成荫的公园，阳光通过树叶照射到老大爷脸上。

3. 设置“基础参数”为“速度更快”；进阶参数为“电影感”“温馨和谐”“推进”。
4. 点击“生成视频”等待视频生成完成，如图 4－5 所示。

图生视频的操作步骤如下：

1. 打开智谱清言 AI 应用平台，选择 清影-AI生视频 ，进入视频创作应用平台。
2. 选择“图生视频”，上传一幅图片。这里上传图片“一只可爱的哈士奇在玩要.png”，设计“灵感描述”提示词如下：

提示词：

狗摇摇尾巴，眨眨眼，高兴地跳起。

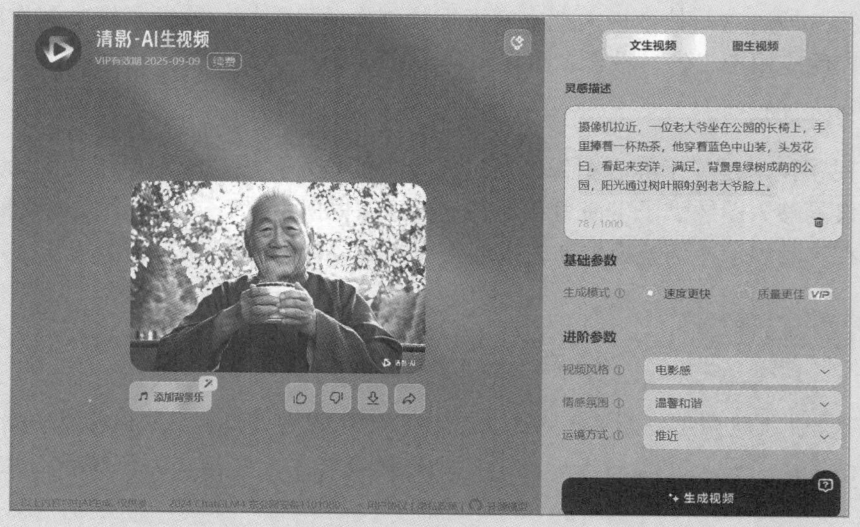

图 4-5　清影 -AI 生视频——文生视频

3. 设置“基础参数”为“速度更快”。

4. 点击“生成视频”，完成图生视频创作，效果如图 4-6 所示。

图 4-6　清影 -AI 生视频——图生视频

三、AIGC 在视频创作中的应用

在策划与创意阶段，AIGC 能为创作者提供灵感和创意建议，缩短构思时间。在拍摄与制作阶段，AIGC 通过智能识别和优化建议，能提升拍摄效率和视频质量。在剪辑与后期制作阶段，AIGC 能进行自动化处理，提高制作效率，为视频创作带来全面赋能。

（一）策划与创意阶段的赋能

在视频创作的初始阶段，策划与创意是至关重要的。AIGC 技术能够通过分析海量的数据和内容，为创作者提供灵感和创意建议。例如，通过分析社交媒体上的热门话题、用户行为以及观看习惯，AIGC 可以帮助创作者洞察观众喜好，从而构思出更具吸引力的视频内容。

此外，AIGC 还能根据创作者设定的主题或关键词，自动生成故事线、角色设定和情节发展等创意提案，极大地缩短了创意构思的时间，并丰富了创意的多样性。

（二）拍摄与制作阶段的赋能

在拍摄和制作阶段，AIGC 技术同样展现出强大的能力。通过深度学习算法，AIGC 可以自动识别场景、人物和动作，为摄影师提供智能拍摄建议，如光线调整、构图优化等。这不仅提升了拍摄效率，还保证了视频画面的质量。

同时，AIGC 技术在特效制作方面也展现出惊人的实力。传统的特效制作需要耗费大量的时间和人力，而 AIGC 技术能够自动生成逼真的视觉特效，如火焰、水流、爆炸等，大大减轻了后期制作的工作。

（三）剪辑与后期制作的赋能

在视频剪辑和后期制作阶段，AIGC 技术的应用同样广泛。通过智能识别技术，AIGC 可以自动剪辑视频素材，快速识别出关键帧和精彩片段，生成粗剪版本供剪辑师参考。这不仅提高了剪辑效率，还能确保视频内容的连贯性和精彩度。

此外，AIGC 还能自动生成字幕、配乐和音效等元素，进一步提升视频制作的自动化水平。通过深度学习和语音识别技术，AIGC 可以准确地将语音转换为文字，并自动添加到视频中。同时，根据视频内容和氛围，AIGC 还能智能推荐适合的配乐和音效，营造出更加贴切的观看体验。

四、AIGC 对视频创作行业的影响

AIGC 技术对视频创作行业产生的深远影响，主要体现在以下几个方面。

（一）提升创作效率与质量

AIGC 技术的应用极大地提升了视频创作的效率和质量。通过自动化和智能化的工作流程，创作者能够更快速地完成视频的策划、拍摄、剪辑和后期制作等环节。同时，AIGC 生成的创意建议和视觉特效等元素也丰富了视频的内容和表现力。

（二）降低创作门槛与成本

AIGC 技术使得视频创作更加平民化。传统的视频制作需要专业的设备和团队支持，而 AIGC 技术的引入降低了这一门槛。现在，即使是非专业的个人或小团队也能借助 AIGC 技术创作出高质量的视频内容。这不仅为创作者带来更多的表达空间和创新机会，还促进了视频内容的多样性和创新性。

（三）改变行业生态与竞争格局

随着 AIGC 技术的普及和应用，视频创作行业的生态和竞争格局也在发生变化。越

来越多的创作者开始尝试利用 AIGC 技术进行创作，这推动了行业的技术革新和模式创新。同时，AIGC 技术也为平台方提供了更多优质内容来源和推荐方式，进一步丰富了用户的观看选择。

五、AIGC 在视频创作中的前景展望

AIGC 技术在视频创作中的前景令人瞩目。随着技术的不断进步，AIGC 将与艺术创作实现深度融合，为创作者带来新颖独特的艺术表现形式。同时，个性化与定制化内容的崛起将极大提升用户体验。跨界合作与创新应用也将进一步拓展 AIGC 的应用场景和市场空间，为视频创作带来无限可能。

（一）技术与艺术的深度融合

未来，随着 AIGC 技术的不断进步和完善，我们有理由相信它将与艺术创作实现更深度的融合。创作者能够借助 AIGC 技术探索出更多新颖、独特的艺术表现形式和风格。同时，AIGC 技术也将成为创作者表达自我、传递情感的重要工具。

（二）个性化与定制化内容的崛起

随着用户对个性化需求的不断增加，AIGC 技术将为视频创作提供更加精准的个性化定制服务。通过分析用户的观看历史、兴趣爱好和行为习惯等数据，AIGC 能够生成更符合用户口味的视频内容推荐和定制服务，极大地提升用户体验和满意度。

（三）跨界合作与创新应用

AIGC 技术的应用不只局限于传统的视频创作领域，它将拓展到更多跨界合作和创新应用中。例如，在游戏、教育、广告等领域，AIGC 技术都能发挥重要作用。通过与不同行业的合作与创新应用，AIGC 技术将进一步拓展其应用场景和市场空间。

总之，AIGC 技术为视频创作带来了前所未有的变革和创新机会。从策划到制作再到后期处理，AIGC 技术的应用正在不断拓展和深化。它不仅提高了视频创作的效率和质量，还降低了创作门槛和成本，促进了行业的创新与发展。展望未来，我们有理由相信 AIGC 技术将在视频创作领域发挥更加重要的作用，为用户带来更加丰富多彩的视觉盛宴。

AI 超级个体训练

AI 智能生成动画视频

扫码看视频

万彩动画大师智能生成动画视频

动画视频设计制作是视频领域一个重要分支，重点用于产品演示、教学培训、场景介绍等方面。其中万彩动画大师是一款功能强大且操作简单的动画制作工具，它提供了丰富的模板库、素材库、音乐库和元件库，以及导入 PPT 设计和智能成片等功能，帮助用户快速上手制作创意动画作品。万彩动画大师的 AI 智能成片功能能够根据用户输入的关键词自动编写视频脚本，并根据设定的场景智能生成动画内容，大大降低了制作动画的难度。

1. 准备阶段

（1）下载并安装万彩动画大师：用户可以从万彩动画大师的官方网站下载并安装万彩动画大师软件。

（2）打开软件并创建新项目：启动万彩动画大师后，用户可以选择“新建空白项目”开始创作，或者利用软件的智能功能快速生成动画视频。

2. 使用 AI 智能生成功能

万彩动画大师接入 AI 智能技术，推出“AI 智能成片”功能，该功能可以大大简化动画视频的制作流程。以下是具体步骤：

（1）选择 AI 智能成片功能：在软件的首页或主菜单中，找到并点击“AI 智能成片”或类似的选项。

（2）输入视频主题或文案：在弹出的输入框中，输入希望制作的动画视频的主题或相关文案内容。这一步是 AI 生成动画脚本的基础。

（3）智能生成脚本内容：系统将根据输入的主题或文案，自动生成相应的动画脚本内容。用户可以在脚本内容框中查看并编辑这些内容，以满足个性化需求。

（4）选择模板和样式：万彩动画大师提供多种视频模板和样式供用户选择。用户可以根据视频主题和风格需求，在模板选择区域挑选合适的模板。这些模板涵盖文字动画、数字人口播等多种类型，适用于不同领域和场景。

（5）自定义场景和角色：用户还可以自定义场景风格、动画角色等内容。万彩动画大师内置了丰富的场景库和角色库，用户可以根据需要添加和调整这些元素。

（6）调整配音和音效：软件提供了多种配音角色和语言选择，用户可以根据视频主题和风格需求进行匹配。同时，用户还可以调整语速、音量等参数以获得最佳效果。

3. 生成和发布动画视频

（1）生成动画工程：在完成以上步骤后，点击“生成工程”按钮开始生成动画视频。此时，系统会根据用户的选择和设置自动完成动画视频的制作过程。

（2）预览和修改：生成动画视频后，用户可以在软件中进行预览以检查视频效果。如果需要进行修改或调整，可以按照已经学习的操作方法对文本字体、角色素材、排版样式等内容进行二次编辑。

（3）发布和分享：当动画视频制作完成后，用户可以点击“保存并发布”按钮输出视频文件。万彩动画大师支持多种视频格式（如 mp4、mov、wmv 等），方便用户在不同平台上分享和使用。

通过以上步骤，用户可以轻松使用万彩动画大师智能生成高质量的动画视频作品。

AIGC 赋能诗歌、对联、短文及音乐创作

一、实训背景

传统的诗歌、对联和短文创作往往依赖于作者的个人阅历、文化素养和灵感迸发。然而，随着 AIGC 技术的兴起，机器学习和自然语言处理技术使得计算机能够模拟人类创作过程，生成富有艺术性和创意性的文本内容。AIGC 通过分析大量的文学作品，学习其语言风格、韵律规则和叙事结构，进而能够创作出风格各异的诗歌、工整精妙的对联以及富有故事情节的短文。

这一技术的出现，不仅让文学创作变得更加高效和多样，还为创作者们提供了新的灵感来源。AIGC 不是替代人类创作，而是成为创作者的有力助手，帮助他们突破创作的瓶颈，探索更多的可能性。同时，AIGC 也降低了文学创作的门槛，让更多人能够体验到创作的乐趣，进一步推动了文学艺术的普及和发展。

在这个背景下，AIGC 技术正逐步成为文学创作领域的一股新势力，它以其独特的魅力和无限的可能性，正引领着文学创作走向一个新的时代。

另外，AIGC 可以赋能音乐创作，生成原创音乐，包括旋律、和声和节奏，为音乐家提供新的灵感来源，并帮助他们探索新的音乐风格。AIGC 为音乐家和创作者提供了新的工具和可能性，极大地丰富了音乐创作的手段和范围。

二、实训环境

1. PC 台式电脑，安装 Windows 10 及以上版本操作系统，连接互联网。安装浏览器（推荐 360AI 浏览器）。

2. 手机安装天工 AI 等 AI 大语言模型应用。

三、实训内容

1. AIGC 赋能诗歌创作。

2. AIGC 秒对对联。

3. AIGC 赋能短文写作。

4. AIGC 赋能音乐创作。

四、实训准备

1. 在 PC 电脑浏览器分别打开智谱清言、文心一言等 AIGC 对话工具。

2. 手机端安装天工 AI 应用，并完成注册登录。

五、实训指导

（一）AIGC 赋能诗歌创作

1. 打开智谱清言网页端或者使用手机打开智谱清言 App。

2. AIGC 赋能诗词创作。

（1）使用智谱清言创作一首描绘东湖春天夕阳落山的景象的诗。

提示词：

你是诗歌创作专家，模仿李白诗歌的风格，创作一篇七言绝句描述东湖春天夕阳落山的景象。

点击“发送”按钮，智谱清言输出如图 4－7 所示。

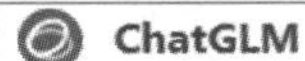
ChatGLM

东湖春日夕阳图

东湖春色映夕阳，碧水波光翠满塘。

柳絮飘飞莺语巧，山色远含青欲放。

渔舟唱晚归何处，花影婆娑舞轻扬。

谁家燕子穿云去，留得诗心醉梦乡。

图 4－7 智谱清言智能作诗

（2）使用智谱清言创作一首描绘改革开放以来我国取得巨大成就的词。

提示词：

你是诗词创作专家，请以宋词《满江红》的格式创作一首词，描绘我国改革开放以来所取得的成就。

点击“发送”按钮，智谱清言输出如图 4－8 所示。

ChatGLM

满江红·改革开放

万里雄风，改革潮、激荡岁月。四十载、辉煌历程，共筑梦想。珠水之畔启航程，南粤春潮涌动脉。凭栏处、挥斥方遒，中流击楫。

破浪前，奋进路，换了人间。翻山越岭、闯关夺隘，众志成城。开放包容融天下，创新驱动书华章。看今朝、盛世辉煌，满江红。

图 4－8 智谱清言智能作词

（二）AIGC 赋能对联创作

给出上联：家事国事天下事事事有奔头。要求对下联。演示使用文心一言。

提示词：

你是一位对联专家，我给出上联，请你对下联。要求上下联字数相同，对仗工整。我的上联是：家事国事天下事事事有奔头。请对下联。

点击“发送”按钮后，发现输出的字数不对，要求重新对。

提示词：

上下联字数不一样，请重新对。

再次点击“发送”按钮，文心一言输出如图 4－9 所示。

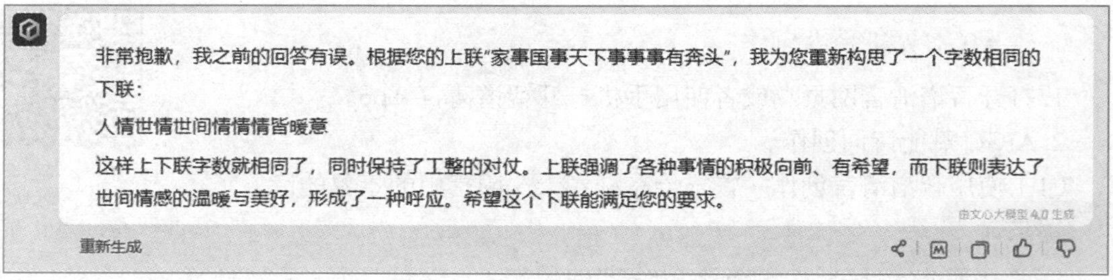

非常抱歉，我之前的回答有误。根据您的上联“家事国事天下事事事有奔头”，我为您重新构思了一个字数相同的下联：

人情世情世间情情情皆暖意

这样上下联字数就相同了，同时保持了工整的对仗。上联强调了各种事情的积极向前、有希望，而下联则表达了世间情感的温暖与美好，形成了一种呼应。希望这个下联能满足您的要求。

由文心大模型 4.0 生成

重新生成

图 4－9 文心一言智能对对联

（三）AIGC 赋能短文创作

1. 根据 1986 年高考作文题目的要求写一篇作文范文。

在 PC 电脑打开 Kimi 网页端。

提示词 1：

请描述 1986 年高考作文题目的具体要求。

点击“发送”按钮，Kimi 输出如图 4－10 所示。

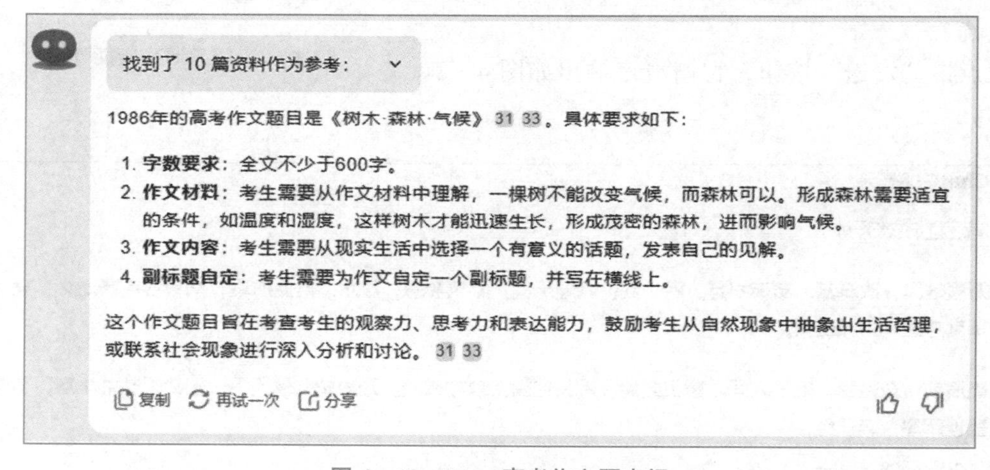

图 4－10 Kimi 高考作文题查阅

提示词 2：

你现在是一名资深的高中语文老师，请按照上面 1986 年高考作文题目的具体要求写一篇范文，全文不少于 600 字。

点击“发送”按钮，Kimi 输出如图 4－11 所示。

2. 撰写一篇直播带货口播文案，销售嘟嘟保温杯。保温杯有容量大、保温性能好、便携和时尚等特点。

提示词：

你是一名带货博主，你需要根据我提供的商品撰写一段直播带货口播文案，需要突出商品的亮点，激发观众的购买欲望，下面是商品的信息：【商品名称：嘟嘟保温杯。商品亮点：容量大，保温性能好，便携，时尚。】

题目：《树木·森林·气候》——从一棵小树苗看社会的发展

副标题：小树苗与大森林的启示

在广袤的原野上，一棵小树苗孤独地站立着，它纤细的身躯在微风中摇曳，似乎随时都可能被狂风连根拔起。然而，正是这棵看似弱不禁风的小树苗，却蕴含着改变环境的巨大潜力。正如1986年高考作文题目所言，一棵树不能改变气候，但当无数棵小树苗汇聚成森林时，它们便能共同创造出一个全新的气候环境。

这棵小树苗，就像我们每个人，单独存在时似乎微不足道，但当我们汇聚在一起，形成社会这个大森林时，我们的力量便变得无穷无尽。社会的发展，正是由无数个体的努力汇聚而成。每个人的成长和发展，都是社会进步的基石。

从一棵小树苗到参天大树，需要时间的积累和适宜的环境。社会的发展同样需要时间的沉淀和良好的社会环境。改革开放以来，中国社会经历了翻天覆地的变化，正是得益于良好的政策环境和人民的共同努力。正如小树苗需要阳光、水分和土壤一样，社会的发展也需要自由、平等和公正的社会环境。

小树苗在成长过程中会遇到各种挑战，如病虫害、干旱等。社会在发展过程中也会面临各种问题，如环境污染、资源短缺等。面对这些挑战，我们需要像呵护小树苗一样，采取有效措施，保护我们的社会环境。这需要我们每个人的参与和努力，正如小树苗需要园丁的精心照料一样。

当小树苗成长为森林，它们不仅能改善气候，还能为动植物提供栖息地，维持生态平衡。同样，一个成熟的社会，不仅能为人民提供更好的生活条件，还能促进文化、科技等各方面的发展，推动人类文明的进步。

然而，森林的形成并非一蹴而就，它需要经过漫长的过程。社会的发展同样需要耐心和毅力。我们不能期望一夜之间就能实现所有的目标，而应该脚踏实，一步一个脚印地前进。正如小树苗需要经历四季的更替，才能逐渐成长，社会也需要经历各种考验，才能变得更加强大。

总之，从一棵小树苗到一片森林，再到一个成熟的社会，都需要时间、环境和努力。我们每个人都是这个社会的一分子，我们的成长和发展对社会至关重要。让我们像呵护小树苗一样，呵护我们的社会，让它在和谐、健康的环境中茁壮成长，最终形成一片繁荣昌盛的大森林。

（全文约650字）

复制　再试一次　分享

图 4－11　**Kimi** 高考作文范例写作

点击“发送”按钮，Kimi 输出如图 4－12 所示。

（四）AIGC 赋能音乐创作

扫码看视频

AIGC（手机天工 AI）赋能音乐创作

1. 在手机上打开天工 AI 应用，选择“音乐”，如图 4－13（a）所示。

2. 点击“开始写歌”按钮，进入创作歌曲页面。请输入歌名，这里输入“黄鹤楼颂”。可以自己输入已经写好的歌词，也可以 AI 智能生成。选择“AI 写整首”，天工 AI 将自动生成歌词，如图 4－13（b）所示。针对生成的歌词可以按照需要进行修改，也可以选择歌曲参考风格。

3. 点击手机底部“生成歌曲”按钮，进入创作歌曲页面开始生产音乐，大约 1 分钟完成音乐创作，生成后可进行试听，如图 4－13（c）所示。

各位亲爱的朋友，大家好！今天我要给大家带来一款超级实用又时尚的宝贝——嘟嘟保温杯！

首先，让我们来看看这款保温杯的容量，它可真是大得惊人！无论是办公室里的工作狂人，还是户外运动的爱好者，嘟嘟保温杯都能满足你全天的饮水需求，让你随时随地都能享受到温暖或清凉的饮品。

而且，说到保温性能，嘟嘟保温杯可是有着超长待机的本领哦！无论是炎炎夏日还是寒冷冬日，它都能保持饮品的最佳温度，让你的每一口水都恰到好处，暖到心底，凉到心田。

接下来，我要说的是它的便携性。嘟嘟保温杯轻巧的设计，让你可以轻松地放入包包或背包，无论是上班路上，还是旅行途中，都能随时为你提供贴心的陪伴。

最后，让我们来谈谈它的时尚外观。嘟嘟保温杯拥有多种颜色和图案供你选择，无论你是喜欢简约风，还是喜欢个性张扬，总有一款能够满足你的审美需求，让你在享受美味的同时，也能展现出自己的时尚品位。

现在下单，还有限时优惠哦！快来抢购吧，让你的生活更加精彩，让你的每一天都充满活力！嘟嘟保温杯，你值得拥有！

点击下方链接，或扫描屏幕上的二维码，嘟嘟保温杯，等你来带回家！

【直播带货口播文案结束】

复制　再试一次　分享

图 4－12　Kimi 赋能电商口播文案创作

(a)

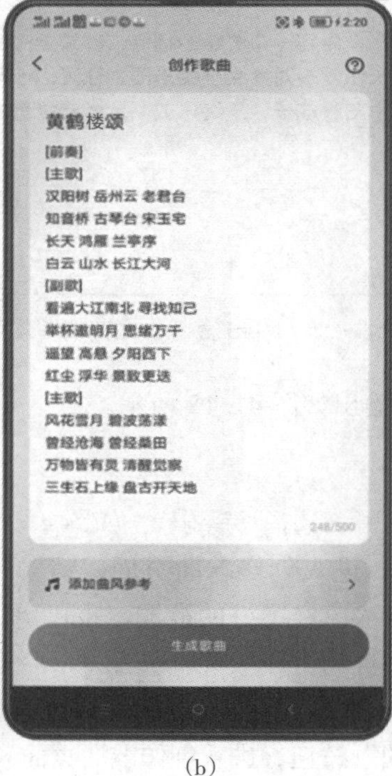

(b)

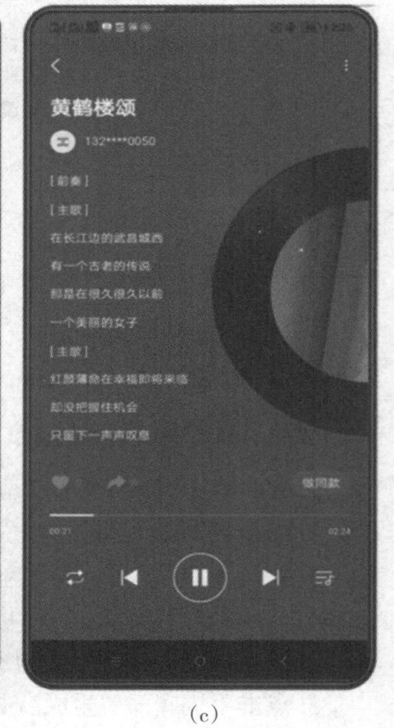

(c)

图 4－13　使用手机天工 AI 创作音乐

六、实训拓展

1. 设计提示词，使用文心一言、腾讯元宝、智谱清言等 AI 工具实现对对联、成语接龙和绕口令创作。

2. 设计提示词，运用 Kimi 创作一首现代诗，描绘我国改革开放以来取得的巨大成就。

3. 运用手机天工 AI，模仿《长江之歌》创作一首歌曲，歌颂长城。

实训项目二 AIGC 赋能图形图像创作

一、实训背景

随着人工智能技术的飞速发展，AIGC 逐步渗透到图形图像创作的各个领域，为设计师、艺术家和创意工作者们带来了前所未有的便利和可能性。随着数字媒体和社交平台的普及，图形图像内容的需求日益增长。无论是广告设计、游戏开发还是影视制作，都需要大量的高质量图形图像素材。AIGC 的出现，能够大大提高这些内容的生产效率和质量，满足市场对高质量图形图像素材的迫切需求。

其中 AI 智能抠图技术，基于深度学习和计算机视觉的发展，已经能够实现对图像中特定区域的自动识别和提取。这种技术克服了传统抠图方法中对复杂背景和不规则形状处理的困难，大大提高了抠图的效率和准确性。AI 快速生成图片技术利用深度学习算法和生成对抗网络，可以根据用户的输入和需求快速生成高质量的图像。

二、实训环境

1. PC 台式电脑，安装 Windows 10 及以上版本操作系统，连接互联网。安装浏览器（推荐 360AI 浏览器）。

2. 使用腾讯智影、文心一言和阿里通义万相等 AI 工具。

三、实训内容

1. 使用腾讯智影进行 AI 智能抠图。

2. 使用文心一言快速生成图片。

3. 使用通义万相进行艺术图像创作。

四、实训准备

1. 在 PC 电脑浏览器中分别打开腾讯智影、文心一言和通义万相等 AI 工具。

2. 注册并登录上述 AI 工具。

五、实训指导

（一）使用腾讯智影进行 AI 智能抠图

1. 打开腾讯智影网页端应用，选择“开始体验”进入主界面，如图 4－14 所示，在“智能小工具”栏中选择“智能抠像”。

图 4－14　腾讯智影首页

2. 点击“本地上传”，上传需要抠除背景的图片，这里上传“实训项目八照片 .jpg”。背景区域开始闪动，进行抠除背景计算，30 秒左右完成抠图，如图 4－15 所示。

图 4－15　腾讯智影智能抠图

3. 点击界面右下方的“下载高清图片”，修改文件名和路径后，点击“下载”以便后续使用。

（二）使用文心一言快速生成图像

1. 打开文心一言网页端应用。

2. 使用文心一言快速生成图像。比如绘制一只在沙滩上的狗。

提示词：

请绘一幅画：一只哈士奇在海边沙滩上跳起来顶小球。

AI 将绘制四幅图像，供选择。也可以选择“重新生成”进行重新绘制，文心一言输出如图 4－16 所示。

图 4－16　文心一言文生图

3. 使用文心一言进行诗歌赏析并配图。比如赏析《题西林壁》并配图。

提示词：

请赏析苏轼《题西林壁》，并按照这首诗的意境配图。

文心一言输出如图 4－17 所示。

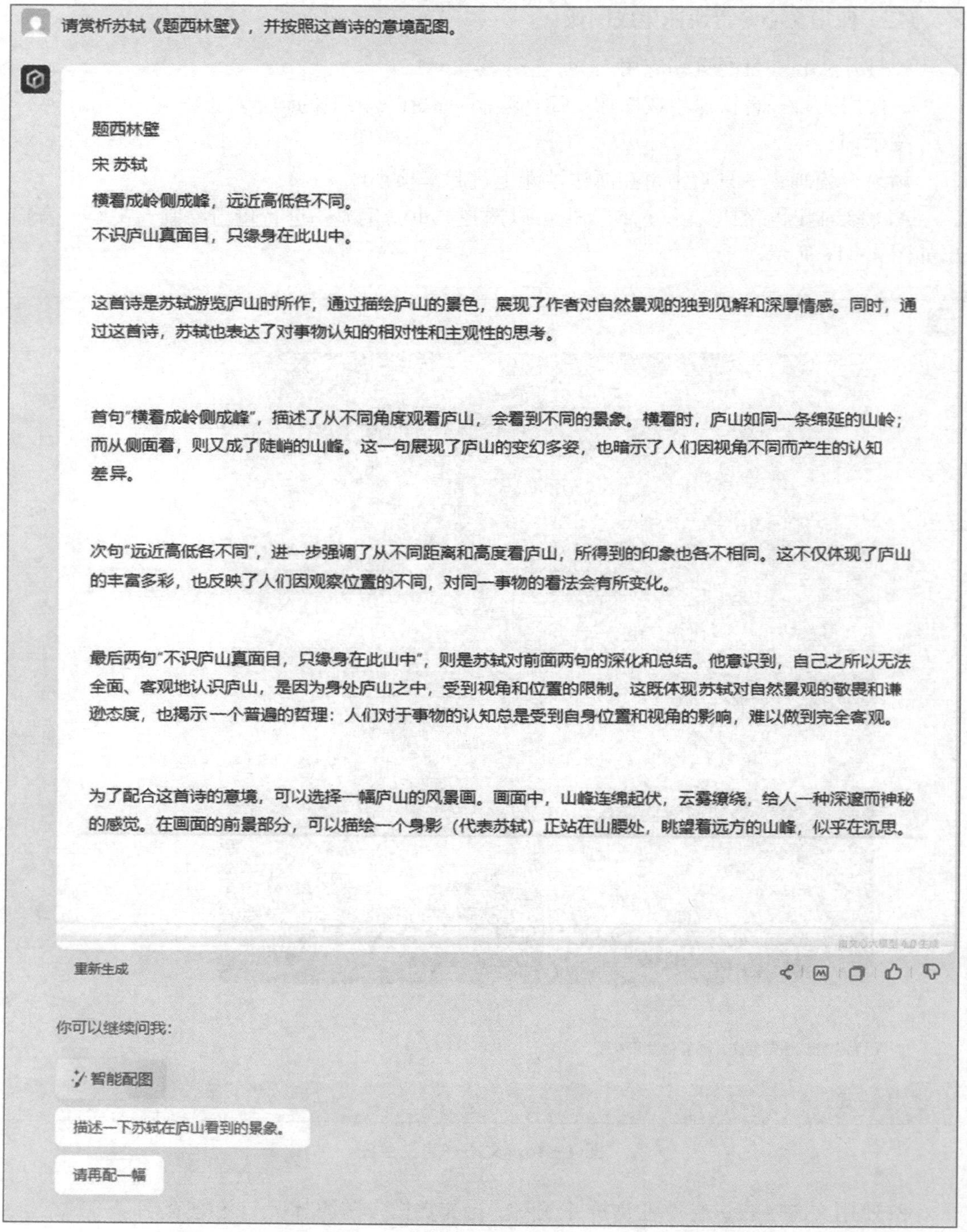

请赏析苏轼《题西林壁》，并按照这首诗的意境配图。

题西林壁

宋 苏轼

横看成岭侧成峰，远近高低各不同。
不识庐山真面目，只缘身在此山中。

这首诗是苏轼游览庐山时所作，通过描绘庐山的景色，展现了作者对自然景观的独到见解和深厚情感。同时，通过这首诗，苏轼也表达了对事物认知的相对性和主观性的思考。

首句"横看成岭侧成峰"，描述了从不同角度观看庐山，会看到不同的景象。横看时，庐山如同一条绵延的山岭；而从侧面看，则又成了陡峭的山峰。这一句展现了庐山的变幻多姿，也暗示了人们因视角不同而产生的认知差异。

次句"远近高低各不同"，进一步强调了从不同距离和高度看庐山，所得到的印象也各不相同。这不仅体现了庐山的丰富多彩，也反映了人们因观察位置的不同，对同一事物的看法会有所变化。

最后两句"不识庐山真面目，只缘身在此山中"，则是苏轼对前面两句的深化和总结。他意识到，自己之所以无法全面、客观地认识庐山，是因为身处庐山之中，受到视角和位置的限制。这既体现苏轼对自然景观的敬畏和谦逊态度，也揭示一个普遍的哲理：人们对于事物的认知总是受到自身位置和视角的影响，难以做到完全客观。

为了配合这首诗的意境，可以选择一幅庐山的风景画。画面中，山峰连绵起伏，云雾缭绕，给人一种深邃而神秘的感觉。在画面的前景部分，可以描绘一个身影（代表苏轼）正站在山腰处，眺望着远方的山峰，似乎在沉思。

重新生成

你可以继续问我：

智能配图

描述一下苏轼在庐山看到的景象。

请再配一幅

图 4－17　文心一言诗歌赏析

点击“智能配图”按钮，将进行智能配图，文心一言输出如图 4－18 所示。

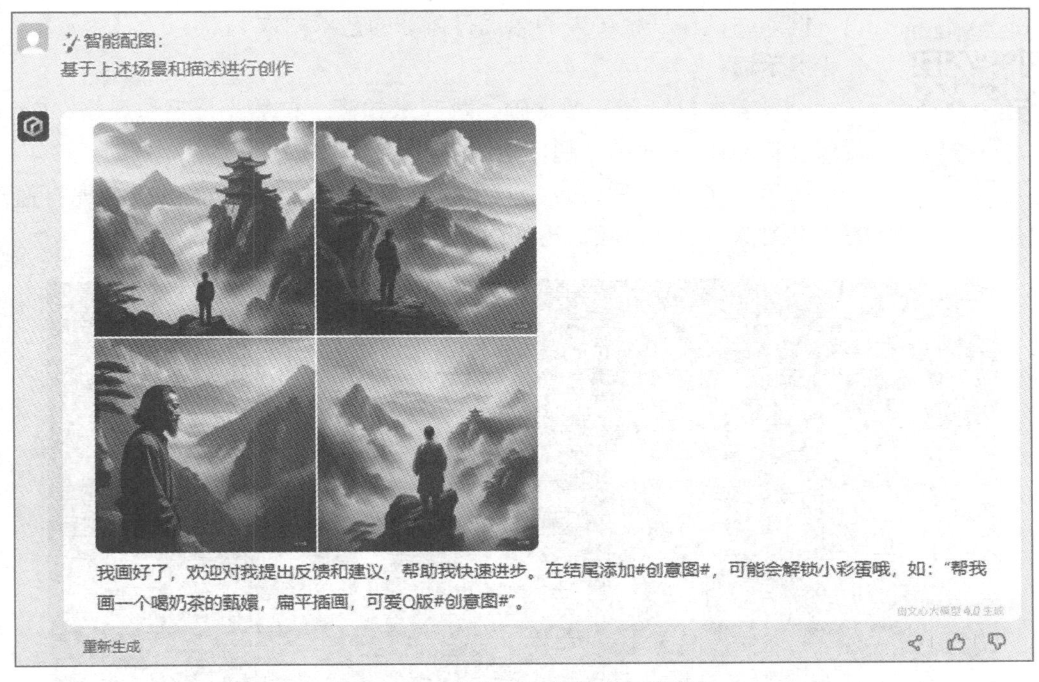

图 4－18　文心一言为诗歌智能配图

（三）使用通义万相进行艺术图像创作

1. 打开通义万相网页端应用，进入创意作画界面，并按照提示进入图形创作页面，如图 4－19 所示。

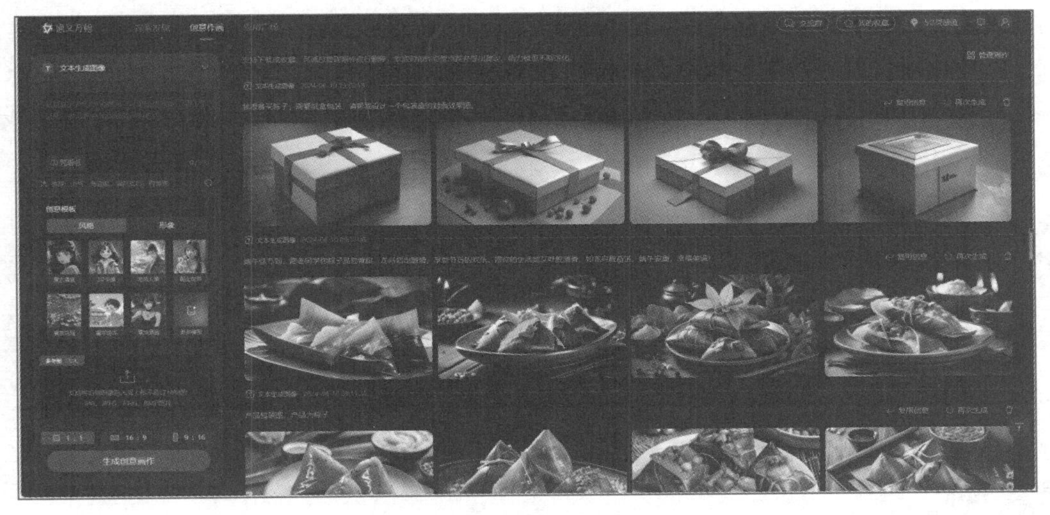

图 4－19　通义万相创意作画界面

2. 可以输入提示词实现文本生成图像，在生成前可以选择模板、参考图和比例。使用"咒语书"可以将多种风格、细节和效果添加到提示词中，完成不同效果的艺术图像的创作。

AIGC 赋能图形图像创作

例如，创作一幅可爱的老虎打篮球的艺术图像。

提示词：

一只老虎打篮球，像素画，跳起来扣篮，自然光，毛毡风格，C4D，柔和色彩，3D 平面图，超广角镜头。

选择“16∶9”后，点击“生成创意画作”，将智能生成老虎打篮球的艺术图像。通义万相输出如图 4－20 所示。

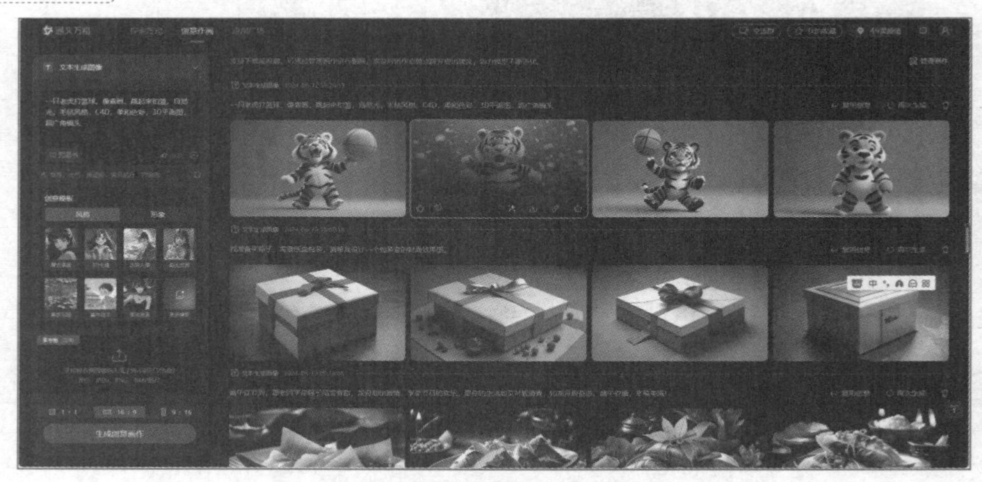

图 4－20　通义万相智能文生图

六、实训拓展

1. 设计提示词，使用腾讯元宝、360 智绘、讯飞星火等 AI 工具绘制一幅《琵琶行》场景画面。

2. 使用通义万相绘制一幅图画，描绘西湖落日景象。

3. 自己确定主题，使用文心一言、360 智绘、通义万相等 AI 绘图工具进行图像创作实践。

实训项目三 使用度加创作工具和剪映进行智能化短视频创作

一、实训背景

AIGC 技术在短视频创作领域展现出了强大的赋能效应，从创意策划到制作效率提升，再到内容生成的自动化和观众反馈的实时调整，都为创作者提供了前所未有的支持和便利。在短视频创作领域，AIGC 技术的赋能效应日益显现，为创作者带来了前所未有的便利和创新空间。

（一）创意策划的助力

AIGC 技术通过学习大量内容，能够提供智能化的创作建议，帮助创作者拓展思路，更好地表达创意。针对热点话题进行受众分析，促进更具吸引力的内容创作。

（二）制作效率的提升

AIGC 技术在短视频制作过程中可以显著提高效率，如通过深度学习算法识别和理解不同类型的角色特征，生成虚拟角色等。智能摄影技术可以通过分析场景和光线条件来优化拍摄效果。

（三）内容生成的自动化

AIGC 能够快速生成剧本草稿、角色对话和情节概要，极大地提高了创作效率。对于网络文学和微短剧的融合发展，AIGC 开创了“内容生产自动化”新模式，提供了诸如灵感提供、细节补充等功能。

（四）角色对话与互动的创新

凭借大语言模型，AIGC 可以辅助创作者在角色对话和互动方面进行创新，生成自然流畅且符合角色特性的对话脚本。AIGC 能够在多角色互动中提供创意的对话线索和冲突点。

（五）观众反馈的实时调整

AIGC 技术可以实时分析观众的反馈数据，帮助创作者及时调整内容策略。通过对观众评论、点赞和分享等数据的分析，AIGC 技术能够提供精准的反馈信息，指导创作者优化内容，提高观众的参与度和满意度。

二、实训环境

1. PC 台式电脑，安装 Windows 10 及以上版本操作系统，连接互联网。安装浏览器（推荐 360AI 浏览器）。

2. 安装剪映视频创作工具。

三、实训内容

1. 确定短视频主题，使用豆包生成短视频文案。

2. 使用度加创作工具润色文案，智能生成短视频并进行编辑。

3. 使用剪映视频创作工具智能生成短视频。

四、实训准备

1. 在 PC 电脑浏览器中分别打开豆包或者其他 AIGC 对话工具。

2. 在 PC 电脑端安装剪映视频创作工具。

扫码看视频

使用豆包及度加创作工具自动生成短视频

五、实训指导

（一）确定短视频主题，使用豆包生成短视频文案

1. 打开豆包网页端应用。

2. 准备好表格内容和提示词，然后复制到提示文本框中。本次演示操作是介绍湖北省的旅游景点。

提示词：

请你现在扮演短视频文案专家，帮忙撰写一篇爆款短视频文案，文案内容介绍湖北 5 个著名旅游景点，让读者看后就有到湖北旅游的冲动，字数在 500 字左右。其中一个景点是武汉东湖风景区。请以爆款短视频文案的格式输出。

豆包输出如图 4－21 所示。

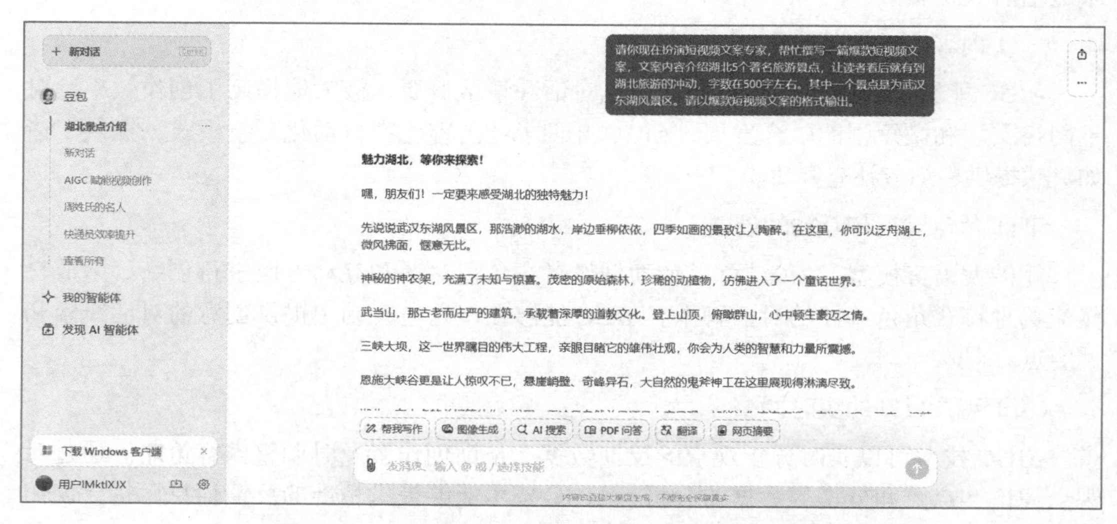

图 4－21　豆包智能生成湖北旅游景点介绍短视频文案

（二）使用度加创作工具润色文案，智能生成短视频，并进行编辑

1. 复制上面豆包生成的文案。使用浏览器打开度加创作工具（https://aigc.baidu.com/），使用百度账号登录，注意点击右上角的“我的积分”签到领取积分，如图 4－22 所示。

图 4－22　度加创作工具“立即 AI 成片”页面

2. 点击“立即 AI 成片”按钮，进入 AI 视频创作页面，将前一步复制的文案粘贴到文本框中，根据需要可以点击“AI 润色”润色文案，如图 4-23 所示。

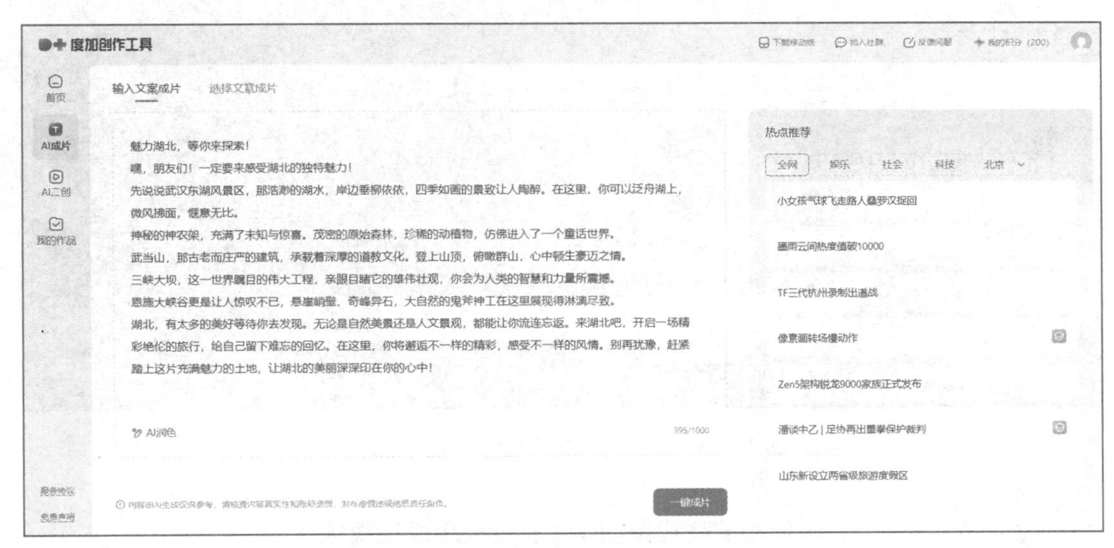

图 4-23　度加创作工具文案润色页面

3. 点击“一键成片”按钮，进行智能短视频创作。创作完成后可以观看生成的短视频，可以进行编辑，修改字幕、修改素材、选择模板、选择朗读音和修改背景音乐，也可以使用自己拍摄的视频素材替换已有素材，如图 4-24 所示。

图 4-24　度加创作工具短视频编辑、修改、预览、发布页面

4. 点击“发布视频”按钮，然后选择“生成视频”，视频生成完成后，在 AI 成片的“待发布”栏可以选择预览和下载视频文件，也可以选择发布视频到“百家号”，如图 4-25 所示。

图 4－25　度加创作工具短视频预览与发布

扫码看视频

使用剪映智能生成短视频

（三）使用剪映视频创作工具智能生成短视频

1. 下载安装剪映专业版软件。在浏览器打开网址：https://www.capcut.cn/，点击“立即下载”下载安装剪映专业版。

2. 打开剪映专业版软件，手机使用抖音扫码登录剪映，如图 4－26 所示。

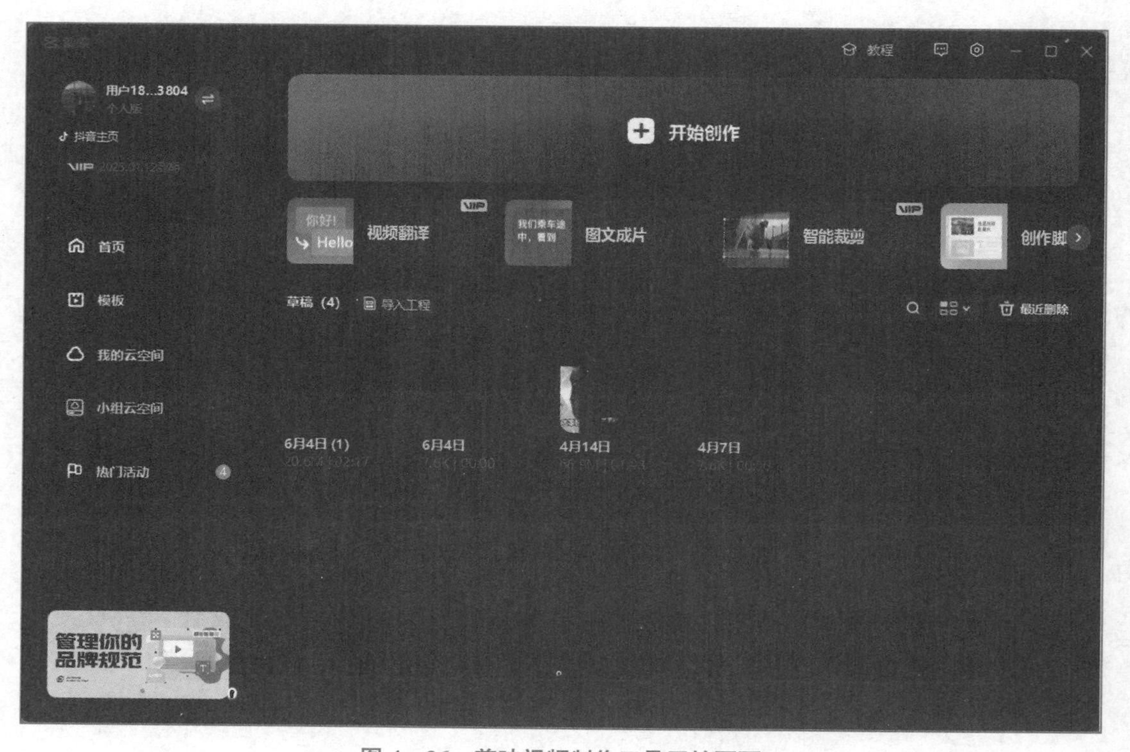

图 4－26　剪映视频制作工具开始页面

3. 点击“图文成片”，进入 AI 视频创作界面。输入主题“AIGC 介绍”。输入话题“历史、发展、现状、趋势”。再选择视频时长，选择“1–3 分钟”，接着点击“生成文案”按钮生成短视频文案。一般生成 3 篇文案供选择，也可以根据需要修改文案。文案确定后，选择配音角色，这里选择的是“新闻男事”，如图 4－27 所示。然后点击“生成视频”按钮并选择“智能匹配素材”开始视频创作。

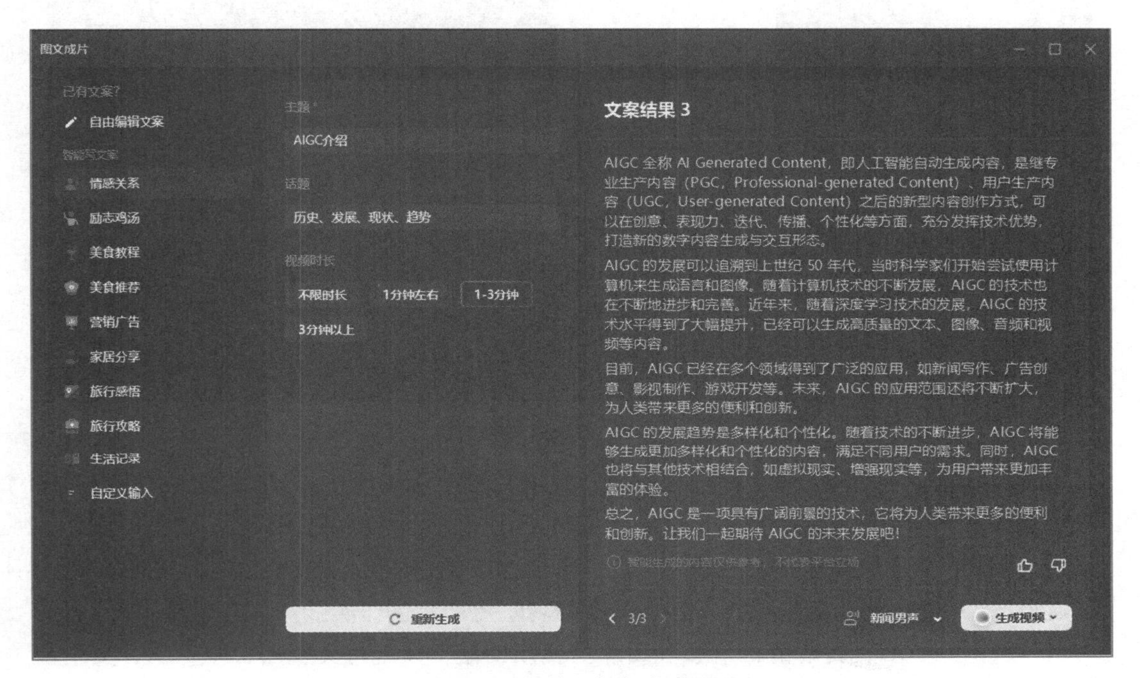

图 4－27　智能短视频生成页面

4. 生成的视频自动加载可以进行浏览和编辑，如图 4－28 所示。

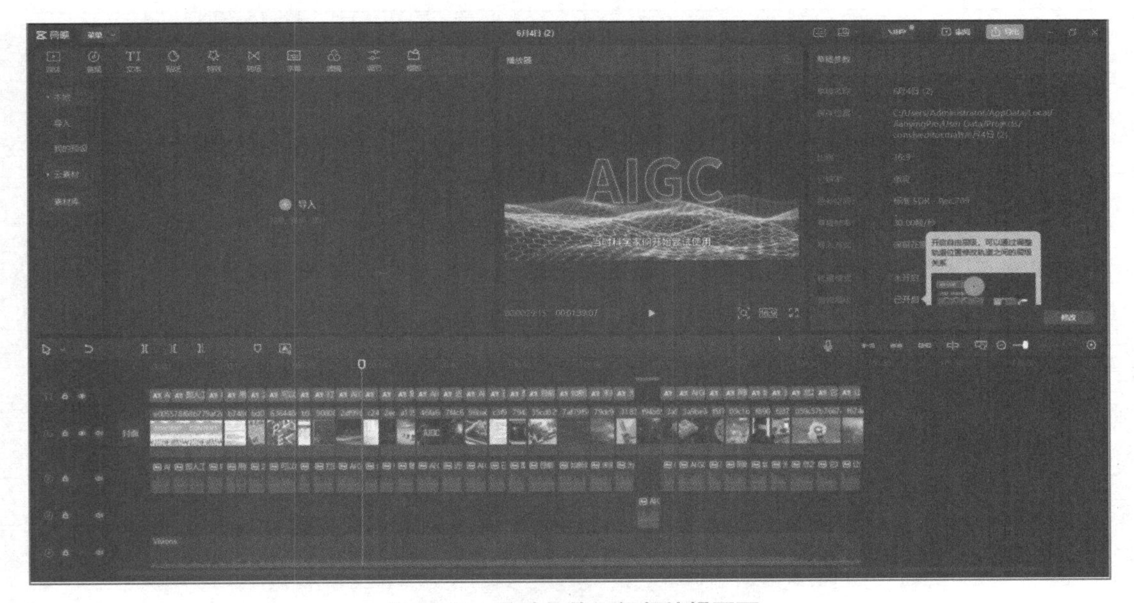

图 4－28　剪映智能短视频编辑页面

5. 编辑完成后点击剪映右上角的“导出”按钮导出视频，如图 4－29 所示。

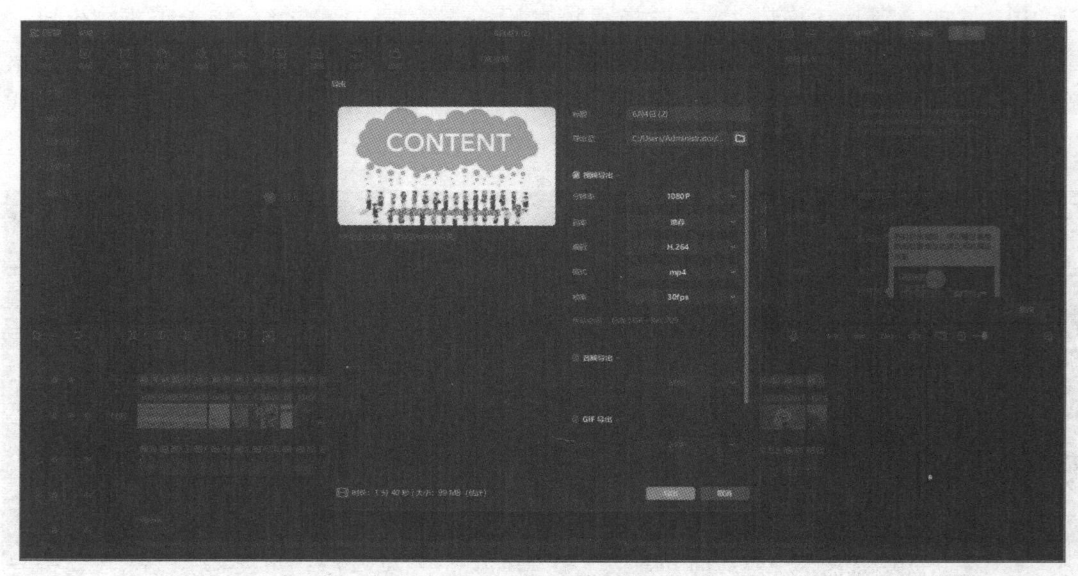

图 4－29　剪映短视频导出

六、实训拓展

1. 设计一个万能提示词，运用文心一言＋度加创作工具，实现我国各地名吃介绍的视频创作，并进行湖北名吃、西安名吃、新疆名吃短视频创作实践。

2. 使用可灵 AI、智谱清言清影等图片及视频创作工具进行文生图、图生图、文生视频及图生视频创作实践。

思考与练习

1. 考虑到 AIGC 技术能够模仿人类创作风格并生成文学作品，你认为这将如何影响作家的传统创作过程和文学作品的版权问题？

2. AIGC 技术提供了个性化定制文学作品的可能性，但如何确保这种定制既能满足读者的个性化需求，又能保持作品的艺术性和原创性？

3. 生成对抗网络（GANs）在绘画艺术中的应用能够创造出接近甚至超越人类创作的艺术作品。你认为这种技术将如何改变艺术家的角色和艺术市场的未来？

4. AIGC 技术在音乐创作中可以提供个性化的音乐推荐服务。思考：这种技术如何影响音乐产业的商业模式，尤其是在音乐发行和推广方面？

5. AIGC 技术在视频创作中的应用正在改变行业的生态和竞争格局。你认为 AIGC 技术将如何影响未来视频内容的创作和消费方式？

6. 随着 AIGC 技术的发展，它在艺术创作中的应用引发了诸多伦理和法律问题。请思考我们应该如何制定相应的法律法规来保护艺术家的权益，同时促进技术的健康发展？

模块五

AIGC 赋能生活休闲

学习目标

素质目标

1. 提高对用户体验的关注，学习如何通过 AIGC 技术提供个性化服务。
2. 增强对用户数据安全和隐私保护的认识，理解在技术应用中保护用户隐私的重要性。
3. 认识到技术进步对社会的影响，培养使用 AIGC 技术的社会责任感。

知识目标

1. 掌握 AIGC 技术的核心原理，包括机器学习、深度学习等技术的应用。
2. 了解 AIGC 技术在智能家居中的应用，包括个性化场景设定、交互式语音助手、内容创作与娱乐、安全监控与预警。
3. 学习 AIGC 技术在个人健康管理和智能穿戴设备中的应用，包括个性化健康报告生成、智能预警系统、个性化运动与饮食计划等。
4. 熟悉 AIGC 在日常生活提醒和智能规划中的应用，包括日程管理、健康提醒、家务助手、旅行规划等。

能力目标

1. 能够运用大数据技术对用户行为进行分析，提取有用信息。
2. 掌握机器学习技术，从历史数据中发现规律性行为模式，并进行预测。
3. 能够使用 AIGC 算法生成符合用户特性的提醒和规划内容。
4. 具备根据用户反馈进行系统优化的能力，以适应用户需求的变化。

在科技飞速发展的今天，智能家居、健康管理、日常生活规划及旅游出行等领域正经历着前所未有的变革。通过 AIGC 技术的应用，我们不仅享受着智能化带来的便捷与高效，更在无形中培养了科学、创新、人性化的生活理念，体现了科技与人文的和谐共生，共同迈向更加智慧、美好的生活未来。

单元一

智能家居中的 AIGC 技术应用

智能家居作为现代科技与日常生活的深度融合领域，正经历着由人工智能驱动的革命性转变，而 AIGC 技术正是这场变革的关键推手之一。AIGC 凭借其在内容创造、个性化服务、交互体验等方面的独特优势，正逐步渗透至智能家居的各个层面，为用户提供更加智能、便捷、个性化的居住体验。

一、AIGC 技术原理及其在智能家居中的角色

AIGC 的核心在于利用机器学习、深度学习等先进技术，通过大量数据训练模型，使系统具备生成多样化内容的能力，这些内容可以是文字、图像、语音、视频等形式。在智能家居环境中，AIGC 技术主要通过以下几种方式发挥作用。

（一）个性化场景设定

通过分析用户的日常习惯、偏好和情绪状态，AIGC 能够自动生成适合每个家庭成员的个性化场景设置。比如，系统可以依据用户的生物钟和天气情况，自动调整室内照明、温度和音乐播放，营造最舒适的居家氛围。

（二）交互式语音助手

结合自然语言处理技术，AIGC 使智能音箱和家庭助手能够更自然、流畅地与用户对话，甚至根据对话的上下文生成针对性的建议和回答。例如，当用户询问“今天的天气如何?”时，系统不仅能提供天气信息，还能进一步推荐适合当天气候的户外活动或饮食建议。

（三）内容创作与娱乐

AIGC 技术可以为家庭成员生成定制化的娱乐内容，如根据家庭成员的兴趣偏好生成个性化音乐播放列表、故事讲述或视频剪辑。此外，它还能在家庭聚会时，实时生成家庭成员的趣味合照或视频短片，增加互动乐趣。

（四）安全监控与预警

通过图像识别和视频分析，AIGC 技术能够自动检测家中异常情况，如入侵者、火灾风险或老人跌倒等，并即时生成警报通知和应对措施建议，提高家庭安全水平。

二、AIGC 技术在智能家居中的应用

AIGC 技术在智能家居领域的应用日益广泛，为人们的日常生活带来了前所未有的便捷与安全。下面将从家庭安全与监控、能源管理、智能控制与家居互联以及情感交互与智能家庭助手四个方面，深入探讨 AIGC 技术如何重塑智能家居体验，实现更加智能化、个性化的居家生活方式。

（一）家庭安全与监控

家庭安全与监控是智能家居中最基本也最重要的应用之一。AIGC 技术通过智能摄像头、运动传感器等设备，实现对家庭环境的全方位监控。通过人脸识别技术，AIGC 可以实时监测家中的人员活动，一旦发现异常情况，如陌生人入侵、火灾等，立即通过联网系统与用户手机实时同步报警信息，确保家庭安全。

此外，AIGC 还可以分析视频数据，识别出异常行为，如盗窃、抢劫等。通过对这些行为的学习和分析，AIGC 可以不断优化自己的识别算法、提高识别准确率，为用户提供更加精准的安全保障。

（二）能源管理

能源管理是智能家居中的另一个重要应用。AIGC 技术通过学习用户的生活规律与习惯，自动控制家中的电器设备的使用，达到最佳的能源利用效率。例如，当用户离家时，AIGC 可以自动关闭不必要的电器设备，节省电能；当用户回家时，AIGC 又可以提前打开空调、灯光等设备，为用户提供舒适的居住环境。

此外，AIGC 还可以根据天气情况、电价等因素，智能调整家中电器设备的运行方式，实现节能降耗。例如，在电价较低时段，AIGC 可以自动启动洗衣机、洗碗机等高耗能设备；在电价较高时段，则减少这些设备的运行时间，降低家庭能源成本。

（三）智能控制与家居互联

智能控制与家居互联是 AIGC 技术在智能家居中的又一重要应用。通过语音识别和自然语言处理技术，AIGC 可以实现人机交互，将智能家居系统与用户更加紧密地连接起来。用户只需通过简单的语音指令，就可以控制家中的各种设备，如打开电视、调节灯光亮度、播放音乐等。

此外，AIGC 还可以根据用户的需求，自动调整各个设备之间的协调运作。例如，当用户进入卧室时，AIGC 可以自动调整灯光亮度、温度等参数，为用户创造一个舒适的睡眠环境；当用户起床时，AIGC 可以自动打开窗帘、播放新闻等，为用户提供便捷的生活服务。

（四）情感交互与智能家庭助手

情感交互与智能家庭助手是 AIGC 技术在智能家居中的一项创新应用。通过深度学习和情感识别技术，AIGC 可以了解用户的情绪和需求，提供情感化的互动和支持。例如，当用户感到孤独时，AIGC 可以主动与用户聊天、分享笑话等，缓解用户的情绪压力；当用户需要帮助时，AIGC 可以提供实时的建议和解决方案，满足用户的需求。

三、AIGC 技术在智能家居中的影响

随着 AIGC 技术的不断发展和优化，我们有理由相信它在智能家具中的应用将更加广泛和深入，其影响有以下两个方面。

（一）提高用户生活质量

AIGC 技术的应用使得智能家居设备更加智能化、便捷化，为用户提供更加舒适、安全、便捷的居住环境。用户可以通过简单的语音指令或手势控制家中的各种设备，享受智能化的生活体验；同时，AIGC 还可以根据用户的需求和喜好，提供个性化的服务，满足用户的多样化需求。

（二）推动产业升级

AIGC 技术的应用推动了智能家居产业的升级和发展。传统的家居设备厂商需要不断创新和升级自己的产品，以适应智能化的发展趋势；同时，新兴的智能家居企业也在不断探索新的应用场景和商业模式，推动整个产业的快速发展。

四、AIGC 技术在智能家居领域面临的挑战与机遇

虽然 AIGC 技术在智能家居领域的应用前景广阔，但也面临着一些挑战和机遇。一方面，随着技术的不断进步和应用场景的不断拓展，AIGC 技术需要不断创新和优化自身的算法和模型，以满足更加复杂和多样化的需求；另一方面，随着智能家居市场的不断扩大和竞争的加剧，企业需要更加注重用户体验和服务质量，以赢得用户的信任和支持。

未来，随着人工智能技术的不断发展和普及，AIGC 技术在智能家居领域的应用将会更加广泛和深入。更多的智能家居设备将会具备更加智能化、便捷化、情感化的特点，为用户带来更加美好的生活体验。同时，我们也需要关注 AIGC 技术在应用过程中可能带来的隐私和安全等问题，加强相关法规的制定和执行，确保用户的权益得到保障。

AI 知识链接

AIGC 智能家居应用案例

1. 小度在家智能屏

小度多款智能家居产品内置百度的文心一言技术，通过 AIGC 技术，这些设备不仅能进行基础的语音交互，还能根据家庭成员的对话历史和偏好，生成个性化的新闻摘要、天气提醒、健康管理建议等，增强了家居生活的智能化和便利性。

2. 尚品宅配智慧家居解决方案

尚品宅配利用 AIGC 技术，为用户提供基于其生活习惯和审美偏好的家居设计方案。系统可根据用户提供的基本需求，自动生成多套装修方案和家具布局图，大大缩短了设计周期，提高了客户满意度。

3. 每平每屋设计家

该平台通过集成 AIGC 技术，为家装行业提供智能化的设计工具，能够快速生成符合用户个性化需求的三维家装设计图，包括家具搭配、颜色方案、灯光效果等，让用户在装修前就能预览到最终的装修效果，推动了家装行业的数字化转型。

单元二

AIGC 个人健康管理与智能穿戴设备应用

AIGC 技术在个人健康管理领域的应用越来越广泛。智能穿戴设备作为健康管理的重要工具，通过结合 AIGC 技术，为用户提供更加科学、便捷、个性化的健康管理体验。个人健康管理与智能穿戴设备的融合，是当代健康科技领域的一大突破，其中 AIGC 技术的应用，更是为这一领域带来了前所未有的个性化、智能化体验。智能穿戴设备，如智能手表、健康手环、智能服装等，通过持续收集用户的生理数据，结合 AIGC 技术的分析与生成能力，不仅能够实时监测健康状况，还能预测潜在健康风险、提供定制化健康建议，甚至参与疾病预防和管理。

一、AIGC 技术在健康管理中的应用

AIGC 技术的核心在于利用先进的机器学习算法和大数据处理能力，从海量健康数据中挖掘模式、趋势和关联，进而生成对个体具有高度针对性的内容和服务。具体到个人健康管理与智能穿戴设备领域，AIGC 的应用主要体现在以下几个方面。

（一）个性化健康报告生成

通过分析用户的日常活动量、睡眠质量、心率变异性、血压等数据，AIGC 能够生

成个性化的健康报告，不仅总结当前健康状况，还能预测未来健康趋势，提出改善建议。

（二）智能预警系统

结合机器学习模型，AIGC 能识别出异常健康指标，提前发出预警信号，如心脏病发作、糖尿病并发症、睡眠呼吸暂停等风险的早期迹象，为及时干预提供可能。

（三）个性化运动与饮食计划

基于用户的健康数据、身体状况和目标（如减重、增肌、改善心血管健康），AIGC 可以生成定制化的运动计划和营养餐单，甚至根据反馈动态调整计划，确保最优化的健康效益。

（四）情感与心理健康支持

通过智能穿戴设备对心率、皮肤电导等生理指标的监测，结合用户的日常行为模式，AIGC 技术可评估用户的情绪状态，生成压力缓解策略、冥想指导或心理健康资源推荐，帮助用户管理情绪和保持心理健康。

（五）社交互动与社区建设

AIGC 技术还可以促进智能穿戴设备用户之间的健康挑战、经验分享和社交互动，生成团队竞赛、成就徽章等内容，激励用户持续关注并改善自身健康。

二、AIGC 技术与智能穿戴设备在个人健康管理中的应用

AIGC 技术与智能穿戴设备在个人健康管理领域的融合应用正日益深化，将为公众的健康生活带来革命性的变化。这些智能穿戴设备能够不间断地监测并精准记录人体的各项健康数据，而 AIGC 技术则能够基于这些丰富的数据，为用户量身定制个性化的健康建议、精准的疾病预警以及科学的康复指导。

（一）智能穿戴设备在健康管理中的应用

智能穿戴设备是指能够穿戴在人体上，通过传感器等技术实时监测和记录人体健康数据的设备。这些设备可以监测心率、血压、血糖、步数、睡眠质量等生理参数，并将数据传输到手机或云端进行分析和处理。智能穿戴设备在健康管理中的应用主要包括以下几个方面：

1. 健康数据监测

智能穿戴设备可以实时监测用户的生理参数，如心率、血压、血糖等，并将数据传输到手机或云端进行分析和处理。通过对这些数据的分析，用户可以及时了解自己的健康状况，发现潜在的健康问题。

2. 运动监测与指导

智能穿戴设备可以记录用户的运动数据，如步数、运动轨迹、运动强度等，并根据这些数据为用户提供个性化的运动指导和建议。例如，根据用户的运动习惯和身体状况，智能穿戴设备可以为用户制订合适的运动计划，并提醒用户按时进行运动。

3. 睡眠监测与改善

智能穿戴设备可以通过监测用户的睡眠状态和质量，为用户提供改善睡眠的建议和

方案。例如，通过分析用户的睡眠数据，智能穿戴设备可以发现用户的睡眠问题，如失眠、浅睡眠等，并为用户提供相应的改善建议，如调整睡眠环境、改善睡眠习惯等。

（二）AIGC 技术在个人健康管理中的应用

AIGC 技术在个人健康管理中的应用主要体现在以下几个方面：

1. 个性化健康建议

通过分析用户的健康数据和生活习惯，AIGC 技术可以为用户提供个性化的健康建议。例如，根据用户的饮食和运动习惯，AIGC 技术可以为用户推荐合适的饮食计划和运动方案；根据用户的睡眠数据，AIGC 技术可以为用户提供改善睡眠的建议和方案。

2. 疾病预警与预防

AIGC 技术可以通过分析用户的健康数据，预测用户可能患有的疾病，并提前进行预警和干预。例如，通过分析用户的心率和血压数据，AIGC 技术可以预测用户可能患有心血管疾病的风险，并提醒用户及时就医和检查。

3. 康复指导与监督

对于已经患有疾病的用户，AIGC 技术可以为用户提供康复指导和监督。例如，通过分析用户的运动数据和身体状况，AIGC 技术可以为用户制订合适的康复计划，并提醒用户按时进行康复训练和检查。同时，AIGC 技术还可以监督用户的康复情况，并根据实际情况调整康复计划。

（三）AIGC 技术与智能穿戴设备在个人健康管理领域的融合应用

将 AIGC 技术与智能穿戴设备相结合，可以为用户提供更加全面、深入、个性化的健康管理体验。具体来说，AIGC 技术与智能穿戴设备在个人健康管理领域的融合应用主要包括以下几个方面：

1. 数据共享与分析

智能穿戴设备可以实时监测和记录用户的健康数据，并将数据传输到 AIGC 系统进行分析和处理。AIGC 系统可以根据这些数据为用户提供个性化的健康建议、疾病预警等服务。同时，AIGC 系统还可以将这些数据与其他医疗机构或健康管理系统进行共享和交换，为用户提供更加全面、深入的健康管理服务。

2. 智能化决策支持

AIGC 系统可以根据用户的健康数据和生活习惯，为用户制订个性化的健康管理计划。这些计划可以包括饮食、运动、睡眠等方面的建议和指导。同时，AIGC 系统还可以根据用户的实际情况和反馈，不断优化和调整健康管理计划，以达到最佳的健康管理效果。

3. 交互式健康指导

AIGC 技术在系统可以通过自然语言处理、语音识别等技术与用户进行交互式沟通。用户可以通过语音或文字的方式向 AIGC 系统咨询健康问题、获取健康建议等。AIGC 系统可以根据用户的需求和反馈，为用户提供个性化的交互式健康指导服务。

三、挑战与未来展望

AIGC 技术在个人健康管理与智能穿戴设备的应用具有许多优势，如实时监测、个性化服务、智能化决策支持等。然而，也面临着一些挑战和问题，如数据安全和隐私保护、技术可靠性和稳定性等。为了充分发挥 AIGC 个人健康管理与智能穿戴设备的优势并应对挑战和问题，需要不断加强技术研发和应用创新，提高数据安全和隐私保护水平，加强技术可靠性和稳定性等方面的研究和探索。

AIGC 在个人健康管理与智能穿戴设备中的应用，不仅显著提升了健康管理的精准度和效率，还促进了健康管理向预防医学的转变，推动了健康科技行业的革新。随着技术的不断演进，未来的发展趋势包括以下几点：

（1）更深层次的数据整合与分析：AIGC 将整合更多维度的数据，包括遗传信息、环境因素、社交网络行为等，以更全面的视角理解个体健康，生成更为精细的健康管理方案。

（2）跨设备协同与生态系统构建：智能穿戴设备将与智能家居、医疗健康系统等更广泛地协同工作，形成全方位的健康管理生态，AIGC 技术将在其中扮演数据融合与内容生成的核心角色。

（3）增强现实与虚拟现实的健康应用：结合 AR/VR 技术，AIGC 可以生成沉浸式健康教育内容、虚拟健身教练、情绪调节场景等，为用户提供全新的健康管理体验。

（4）隐私保护与伦理考量：随着数据采集与处理能力的提升，用户隐私保护和数据伦理问题日益凸显。未来，AIGC 技术的发展将更加注重数据加密、匿名处理和透明度，在确保技术进步的同时尊重并保护用户隐私。

总之，AIGC 技术在个人健康管理与智能穿戴设备中的应用，标志着健康管理进入高度个性化、智能化的新时代。通过不断的技术创新与跨界合作，未来的健康管理服务将更加贴合个体需求，为人们带来更加健康、高效的生活方式。

AI 知识链接

AIGC 个人健康管理与智能穿戴设备应用

1. Apple Watch 与 watchOS

Apple Watch 通过集成的心率监测、血氧测量等功能，结合 watchOS 上的健康应用，运用 AIGC 技术为用户提供心律不齐通知、睡眠分析报告、健身记录趋势等个性化健康管理内容。其“健身环”功能，根据用户的运动习惯和目标，自动生成每日运动建议，鼓励用户保持活跃。

2. Fitbit Premium

Fitbit 的高级服务 Fitbit Premium 利用 AIGC 技术，根据用户的运动数据、睡眠模式和体重变化，生成个性化的健身计划、营养建议和睡眠指导。其“健康洞察”功能，通过分析长期数据，为用户提供健康改善的具体路径。

3. Garmin Health

Garmin Health 平台通过智能穿戴设备收集的数据，结合 AIGC 技术，为企业和个人用户提供定制化健康报告、健康风险评估以及慢性病管理方案，尤其在企业健康管理中，通过分析员工群体数据，生成团队健康报告和改善计划，促进职场健康文化建设。

日常生活提醒与智能规划

AIGC 技术正逐渐渗透到我们日常生活的方方面面。从提醒日常琐事到规划复杂的生活计划，AIGC 的应用正在让我们的生活变得更加便捷、高效。AIGC 通过深度学习算法、自然语言处理以及大数据分析，不仅能够掌握个体的习惯、偏好和日程，还能基于这些信息生成个性化提醒与高效规划方案，从而极大地提升个人生活与工作效率。

一、AIGC 在智能规划中的核心机制

AIGC 的核心优势在于其生成内容的能力，它能够基于用户的历史行为、偏好设置、外部环境因素等多维度数据，通过复杂的算法模型，自动创造个性化的提醒、任务列表、行程安排等，为用户提供智能化的生活与工作助手服务。这一过程涉及以下几个关键环节。

（一）数据收集与分析

通过智能穿戴设备、手机应用、智能家居系统等多渠道收集用户的日常行为数据，包括但不限于生活习惯、消费记录、健康指标、社交媒体活动等，然后利用大数据技术进行深度分析，提取有用信息。

（二）模式识别与预测

运用机器学习技术，从历史数据中发现用户的规律性行为模式，比如作息时间、购物偏好、出行习惯等，并结合当前情境，预测未来的需求或可能发生的情况。

（三）个性化内容生成

根据分析结果，AIGC 算法会自动生成满足用户需求的提醒和规划内容。这可能包括日程安排、健康饮食建议、购物清单、交通路线规划，甚至是创意性的生日祝福语或节日庆祝方案。

（四）交互式学习与反馈

AIGC 系统会根据用户的反馈进行自我优化，例如调整提醒时间、改变任务优先级、学习新的偏好等，以更好地适应用户的需求变化，实现持续的个性化服务升级。

二、AIGC 智能规划功能的优势

在当今快速发展的智能化时代，AIGC 智能规划功能以其独特优势在众多领域中脱颖而出，其优势主要体现在以下几个方面。

（一）高效性

AIGC 智能规划功能能够根据用户的需求和目标，快速生成个性化的规划方案，提高规划效率。

（二）准确性

AIGC 系统能够利用历史数据和机器学习算法，对用户的需求和目标进行准确预测和分析，提高规划方案的准确性。

（三）动态性

AIGC 智能规划功能能够根据实时信息和用户反馈，对规划方案进行动态调整和优化，确保规划的灵活性和有效性。

三、AIGC 在日常生活提醒与智能规划中的应用

AIGC 在日常生活提醒与智能规划中的应用展现了其强大的数据处理、分析和预测能力。通过收集用户的生活数据，AIGC 能生成个性化的提醒内容，帮助用户管理日程、健康、家务等，提高生活效率。同时，在智能规划方面，AIGC 能根据用户需求和目标，制定个性化的旅行、时间管理、学习等规划方案，并持续优化调整，为用户带来更加便捷、高效的生活体验。

（一）AIGC 在日常生活提醒中的应用

AIGC 在日常生活提醒中的应用主要依赖于其强大的数据处理和分析能力。首先，AIGC 系统需要收集用户的生活数据，包括日程安排、待办事项、会议提醒等。然后，利用自然语言处理和机器学习算法，对这些数据进行解析和分类，生成个性化的提醒内容。同时，AIGC 系统还可以根据用户的偏好和习惯，设定提醒的时间、方式和频率，确保提醒的及时性和有效性。

以下是日常生活场景下的应用实例：

（1）日程管理：AIGC 可以帮助用户管理日程安排，提醒用户参加会议、约会等重要事件。用户只需将日程信息输入 AIGC 系统，系统便会自动根据时间和优先级进行排序和提醒。

（2）健康提醒：AIGC 可以根据用户的健康状况和健身目标，提醒用户按时进行运动、服药等。通过监测用户的身体状况和运动量，AIGC 系统可以为用户制订个性化的健康计划，并在关键时刻进行提醒。

（3）家务助手：AIGC 可以作为家庭助手，提醒用户完成家务，如洗衣、做饭、打扫卫生等。通过了解用户的生活习惯和家庭需求，AIGC 系统可以为用户制定家务清单，并在需要时进行提醒。

AIGC 提醒功能可以根据用户的需求和偏好进行个性化设置，确保提醒的准确性和有效性。能够自动学习和优化提醒策略，提高提醒的准确性和及时性。用户只需与 AIGC 系统进行简单的交互，即可轻松完成提醒的设置和管理。

（二）AIGC 在智能规划中的应用

AIGC 在智能规划中的应用主要依赖于其强大的预测和决策能力。首先，AIGC 系统需要收集用户的生活数据、历史行为等信息，并利用机器学习算法对这些数据进行分析和预测。然后，根据用户的需求和目标，AIGC 系统会为用户制定个性化的规划方案，并持续优化和调整规划策略。

以下是智能规划的 AIGC 应用实例：

（1）旅行规划：AIGC 可以根据用户的旅行目的地、时间和预算等信息，为用户规划旅行路线、预订酒店和机票、制订旅行计划等。同时，AIGC 系统还可以根据天气、交通等实时信息，对旅行计划进行动态调整和优化。

（2）时间管理：AIGC 可以帮助用户进行时间管理，根据用户的日程安排和工作任务，合理分配时间和资源。通过分析用户的工作效率和时间偏好，AIGC 系统可以为用户制定个性化的时间管理方案，提高工作和生活效率。

（3）学习规划：AIGC 可以根据学生的学习情况和目标，为他们制订个性化的学习计划和复习方案。通过分析学生的学习习惯和成绩变化，AIGC 系统可以为他们提供针对性的学习建议和辅导资源，以提高学习成绩和学习效率。

四、行业影响与未来趋势

AIGC 在日常生活提醒与智能规划领域的应用，不仅简化了个人的日程管理，提升了生活品质，也为企业提供了优化客户体验、增强用户黏性的新途径。未来，随着技术的不断成熟，以下几个趋势尤为值得关注：

（1）更深入的个性化服务：随着算法的进步，AIGC 将能更精确地捕捉用户的微妙偏好变化，生成几乎“一对一”的定制化服务，包括但不限于个性化新闻摘要、音乐播放列表、旅行路线规划等。

（2）跨平台无缝集成：AIGC 将推动不同应用场景间的数据共享与功能整合，实现智能家居、健康管理、工作日程、社交娱乐等多方面的无缝对接，形成更加一体化的智能生活体验。

（3）增强现实与虚拟现实融合：AIGC 结合 AR/VR 技术，可以创造出沉浸式的提醒与规划体验，比如在真实环境中叠加行程提示、在虚拟空间中模拟未来旅行计划等，使信息呈现更加直观生动。

（4）伦理与隐私保护：在享受 AIGC 带来的便利的同时，用户数据的安全与隐私保护成为不可忽视的问题。未来，开发更加安全的数据处理机制、明确的隐私政策以及增加用户对数据使用的控制权将成为行业发展的关键。

总之，AIGC 在日常生活提醒与智能规划领域的应用，展现了人工智能技术如何深度渗透并优化我们的日常生活。随着技术边界的不断拓展，未来我们有望看到一个更加智能化、个性化且高效的世界，AIGC 技术将扮演不可或缺的角色。

AI 超级个体训练

AI 赋能健康饮食规划

AIGC 技术能够根据个人的身体状况、营养需求、口味偏好等因素，为用户量身定制个性化的饮食计划。通过收集和分析用户的健康数据，AI 算法能够计算出用户每天所需的热量、蛋白质、脂肪、碳水化合物等营养成分，并据此推荐合适的食材和食谱。未来的 AIGC 系统将更加注重智能化饮食管理，通过集成更多的传感器和智能设备，实时监控用户的饮食情况并提供更加精准、及时的饮食建议。同时，AIGC 技术还将与其他领域如健身、医疗等进行跨界融合创新，为用户提供更加全面、个性化的健康服务。

提示词：

你是一名健康饮食指导专家，我是一名 40 岁高校教师，近期体检血压偏高、甘油三酯略微超标，BMI 指数为 26.5，医生建议我适当降低体重，并进行饮食干预。请根据上述信息为我设计一份健康饮食计划，计划内容包括一日三餐，营养均衡。

讯飞星火参考输出如图 5－1 所示。

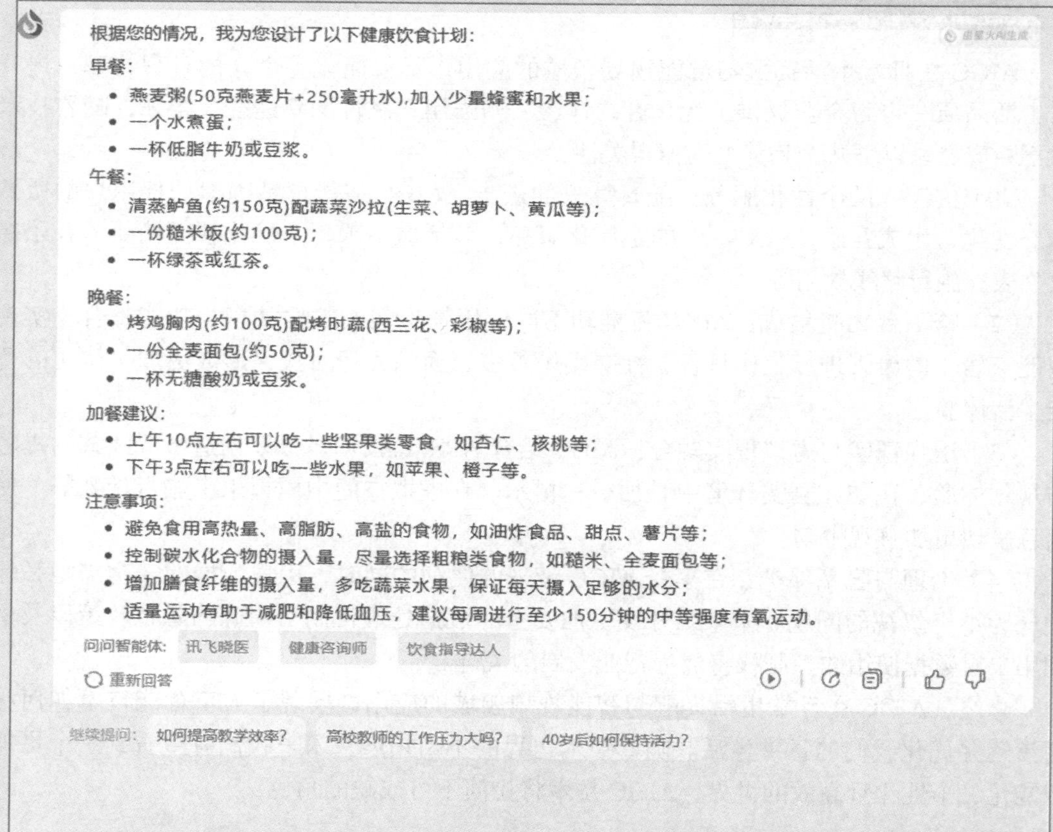

根据您的情况，我为您设计了以下健康饮食计划：

早餐：
- 燕麦粥(50克燕麦片+250毫升水),加入少量蜂蜜和水果；
- 一个水煮蛋；
- 一杯低脂牛奶或豆浆。

午餐：
- 清蒸鲈鱼(约150克)配蔬菜沙拉(生菜、胡萝卜、黄瓜等)；
- 一份糙米饭(约100克)；
- 一杯绿茶或红茶。

晚餐：
- 烤鸡胸肉(约100克)配烤时蔬(西兰花、彩椒等)；
- 一份全麦面包(约50克)；
- 一杯无糖酸奶或豆浆。

加餐建议：
- 上午10点左右可以吃一些坚果类零食，如杏仁、核桃等；
- 下午3点左右可以吃一些水果，如苹果、橙子等。

注意事项：
- 避免食用高热量、高脂肪、高盐的食物，如油炸食品、甜点、薯片等；
- 控制碳水化合物的摄入量，尽量选择粗粮类食物，如糙米、全麦面包等；
- 增加膳食纤维的摄入量，多吃蔬菜水果，保证每天摄入足够的水分；
- 适量运动有助于减肥和降低血压，建议每周进行至少150分钟的中等强度有氧运动。

问问智能体： 讯飞晓医　健康咨询师　饮食指导达人

重新回答

继续提问： 如何提高教学效率？　高校教师的工作压力大吗？　40岁后如何保持活力？

图 5－1　讯飞星火赋能健康饮食规划

单元四

旅游出行助手

AIGC 技术在旅游出行领域的应用日益广泛且深入。AIGC 不仅为旅游业带来了前所未有的便利和效率，还在提升游客体验、优化旅游资源管理、加强旅游安全等方面发挥着重要作用。AIGC 不仅能够为游客提供个性化旅行规划、实时行程建议、沉浸式体验创造，还能够助力旅游企业提升服务质量与运营效率，共同构建一个更加便捷、丰富、可持续的旅游生态。

一、AIGC 技术提升旅游体验

AIGC 技术显著提升了旅游体验，主要体现在以下几个方面。

（一）智能导游服务

AIGC 技术通过智能导游系统，为游客提供了全新的导览体验。这种智能导游可以根据游客的位置和兴趣，实时提供相关的景点介绍、历史文化背景以及附近的美食和购物推荐。与传统的人工导游相比，智能导游不仅信息更全面、更新更及时，而且还能提供多语种服务，满足不同国家和地区游客的需求。

例如，在某些历史文化名城，游客可以通过智能手机或专用设备，接收到由 AIGC 技术生成的详细导览信息。这些信息可能包括历史事件的生动讲述、建筑风格的详细解析以及当地的风俗民情等。

（二）个性化旅游推荐

AIGC 技术能够分析游客的历史浏览记录、偏好以及实时位置等信息，生成个性化的旅游推荐。这意味着每位游客都能获得独一无二的旅游体验，完全符合他们的兴趣和需求。无论是喜欢自然风光还是历史文化，AIGC 都能为游客量身定制最合适的旅游行程。

想象一下，当你抵达一个陌生的城市，AIGC 系统已经根据你的喜好为你规划好了一整天的活动：早上去哪里品尝地道的美食，上午游玩哪些名胜古迹，下午参观哪些具有历史意义的景点，晚上有哪些娱乐活动可以参与。这样的体验无疑会让游客感到更加贴心和便捷。

（三）虚拟现实与增强现实体验

借助 AIGC 技术，旅游业还能提供虚拟现实（VR）和增强现实（AR）的沉浸式体验。游客通过 VR 设备，无须离开家门，便可身临其境地游览世界各地的名胜古迹。

此外，AR 技术也能在旅游过程中提供实时的信息叠加和互动体验。比如，在参观博物馆时，游客可以通过 AR 眼镜看到展品的历史背景和相关信息，使参观过程更加生动有趣。

二、AIGC 赋能个性化旅游规划与沉浸式体验

（一）个性化旅游规划

AIGC 的核心价值在于其能够基于用户的历史行为、偏好、社交媒体互动等多源数据，生成高度个性化的旅游内容和行程规划。这包括：

（1）智能行程定制：通过分析用户的搜索历史、浏览行为、社交媒体上的点赞与分享内容，AIGC 能够洞察用户的兴趣点，比如对历史文化、美食探索、自然风光或是冒险活动的偏好，进而生成符合用户喜好的旅游线路建议。这些规划不仅考虑地点的热门程度，还会融入小众景点、非典型体验，确保行程的新鲜感与独特性。

（2）动态调整行程：结合实时天气、交通状况、景区人流密度等信息，AIGC 能够即时调整行程安排，避开高峰时段，推荐最佳出行方式，甚至在遇到突发情况时提供替代方案，保证旅程顺畅。

（3）个性化内容创作：依据用户的偏好，AIGC 可以自动生成游记、旅行攻略、景点介绍等富媒体内容，包括图文、视频、VR 体验，让游客在出行前就能获得沉浸式的预览体验，增强旅行期待值。

（二）沉浸式体验创造

AIGC 技术在旅游场景的应用，极大地丰富了游客的体验方式，使“虚拟旅行”成为可能。

（1）虚拟导览：利用 3D 建模与 VR 技术，AIGC 可以创建虚拟景点导览，使游客在家中就能身临其境地游览远方的景观，或是提前预览即将到达的目的地，激发旅行兴趣。

（2）文化故事叙述：结合地方历史与文化背景，AIGC 能够生成具有地方特色的互动故事和虚拟角色，为游客提供富有教育意义的文化体验，加深对目的地的理解与情感联结。

（3）个性化纪念品设计：通过用户上传的照片或旅行故事，AIGC 可以生成独一无二的个性化旅行纪念品设计，如定制画册、纪念视频、3D 打印纪念品等，让回忆变得更具实体感和收藏价值。

三、旅游企业运营优化

AIGC 同样为旅游企业带来了革命性的变革，帮助企业提升服务质量和市场竞争力。

（一）精准营销

通过大数据分析用户画像，AIGC 可以生成个性化推广内容，针对不同用户群体推送最吸引他们的旅游产品和服务，提高广告转化率。

（二）智能客服与问答

利用自然语言处理技术，AIGC 支持构建智能客服系统，能够 24 小时响应游客咨询，提供准确的信息服务，解决常见问题，提升用户体验。

（三）资源调配与管理

旅游企业可以借助 AIGC 对游客流量、住宿预订、交通工具使用等数据进行预测分析，优化资源配置，避免过度拥挤，提高运营效率和盈利能力。

四、AIGC 技术加强旅游安全

旅游安全一直是游客关注的焦点。AIGC 技术通过智能监控和数据分析，为旅游安全提供了强有力的保障。无论是在景区内，还是在旅途中，AIGC 系统都能实时监测游客的位置和活动情况，及时发现并处理潜在的安全隐患。

例如，在某些户外探险活动中，AIGC 系统可以通过 GPS 定位和数据传输技术，确保游客的安全。一旦游客进入危险区域或发生紧急情况，系统就会立即发出警报并通知救援人员。这样的安全保障措施无疑会让游客感到更加放心和安心。

综上所述，AIGC 正在逐步重塑旅游体验的方方面面，从规划到体验，再到回忆留存，都展现出前所未有的智能化与个性化。它不仅能提升游客的旅游体验和服务质量，还能优化旅游资源的管理和配置，加强旅游安全保障措施，并推动旅游产业的创新与发展。随着技术的不断进步和应用场景的拓展，我们有理由相信 AIGC 将为旅游出行带来更加美好的未来。

AI 超级个体训练

徒步旅行线路规划

徒步旅行是一种非常受欢迎的户外活动，它不仅能让人们亲近自然、锻炼身体，还能培养团队协作和自我挑战能力。AIGC 技术通过分析用户的偏好、历史旅行记录、体力状况等数据，能够生成高度个性化的徒步旅行计划。这包括推荐适合用户体能和兴趣的徒步路线、难度等级、沿途景点等，确保每位旅行者都能获得量身定制的行程安排。在行程中，AIGC 系统还能根据天气变化、路况信息等因素实时调整计划，确保旅行的顺利进行。例如，在恶劣天气下推荐备用路线或调整出发时间，减少旅途中的不确定性和风险。

提示词：

请推荐 5 条神农架重装徒步旅行路线，请以表格形式列出徒步路线、徒步距离、爬升高度、注意事项等信息。

讯飞星火参考输出如图 5－2 所示。

请推荐5条神农架重装徒步旅行路线，请以表格形式列出徒步路线、徒步距离、爬升高度、注意事项等信息。

序号	徒步路线	徒步距离	爬升高度	注意事项
1	神农顶-板壁岩-瞭望塔	25km	1500m	高海拔地区，注意防寒保暖，防止高原反应；穿越密林，需
2	金猴岭-凉风垭-迷人谷	30km	2100m	路线较长，保持体力，合理分配负重；沿途水源丰富，但需
3	天生桥-老君山-汇景台	20km	1800m	途经多个景点，拍照留念时注意安全；老君山段路况复杂，
4	燕子垭-天门垭-熊掌沟	35km	2600m	爬升高度较大，注意节奏，避免过度疲劳；熊掌沟段地形险
5	青峰山-关门河-黑水河	40km	3000m	路线最长，全程需保持高度警惕；黑水河段水流湍急，切勿

以上五条神农架重装徒步旅行路线各具特色，涵盖了神农架的主要景点。在徒步过程中，请务必注意安全，遵守相关规定，保护环境，享受徒步的乐趣。

图 5－2　讯飞星火赋能徒步旅行线路规划

实训项目

让 AIGC 变成生活智囊

一、实训背景

在人工智能技术飞速发展的今天，AIGC 已经不再是科幻小说中的概念，而是逐渐融入我们的日常生活，成为不可或缺的生活智囊。AIGC 可以在美食、健康、旅行、购物、个人理财、情感咨询和心理分析等多个方面，为我们提供个性化的智能服务。

（一）美食推荐：味蕾的智能向导

AIGC 能够根据用户的口味偏好、饮食习惯和营养需求，推荐个性化的美食菜单。无论是家常菜的创新做法，还是异域料理的地道风味，AIGC 都能提供详尽的食谱和烹饪技巧，让每个人都能成为家中的大厨。

（二）健康管理：智能的私人医生

通过分析用户的生理数据和生活习惯，AIGC 能够提供定制化的健康建议。它不仅能提醒用户保持合理的饮食和运动，还能在用户感到不适时，提供初步的医疗咨询和紧急求助指南。

（三）旅行规划：智能的旅行顾问

AIGC 能够根据用户的兴趣和预算，智能规划旅行路线和活动。它不仅能推荐热门景点和隐藏的“宝藏”地点，还能提供实时的交通信息和天气状况，确保用户的旅行既安全又充满乐趣。

（四）购物助手：智能的消费顾问

AIGC 能够根据用户的购物历史和偏好，推荐合适的商品和服务。它不仅能帮助用户比价和筛选，还能预测用户的购物趋势，提供个性化的购物体验。

（五）个人理财：智能的财务管家

AIGC 能够分析用户的财务状况，提供投资建议和理财规划。它能帮助用户制定预算，监控支出，并推荐合适的投资产品，让用户的财务更加健康和稳定。

（六）情感咨询：智能的心灵导师

AIGC 能够通过对话和互动，提供情感支持和心理咨询。它不仅能倾听用户的烦恼，还能提供专业的建议和解决方案，帮助用户缓解压力，改善情绪。

（七）心理分析：智能的心理分析师

AIGC 能够通过用户的行为和言语，进行心理分析和情绪识别。它能够预测用户的心理状态，提供相应的心理干预和建议，帮助用户保持良好的心理状态。

二、实训环境

1. PC 台式电脑，安装 Windows 10 及以上版本操作系统，连接互联网。安装浏览器（推荐 360AI 浏览器）。
2. 手机安装 Kimi、文心一言、通义千问等 AI 大语言模型应用。

三、实训内容

1. AIGC 赋能查询美食配方，让烹饪更简单。
2. AIGC 赋能设计旅游规划，让出行更便捷。
3. AIGC 赋能购物比较推荐，让购物更放心。
4. AIGC 赋能运动规划，让健身更科学。
5. AIGC 赋能财务管理，让理财更高效。
6. AIGC 赋能情感心理，让身心更健康。

四、实训准备

通过 PC 电脑浏览器分别打开智谱清言、文心一言、腾讯元宝等 AIGC 对话工具。

五、实训指导

（一）AIGC 赋能查询美食配方，让烹饪更简单

例如，当你想做一道川菜时，可以这样与 AI 工具互动。

提示词：

请提供一份详细的麻婆豆腐做法，要点包括主要食材及分量、制作步骤、烹饪技巧等，使我能顺利完成这道菜的制作。

在 AI 工具中输入上述提示词并发送后，AI 工具将按照要求返回麻婆豆腐详细的做法和技巧。如果你想学会更多菜式，只需替换提问中的菜名，AI 大语言模型就能为你输出相应的食谱。这极大地丰富了你的菜单，让你能随时获取烹饪乐趣。

（二）AIGC 赋能设计旅游规划，让出行更便捷

想去某地旅游却不知道该如何规划行程，让 AI 大语言模型为你提供全方位的旅行建议，定能让你的旅程更加精彩顺利。例如，当你想去新疆七日游，可以这样与 AI 工具互动。

提示词：

我现在在武汉，计划去新疆旅游，行程共计 7 天。请帮我制订详细的行程计划，包括每天的景点、餐馆、住宿安排及交通路线。行程以体验文化和美食为主。

AI 工具会考虑你的时间长短、兴趣爱好，提供一份时间配比合理、景点丰富的新疆七日游计划。它还会给出不同景点的简介，以及乘车的详细路线。这样你就可以按照最优路线玩转新疆，充分感受新疆风情了。

注意：AI 大语言模型提供的信息可能是过时的，尤其是景点的门票和开放时间、交通路线、酒店、餐馆等信息。在出发前，请务必进一步核实。

（三）AIGC 赋能购物比较推荐，让购物更放心

网购给生活带来了便利，但也让人面临选择困难。让 AI 工具成为你的购物助手，可以实现智能化的网购体验。例如，当你需要买一款性价比高的 5G 手机时，可以这样与 AI 工具互动。

提示词：

我准备购买一部 5G 手机，预算在 4 000 元以内，要求拍照效果好，续航时间长。请根据我的预算，给出两款性价比最高的智能 5G 手机产品，并列出每款产品的优劣势分析。

在 AI 工具中输入上述提示词并发送后，AI 大语言模型会据此推荐合适的产品，并从不同产品的拍照效果、续航能力及其他功能、价格等方面进行对比，帮你选择出最适合的产品。如果你所选择的产品较新，AI 工具很可能没听说过。你可以直接将两款不同产品的介绍和参数告知 AI 大语言模型，让它帮你分析各自的优劣势，并给出选择建议。

（四）AIGC 赋能运动规划，让健身更科学

要科学健身，合理的运动规划是必要的。让 AI 大语言模型帮你制订健身计划，优化训练成效。例如，你可以这样与 AI 工具互动。

提示词：

我计划健身，目标是在两个月内增强肌肉力量并减掉小肚腩。请根据我的目标和情

况，制订 8 周的健身计划，包括训练项目、组数、频次等详细内容。

AI 工具会据此为你匹配合适的训练项目组合，安排从基础到进阶的训练计划，让你在两个月内达成目标。在运动中，AI 工具模型作为你的贴身教练，在你的提问下可以随时纠正你的训练动作，帮你更安全有效地训练。

需要注意的是，现阶段 AI 工具的输出以文字为主。针对具体的健身姿势，最好还是配合网上的视频教程或现场指导。

（五）AIGC 赋能财务管理，让理财更高效

管理好个人财务，是过上幸福生活的关键。利用 AI 大语言模型进行财务管理，可以帮你更合理地理财增值。例如，你可以把每月收入和支出账单发送给 AI 工具，然后输入提示词。

提示词：

请根据我的收支情况，制定一份优化家庭开支的财务方案，要点包括减少不必要支出、合理规划储蓄投资等。

AI 工具会据此为你分析日常开支，找出可以节约的地方，并给出积累资金、投资理财的建议，帮你实现财务目标。

你也可以让 AI 大语言模型帮你制订投资理财计划。需要注意的是，不同的人在不同的财务状况和风险偏好中所适合的理财方式差异很大。因此，切忌使用抽象的方式提问，务必提供详细的背景资料。

提示词：

当前我有 20 万元资金可以用于投资理财，我每月的收入是 1 万元，房贷 3 500 元，我的风险承受能力为中等。由于我的储蓄不多，我希望在投资理财计划中，有一部分资金可以快速变现用于应急。请问我该如何分配自己的资金？

你还可以使用 AI 大语言模型来帮你对比不同的理财方式和产品。

（六）AIGC 赋能情感心理，让身心更健康。

现代快节奏的生活让每个人都会遇到巨大的压力。另外，日常生活中，我们经常会遇到情感问题，或陷入压抑的情绪中。你可以将自己的经历告诉 AI 工具，让它帮你化解情绪，或者告诉你一些有效的技巧来缓解压力。例如，如果你有压力、焦虑或其他心理问题，可以尝试让 AI 工具辅助你化解。这里可以使用角色扮演方式，让 AI 工具化身心理咨询专家，让它的回复更加贴合你的需求。

提示词：

你是一个专业的心理咨询师，和我聊天以缓解我的心理问题。请用温暖、具体和有可操作性的对话方式，一步步地帮我解决问题，同时提供情绪价值。

你可以直接让 AI 工具帮你分析具体的问题。这时候，请务必说清事情的前因后果，并使用简单、易理解的文字，避免 AI 工具的误解。

提示词：

你是一个专业的婚姻辅导师，请帮我解决婚姻问题。请充分进入角色。最近我和丈夫的关系有些紧张。我们好像没什么共同话题了。他的工作很忙，每天很晚回来，我和

他说一些鸡毛蒜皮的小事，他就很烦躁，觉得我不理解他的累，觉得我和他不在一个世界（他整天忙工作）。现在我该如何缓和关系？我希望得到具象化和可落地的步骤。

在提出问题时，建议包含具体化的表述，如“我希望获得具体且可实施的建议”，这将有助于获取更加实操性的指导，而非过分抽象的理论。

需要警惕的是，当前人工智能工具尚不能全面取代专业的心理医生，其角色更多是辅助性的。在面临严重的心理困扰时，应积极向家人、朋友或专业人士寻求支持。尽管人工智能工具能够提供连贯且自然的语言响应，但可能会给人一种错觉，使其被误认为是一个可靠的伙伴，我们必须认识到，它在本质上还无法与人类相提并论。

六、实训拓展

1. 假如你要购置一台家用电脑，请根据自己的预算和要求设计提示词，让 AI 工具为你推荐。

2. 如果你工作学习压力大，要进行情绪调节，请设计提示词，让 AI 工具帮助你。

3. 让 AI 工具教你制作“夫妻肺片”这道菜。

4. 思考 AIGC 可以赋能的其他生活娱乐场景，并进行赋能实践。

思考与练习

1. 考虑到 AIGC 技术在智能家居中的应用，如何进一步利用 AIGC 技术提升用户的居住体验，尤其是在个性化场景设定方面？

2. 结合 AIGC 技术在智能穿戴设备中的应用，探讨如何通过这些设备更准确地预测和预防潜在的健康风险。

3. AIGC 技术在日常生活提醒中可以扮演重要角色。思考：如何利用 AIGC 技术改进提醒系统，使其更加智能和友好？

4. AIGC 技术在旅游规划中可以提供个性化体验，如何利用 AIGC 技术进一步提升旅游规划的个性化和实时性？

5. 考虑到 AIGC 技术在安全监控与预警方面的作用，如何确保这些系统在保护用户隐私的同时，有效预防安全威胁？

模块六

AIGC 赋能教育

学习目标

素质目标

1. 提升具备筛选和评估信息的能力，能够从海量资源中选择高质量的学习材料。
2. 具备快速适应新技术，如 AIGC 和 AI 搜索，并有效利用这些技术的能力。
3. 能够通过 AIGC 技术获得情感支持，同时在社交互动中建立积极的人际关系。

知识目标

1. 了解 AIGC 技术的基本原理，包括数据训练、生成算法模型等。
2. 熟悉 AIGC 技术在教育培训中的具体应用，如个性化学习计划、智能辅导、自动评估等。
3. 理解 AI 搜索技术的概念、核心组成部分（如自然语言处理、机器学习、知识图谱）以及 AI 搜索技术在知识学习中的应用。
4. 探索 AI 搜索技术可能的发展方向，包括自然语言理解、知识表示形式、个性化服务和社交互动功能。

能力目标

1. 能够使用 AIGC 技术根据个人的学习历史和需求制订个性化学习计划。
2. 能够通过 AIGC 技术与智能辅导员进行实时互动，及时解决学习中的问题。
3. 能够利用 AIGC 技术进行跨文化学习，提升跨文化交流和全球意识。
4. 能够通过 AIGC 技术收集和分析学习数据，以支持教学决策和优化学习策略。

在教育的沃土上，AIGC 技术正以其独特的智慧之光，照亮知识传承与创新的路径。它不仅能够提升教学的效率，丰富学习体验，更在个性化学习、实时反馈、情感支持等方面展现其深远的影响力。AIGC 技术的发展，正是对教育公平与质量提升的不懈追求，让每一个学习者都能在尊重与关怀中成长，体现了对知识价值与个体差异的深刻尊重。通过智能化的教育手段，培养具有全球视野、创新精神和社会责任感的新时代公民，为构建学习型社会贡献力量。

单元一

AIGC 赋能教学培训

AIGC 技术在教育培训领域的应用尤为引人注目。AIGC 技术基于数据训练和生成算法模型，能够生成各种形式的内容和数据，包括二维图像、文本、视频等，这一技术在教育培训中的应用，正为教育行业带来革命性的变革。

一、AIGC 在教育培训中的优势

AIGC 自动化生成管理内容，能减轻教师重复性负担，让教师专注于教学创新和对学生的个性化指导。为学生提供个性化学习路径和交互工具，增强学习吸引力和有效性。利用大数据和 AI 算法，实现规模化、个性化教育，为成人学习者提供灵活学习资源和学习平台，促进终身学习。

（一）提高教学效率

自动化的内容生成和管理减少了教师的重复性工作，使得教师能够更多地专注于教学创新和学生指导。

（二）增强学习体验

个性化的学习路径和交互式学习工具提升了学习吸引力和趣味性，增强了学习效果和效率。定制化学习路径使学习者高效掌握知识。交互式学习工具使学习生动活泼，变为双向、动态和互动的过程，提高参与度，促进批判性思维和问题解决能力培养，提升学习吸引力和有效性。

（三）实现规模化、个性化教育

利用大数据和 AI 算法，能精准地为每位学生提供个性化学习方案，实现教育个性化。此技术保证了教育公平，提高了教育有效性。AI 通过分析学习数据，识别学生强项和弱点，量身定制学习路径，提供个性化资源。

（四）促进终身学习

灵活多样的学习资源和便捷的学习平台适应了成人学习者的需求，营造终身学习的社会风气。

二、AIGC 技术在教育培训中的具体应用

（一）个性化学习计划制订

AIGC 技术可以根据学生的学习历史、兴趣、能力等因素，为其制订个性化的学习计划。通过分析学生的学习数据，AIGC 能够精准地识别学生的学习需求和薄弱环节，并为其推荐相应的学习资源和路径。这样，每个学生都能获得量身定制的学习方案，从而更有效地提升学习效果。

（二）智能辅导与实时互动

AIGC 技术还可以充当智能辅导员的角色，与学生进行实时互动。在学习过程中，学生可以随时向 AIGC 提问，并获得及时的解答和建议。这种辅导方式不仅能够帮助学生及时解决学习中的困惑，还能根据学生的反馈调整教学策略，提供更加贴合学生需求的教学服务。

（三）自动评估与反馈

AIGC 技术可以自动评估学生的学习成果，包括作业、测试等。通过自然语言处理和机器学习算法，AIGC 能够准确地判断学生的答案是否正确，并及时给出反馈。这种自动评估机制不仅减轻了教师的工作负担，还能让学生及时了解自己的学习进度和效果，从而调整学习策略。

（四）虚拟教师与助教

AIGC 技术可以生成虚拟教师和助教，为学生提供全天候的学习支持。虚拟教师可以通过自然语言处理和语音识别技术，与学生进行对话和交流，解答学生的疑问，提供学习建议。同时，虚拟助教可以帮助管理学生的学习进度和作业提交情况，确保学生按照计划进行学习。

（五）丰富多样的教学内容生成

利用 AIGC 技术，老师和教育培训机构可以生成丰富多样的教学内容，包括文本、

图像、视频等多种形式。这些内容可以根据学生的学习需求和兴趣进行定制，从而提高学生的学习积极性和参与度。同时，AIGC 还可以根据学生的反馈和学习数据，不断优化和更新教学内容，确保其与实际教学需求保持同步。

（六）智能推荐学习资源

AIGC 技术还可以根据学生的学习情况和兴趣，智能推荐相关的学习资源。这些资源可以来自教育培训机构的自有库存，也可以是从互联网上抓取的相关资料。通过智能推荐，学生可以更加便捷地获取到与自己学习需求相匹配的资源，从而提高学习效率和质量。

（七）跨文化学习体验

AIGC 技术可以自动生成各种语言和文化背景下的学习内容，为学生提供更加多元化的学习体验。这种跨文化学习不仅有助于拓宽学生的视野和知识面，还能培养其全球意识和跨文化交流能力。对于教育培训机构来说，这也是一种提升教学质量和吸引力的有效手段。

（八）教学管理与数据分析

AIGC 技术在教学管理和数据分析方面也可以发挥重要作用。通过收集和分析学生的学习数据，老师和教育培训机构可以更加全面地了解学生的学习情况和需求，从而制订更加科学合理的教学计划和策略。同时，这些数据还可以为老师和教育培训机构的决策提供有力支持，推动其持续改进和优化教学服务。

AI 超级个体训练

运用 Kimi+ 天工 AI 生成小学英语单词韵律歌

场景：在小学四年级英语教学中，需要学生记忆 Monday、Tuesday、Thursday、Friday、Saturday、Sunday 这 7 个英语单词，为了寓教于乐，教师可以使用大语言模型生成一个适合小学生学唱的韵律歌（Chant），让学生在说唱中完成单词记忆。

解决思路：首先使用 Kimi 完成韵律歌歌词的创作，然后使用天工 AI 为韵律歌谱曲，并呈现效果。

1. 使用 Kimi 为韵律歌作词。打开 Kimi 网页版，输入下面的提示词。

提示词：

你是一名经验丰富的小学四年级英语教师，请你创作一首押韵并且朗朗上口的 Chant，包含 Monday、Tuesday、Thursday、Friday、Saturday、Sunday 这 7 个英语单词，每句话要求押韵，对象是词汇量 300 个左右的小学四年级学生，请尽量使用简单的单词创作一首简单的 Chant。

Kimi 生成的韵律诗歌词如下：

Days of the Week

Monday, Monday, the sun does shine,
Let's start our week, it's a brand new time.
Tuesday, Tuesday, what will we find?
Learning and playing, that's what we mind.
Thursday, Thursday, the mid-week comes,
Half of the week, let's keep up the sums.
Friday, Friday, the school week's end,
Time to have fun, with our friends.
Saturday, Saturday, no more books,
We'll go outside, and look at the brook.
Sunday, Sunday, the week is through,
Rest and prepare, for a new Monday, too.
Say it again, all in a row,
Days of the week, we know how to show!

2. 使用天工 AI 为韵律歌谱曲。打开天工 AI 网页版，选择"AI 音乐"，输入上面的歌词内容，选择参数完成创作，如图 6-1 所示。

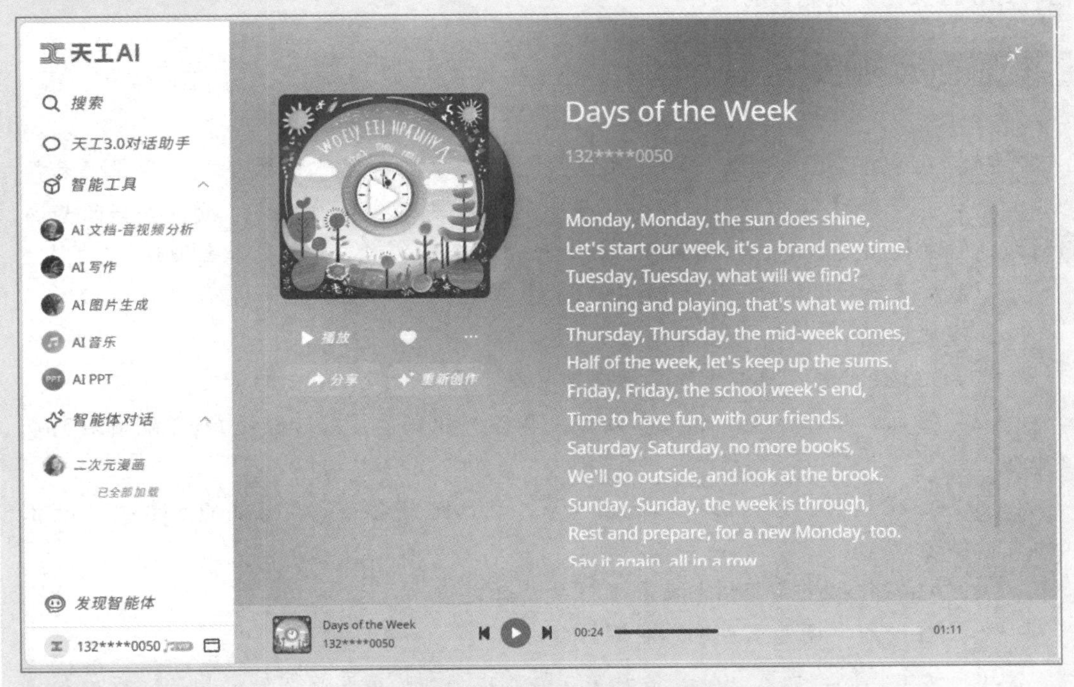

图 6-1 小学英语单词记忆韵律歌创作

三、AIGC 技术在教育培训中的未来展望与发展趋势

AIGC 技术在教育培训中的发展展现出广阔前景。

（一）技术创新与融合发展

随着人工智能技术的不断进步和创新，AIGC 技术将与更多先进技术融合发展，如虚拟现实（VR）、增强现实（AR）等。这些技术的结合将为教育培训带来更加丰富多样的教学手段和沉浸式学习体验。

（二）智能化与个性化教学服务的深化

未来 AIGC 技术将更加注重智能化和个性化教学服务的提供。通过深度学习和大数据分析等技术手段，AIGC 将更加精准地识别学员的学习需求和偏好，并为其提供更加贴合实际的教学内容和辅导服务。

（三）教育培训与产业的深度融合

随着产业升级和人才培养需求的不断变化，教育培训机构应与产业界进行更加紧密的合作与融合。AIGC 技术将在这一过程中发挥重要作用，为产业界提供更加精准、高效的人才培养解决方案。

（四）国际化与跨文化交流的推动

在全球化背景下，国际化教育和跨文化交流成为教育培训的一个重要内容。AIGC 技术将助力教育培训机构提供更加多元化和全球化的教学内容和资源，推动学员的国际化视野和跨文化交流能力的提升。

AI 超级个体训练

360AI 浏览器的应用

360AI 浏览器手机版是一款强大且安全的安卓浏览器，它结合人工智能、大数据、云计算等新技术，为用户提供安全上网的基础环境和个人网络数据安全的坚固防线，旨在提供更加智能、高效和个性化的上网体验。包括 PC 版和手机版。

下载安装地址：https://browser.360.cn/ai/。

1. 主要功能

（1）360AI 搜索：能够智能总结全网答案，提供精准、全面的答案。

（2）AI 阅读助手：支持长文本处理，具备智能摘要、对话翻译和 AI 视频助手等功能。

（3）AI 视频助手：自动提取视频字幕，总结视频看点，甚至还能生成视频内容的文本描述。

（4）AI 写作：生成营销文案和工作书面语文档。

（5）AI 智绘：图片生成和各种图片处理。

（6）安全性能：内置 360 安全引擎，有效识别和拦截恶意网站、病毒、木马等。

（7）速度快：采用高速的网页渲染引擎，快速打开网页。

（8）节省流量：通过压缩网页内容、减少图片加载等手段，有效节省流量。

（9）多功能：内置多种实用功能，如阅读模式、夜间模式、翻译、截图等。

（10）个性化定制：提供多种主题、插件等个性化定制选项。

2. 特色功能

（1）智能摘要：能够自动整理文章脉络，甚至生成思维导图，帮助用户快速把握文章的重点和核心信息。

（2）多语言翻译：支持多种语言之间的实时翻译，打破语言障碍。

（3）AI 视频助手：自动提取视频字幕，总结视频看点，甚至还能生成视频内容的文本描述。

（4）AI 阅读模式：具备 64 倍速的 AI 阅读模式，支持网页、PDF、视频内容的全新浏览模式。

3. 使用场景

（1）办公学习：阅读论文、视频、网页、图书、音频内容及编辑视频、做视频切条，编辑图片。

（2）日常生活：提供一站式的 AI 服务，覆盖小学生到职场人士的需求。

单元二 AIGC 赋能学习

AIGC 不仅是技术的革命，更是教育理念的革新。利用好 AIGC 这一强大的工具，将开启智能学习的新时代，为每一个渴望知识的心灵插上翅膀。

一、AIGC 赋能学习的优势

（一）个性化教学

AIGC 能够针对每个学生的特点和需求，提供定制化的教学方案，从而提高学生的学习效果。

（二）实时反馈

AIGC 可以即时回答学生的问题，提供实时的反馈和指导，帮助学生及时解决学习中的困惑。

（三）丰富的资源

借助 AIGC，学生可以接触到海量的学习资源，拓宽知识面，激发学习兴趣。

（四）情感支持

AIGC 不仅可以作为知识的传递者，还可以成为学生的情感支持者，帮助他们建立积极的学习心态。

二、AIGC 如何成为学习者的智能助手

在人工智能技术的推动下，AIGC 正逐渐成为学习者的智能助手，为教育领域带来革命性的变革。以下将详细探讨 AIGC 如何成为学习者的得力助手。

（一）个性化学习资源推荐

每个人的学习风格和兴趣点都是独特的。传统的教学模式往往难以满足所有学生的需求，而 AIGC 可以根据每个学习者的历史数据和学习行为，为他们推荐最相关、最有趣的学习资源。例如，一个对编程感兴趣的学生可能会收到关于计算机科学的视频教程和在线编程挑战；对艺术感兴趣的学生可能收到有关绘画技巧和艺术史的文章。这种个性化的推荐不仅提高了学习效率，也增加了学习的乐趣。

（二）智能辅导与答疑

在学习过程中，遇到难题是常有的事。传统的答疑方式可能需要等待老师或其他同学的回复，而 AIGC 则可以实时为学生提供解答。通过自然语言处理（NLP）技术，AIGC 能够理解学生的问题，并给出相应的答案或解释。此外，AIGC 还可以根据学生的学习进度和理解程度，提供针对性的练习和反馈，帮助学生巩固知识点。

（三）虚拟实验与模拟环境

对于一些需要实际操作或实验的课程，如物理、化学或医学等，AIGC 可以创建虚拟的实验环境和模拟场景。学生可以在这些环境中进行操作，观察结果，而不必担心真实实验中的安全风险或成本问题。这种虚拟实验的方式不仅降低了学习门槛，还为学生提供了更多的实践机会。

（四）情感支持与激励

学习并非总是一帆风顺的，学生在面对挫折和困难时，往往需要情感上的支持和鼓励。AIGC 可以通过分析学生的情绪状态和学习表现，给予适时的鼓励和安慰。例如，当学生连续答对几道题后，AIGC 可以发送一条鼓励的信息；当学生遇到困难时，AIGC 则可以提供一些建议和鼓励的话语，帮助学生重拾信心。

（五）跨越时空界限的全球课堂

AIGC 打破了传统教育的物理界限，让学习者能够接触到全球顶尖教育资源。无论是偏远地区的孩子，还是忙碌的职场人士，都能通过 AI 生成的高质量课程、讲座和虚拟实验室，享受如同亲临现场的学习体验。这种无边界的学习环境促进了知识的平等获取，也为国际合作与交流提供了新的平台。

三、AIGC 赋能学习的未来发展

随着 AI 技术的不断进步和教育需求的日益多样化，AIGC 在教育领域的应用将更加广泛和深入。未来，我们期待 AIGC 在以下几个方面取得更大的突破。

（一）智能教育机器人的普及

具备高度智能化和交互性的教育机器人将逐渐成为学习者的良师益友。它们不仅能够提供个性化的辅导和学习资源，还能与学习者建立深厚的情感联系。

（二）虚拟实景技术在教育中的应用

借助虚拟实景技术，学习者可以身临其境地体验各种学习场景和实验环境。这将极大地提高学习的趣味性和实效性。

（三）AIGC 与学习社交平台的融合

未来的学习社交平台将更加注重学习者的个性化和社交需求。AIGC 技术将为学习者提供更加智能的推荐和匹配功能，帮助他们找到志同道合的学习伙伴和导师。

（四）AIGC 在教育评估与反馈中的创新

传统的教育评估方式往往侧重于结果性评价，而忽视了过程性评价和个性化评价的重要性。未来，AIGC 将在教育评估与反馈中发挥更大的作用，为学习者提供更加全面、客观和个性化的评价报告和建议。

AI 超级个体训练

使用 Kimi 助力阅读长文本

Kimi 是一款高效的文本分析工具，擅长处理和解析长达 20 万字的长文本。它能够快速理解并总结文本内容，提供精准的信息摘要。用户只需上传文档，Kimi 就能迅速读取并回答相关问题，支持中文和英文等多种语言，让长篇阅读变得简单快捷。Kimi 主界面如图 6－2 所示。

图 6－2　Kimi 助力长文本分析界面

使用 Kimi 阅读长文本的特点包括：

（1）高效率：Kimi 能够快速处理和分析大量文本，节省用户阅读时间。

（2）准确性：Kimi 通过算法精确理解文本内容，提供准确的信息摘要。

（3）多语言支持：Kimi 支持中文和英文等多种语言的文本处理。

（4）长文本处理：Kimi 能够处理长达 20 万字的文本，满足长篇阅读需求。

（5）交互式操作：用户可以通过与 Kimi 的对话来获取文本中的特定信息或总结。

操作过程通常如下：

（1）上传文本：用户将需要阅读的文本文件发送给 Kimi，可以是 TXT、PDF、Word 文档、PPT 幻灯片或 Excel 电子表格等格式。

（2）解析文本：Kimi 接收文件后，会解析文件内容，准备进行阅读和分析。

（3）提出问题：用户根据需要，向 Kimi 提出具体问题，比如要求总结、寻找特定信息等。

（4）获取回答：Kimi 根据解析的文本内容，结合用户的问题，给出回答或总结。

（5）交互反馈：如果用户对回答有疑问或需要更多信息，可以继续与 Kimi 交互，获取更深入的解答。

单元三

AI 搜索与知识学习

AI 搜索是结合了人工智能技术的搜索方式。它不同于传统的基于关键词的搜索，而是能够理解和解析用户的搜索意图，提供更加精准、个性化的搜索结果。

一、AI 搜索技术概述

AI 搜索技术，顾名思义，是指运用人工智能的方法和技术来改进和提升搜索引擎的性能。AI 搜索技术主要包括以下几个方面。

（一）自然语言处理（NLP）

NLP 是 AI 搜索技术的核心之一，它使得搜索引擎能够理解和解析用户的自然语言查询，从而更准确地捕捉用户的搜索意图。

（二）机器学习

机器学习技术使搜索引擎能够从大量的搜索数据中加以学习和优化，不断提高搜索结果的准确性和相关性。

（三）知识图谱

知识图谱是一种结构化的知识表示方法，它可以帮助搜索引擎更好地组织和理解信息，为用户提供更丰富、更深入的搜索结果。

（四）个性化推荐

通过对用户行为的分析和建模，AI 搜索引擎可以为每个用户提供个性化的搜索结果和建议，从而提高用户体验。

二、AI 搜索技术在知识学习中的应用

在当今信息爆炸的时代，AI 搜索技术在知识学习中的应用日益凸显，为学习者提供全新的学习体验。

（一）智能推荐学习资源

在知识学习过程中，学习者常常面临信息过载的问题。AI 搜索通过智能推荐算法，能够为学习者筛选出高质量、相关性的学习资源。这些资源不仅包括文本、图片、视频等多种形式的内容，还能根据学习者的学习风格和进度进行个性化推荐。例如，对于初学者，AI 搜索可能会推荐一些基础入门教程；对于进阶学习者，则可能推荐更深入的专业资料或研究论文。

（二）精准解答学习问题

学习者在学习过程中难免会遇到各种问题。AI 搜索能够理解学习者的提问意图，并从海量的知识库中精准地找到答案。这种能力不仅提高了学习效率，还能帮助学习者及时解决疑惑，避免问题积压。同时，AI 搜索还能根据学习者的反馈不断优化答案的质量和准确性。

（三）个性化学习路径规划

每个学习者的学习需求和能力水平都是不同的。AI 搜索通过分析学习者的学习数据和行为模式，能够为每个人量身定制个性化的学习路径。这条路径不仅符合学习者的兴趣和目标，还能根据学习者的学习进度和反馈进行动态调整。这种个性化的学习方式有助于提高学习者的学习积极性和效果。

（四）智能学习助手

AI 搜索还可以作为学习者的智能助手，提供实时的学习支持和反馈。例如，在学习者进行阅读或写作时，AI 搜索能够实时检查语法错误、提供同义词替换建议等。此外，它还可以根据学习者的需求提供相关的背景资料、参考文献等辅助信息，帮助学习者更深入地理解和掌握知识。

（五）学习效果评估与反馈

AI 搜索能够记录和分析学习者的学习数据，包括学习时间、进度、成绩等，从而为学习者提供客观的学习效果评估和反馈。这种评估和反馈不仅有助于学习者了解自己的学习情况和问题所在，还能激发其学习动力和提升学习效果。

（六）探索式学习引导

在 AI 搜索的引导下，学习者可以进行探索式学习。通过输入一个主题或关键词，AI 搜索能够为学习者提供与该主题相关的各种学习资源和问题探讨。这种学习方式有助

于培养学习者的自主学习能力和创新思维，使其在探索过程中不断发现和解决问题。

（七）语言学习与跨文化交流

AI 搜索在语言学习和跨文化交流方面也发挥着重要作用。它能够为学习者提供多语种的学习资源和实践机会，帮助其提高外语水平和跨文化沟通能力。同时，通过与不同文化背景的人进行交流和互动，学习者还可以拓宽视野、增强全球意识。

三、AI 搜索的未来发展趋势

随着技术的不断发展，AI 搜索引擎会变得更加智能和高效。以下是几个可能的发展趋势。

（一）更强的自然语言理解能力

未来的 AI 搜索引擎能更好地理解用户的自然语言查询，甚至能够进行一定程度的对话式搜索，使用户的体验更加接近于与真人交流。

（二）更丰富的知识表示形式

除了文本之外，AI 搜索引擎还将支持图像、音频和视频等多媒体内容的搜索，为用户提供更直观、更生动的学习体验。

（三）更深层次的个性化服务

通过对用户行为的深入分析和预测，AI 搜索引擎能够提供更加精细化的个性化服务，包括个性化的学习资源推荐、学习路径规划和学习进度追踪等。

（四）更强的社交互动功能

AI 搜索引擎将融入更多的社交元素，用户可以在搜索过程中与其他学习者互动，分享学习心得，共同解决问题，从而形成积极向上的学习氛围。

AI 超级个体训练

AI 搜索

AI 搜索在提供更加智能、个性化搜索体验方面具有显著优势，而传统搜索在某些情况下仍然是用户首选，尤其是在需要广泛浏览多个来源的信息时。随着技术的发展，AI 搜索可能会逐渐取代或至少部分替代传统搜索，成为主流的信息检索方式。

国内典型的 AI 搜索工具包括 360AI 搜索、秘塔 AI 搜索、天工 AI 搜索、智谱 AI 搜索等。

其中 360AI 搜索体验如下：

1. 打开 360AI 浏览器，或者使用任意浏览器打开 360AI 搜索。

2. 搜索任意关键词，比如“世界人工智能大会”，如图 6－3 所示。

3. 360AI 搜索在进行相关搜索后，使用 AI 技术提炼搜索的内容并分别呈现，标注观点的出处，同时呈现思维导图和参考资料。还可以进行追问对话、朗读、改写、翻译等进一步处理，如图 6－4 所示。

360AI搜索

世界人工智能大会　搜索一下

牙线会不会让牙缝变大　体毛会越刮越粗吗　气油标号是如何区分的　租房过一辈子可以吗

图 6-3　360AI 搜索界面

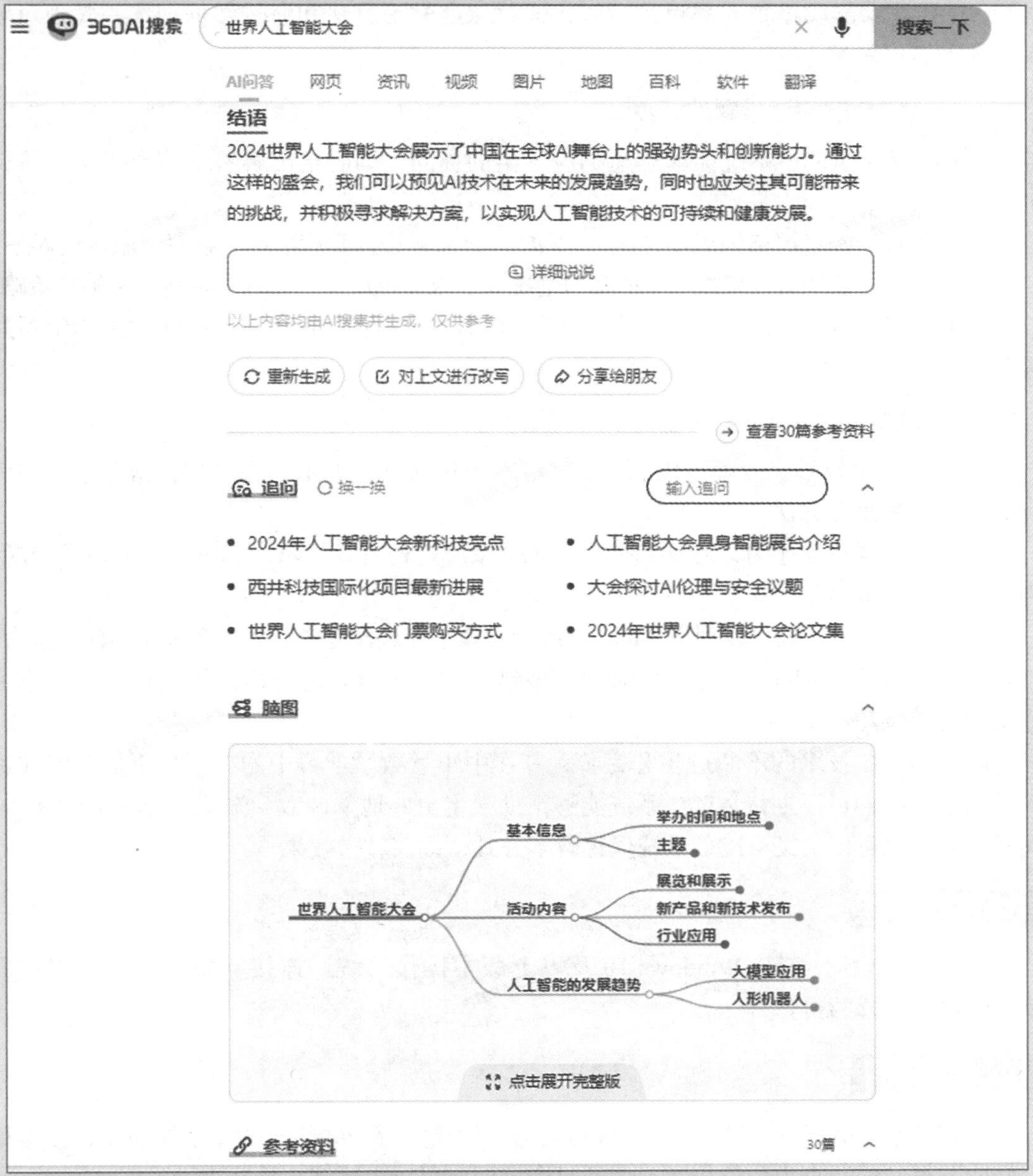

360AI搜索　世界人工智能大会　搜索一下

AI问答　网页　资讯　视频　图片　地图　百科　软件　翻译

结语

2024世界人工智能大会展示了中国在全球AI舞台上的强劲势头和创新能力。通过这样的盛会，我们可以预见AI技术在未来的发展趋势，同时也应关注其可能带来的挑战，并积极寻求解决方案，以实现人工智能技术的可持续和健康发展。

详细说说

以上内容均由AI搜集并生成，仅供参考

重新生成　对上文进行改写　分享给朋友

查看30篇参考资料

追问　换一换　输入追问

- 2024年人工智能大会新科技亮点
- 人工智能大会具身智能展台介绍
- 西井科技国际化项目最新进展
- 大会探讨AI伦理与安全议题
- 世界人工智能大会门票购买方式
- 2024年世界人工智能大会论文集

脑图

世界人工智能大会
基本信息
举办时间和地点
主题
活动内容
展览和展示
新产品和新技术发布
行业应用
人工智能的发展趋势
大模型应用
人形机器人

点击展开完整版

参考资料　30篇

图 6-4　360AI 搜索总结页面

实训项目一

使用讯飞星火解答数学题

一、实训背景

AIGC 技术能够模拟人类思维过程，通过深度学习算法和海量数据训练，实现对数学问题的智能解答。

（一）AIGC 解答数学题的特点

1. 即时性：AIGC 系统能够迅速响应学生的提问，即时给出解答，节省了学生等待的时间。

2. 准确性：经过严格训练和优化，AIGC 系统能够提供高度准确的解答，减少错误率。

3. 个性化：系统可以根据学生的学习情况和需求，提供个性化的学习建议和解题策略。

4. 互动性：AIGC 系统可以与学生进行互动，回答学生的疑问，增强学生的学习兴趣和动力。

（二）AIGC 在中小学数学学习中的应用

1. 辅助课堂教学：教师可以利用 AIGC 系统在课堂上展示解题过程，帮助学生理解复杂的数学概念和方法。

2. 课后辅导：学生可以在课后使用 AIGC 系统进行自我学习，解决遇到的数学问题，提高自主学习能力。

3. 家庭作业：家长可以利用 AIGC 系统辅导孩子完成家庭作业，减轻家长的辅导压力。

4. 错题分析：AIGC 系统可以对学生做错的题目进行智能分析，提供针对性的学习建议和解题技巧。

随着 AIGC 技术的不断进步和完善，其在中小学数学学习中的应用将更加广泛和深入。未来，我们可以期待 AIGC 系统能够帮助学生更好地掌握数学知识，提高数学素养。同时，教师也可以借助 AIGC 系统优化教学方式，提高教学效果。

二、实训环境

PC 台式电脑，安装 Windows 10 及以上版本操作系统，连接互联网。安装浏览器（推荐 360AI 浏览器）。

三、实训内容

1. 解答小学数学题：小华有 15 块巧克力，她决定分一些给她的 4 个好朋友，使得每个好朋友得到的巧克力数量相同。请问每个好朋友可以得到多少块巧克力？

2. 解答初中数学题，如图 6－5 所示。

$(-\frac{1}{2})^{-3}+(-2)^{0}+(-0.1)^{2013}\times(10)^{2013}$

图 6-5　初中数学运算题

3. 解答高中数学题，如图 6-6 所示。

已知数列$\{a_n\}$中，$a_2=1$，设S_n为$\{a_n\}$的前n项和，$2S_n=na_n-n(n-1)$

求：

（1）a_n的通项公式；

（2）数列$\{\frac{a_n+1}{2^n}\}$的前n项和T_n.

图 6-6　高中数学题

四、实训准备

在 PC 电脑浏览器中分别打开讯飞星火和文心一言大模型。

五、实训指导

（一）解答小学数学题

1. 打开网页应用讯飞星火大模型。

2. 准备好表格内容和提示词，然后复制到提示文本框中。

提示词：

你是一名小学数学老师，请帮忙解答下面的数学题【小华有 15 块巧克力，她决定分一些给她的 4 个好朋友，使得每个好朋友得到的巧克力数量相同。请问每个好朋友可以得到多少块巧克力？】

讯飞星火参考输出如图 6-7 所示。

当然，这是一道关于除法的问题。我们来一步步解答：

题目： 小华有15块巧克力，她决定分一些给她的4个好朋友，使得每个好朋友得到的巧克力数量相同。请问每个好朋友可以得到多少块巧克力？

解答步骤：

1. **确定总数和分配对象：** 小华有15块巧克力，需要分给4个好朋友。
2. **计算每个好友得到的巧克力数：** 由于要平均分配，我们需要将巧克力总数除以好友的人数。
3. **计算结果：** 进行除法运算，$15\div4=3$ 余数为3。这意味着每个好友可以得到3块巧克力。

答案： 每个好朋友可以得到3块巧克力，剩下3块。

重新回答

图 6-7　讯飞星火解答小学数学题

（二）解答初中数学题

1. 将初中数学题表达式拍照保存为图片文件。

2. 在讯飞星火提示词对话框选择“图片上传”按钮 图片，将上面保存的图片上传到讯飞星火缓存。

3. 输入提示词。

提示词：

你是一名初中数学老师，请计算上传图片中数学表达式的计算结果。

讯飞星火参考输出如图 6－8 所示。

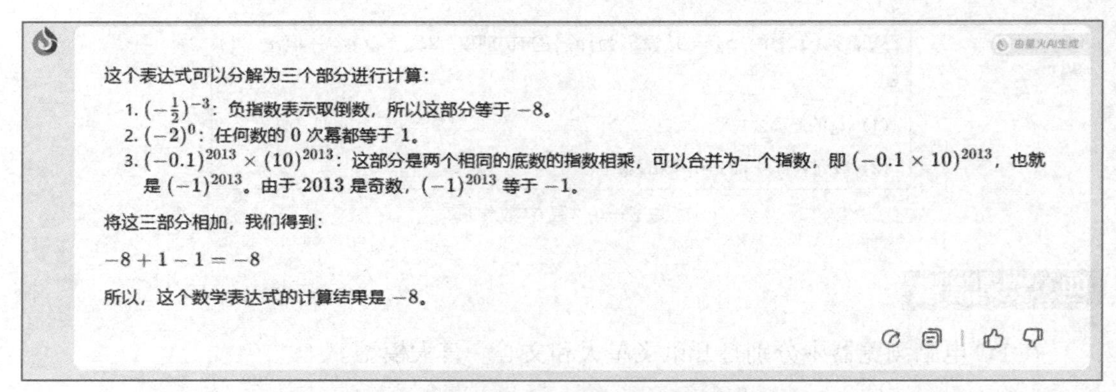

图 6－8　讯飞星火解答初中数学题

（三）解答高中数学题

1. 将高中数学题表达式拍照保存为图片文件。

2. 在文心一言提示词对话框选择“图片上传”按钮 图片，将上面保存的图片上传到文心一言缓存。

3. 解析题目。

提示词：

请识别上传图片中的高中数学题目，并显示，不做解答。

文心一言参考输出如图 6－9 所示。

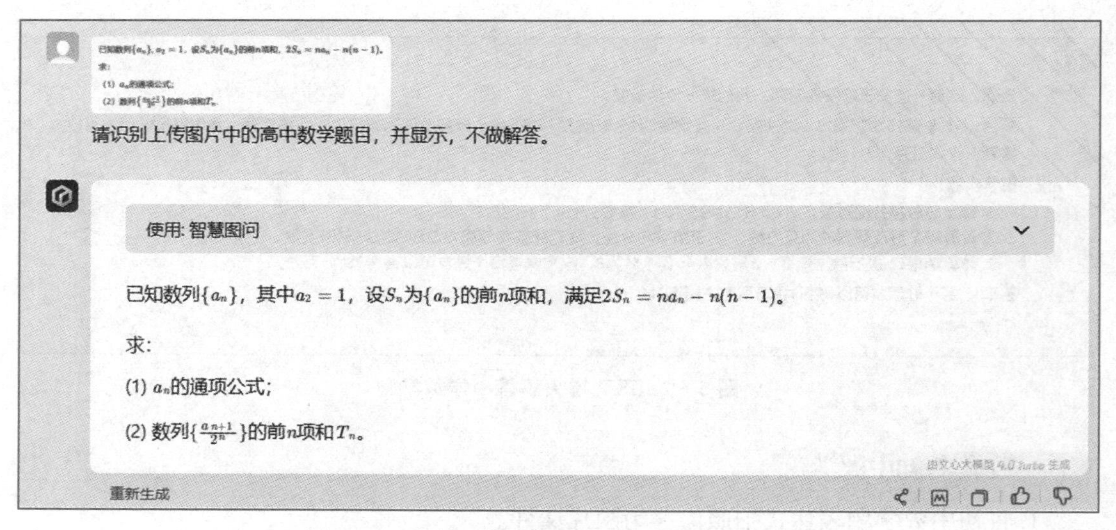

图 6－9　文心一言智能识别图片中的高中数学题

4. 判断题目识别正确后，进行题目解答。

提示词：

你是一名资深的高中数学老师，请解答上面的数学题，请一步一步分析，逐步解答。

文心一言参考输出如图 6－10 所示。

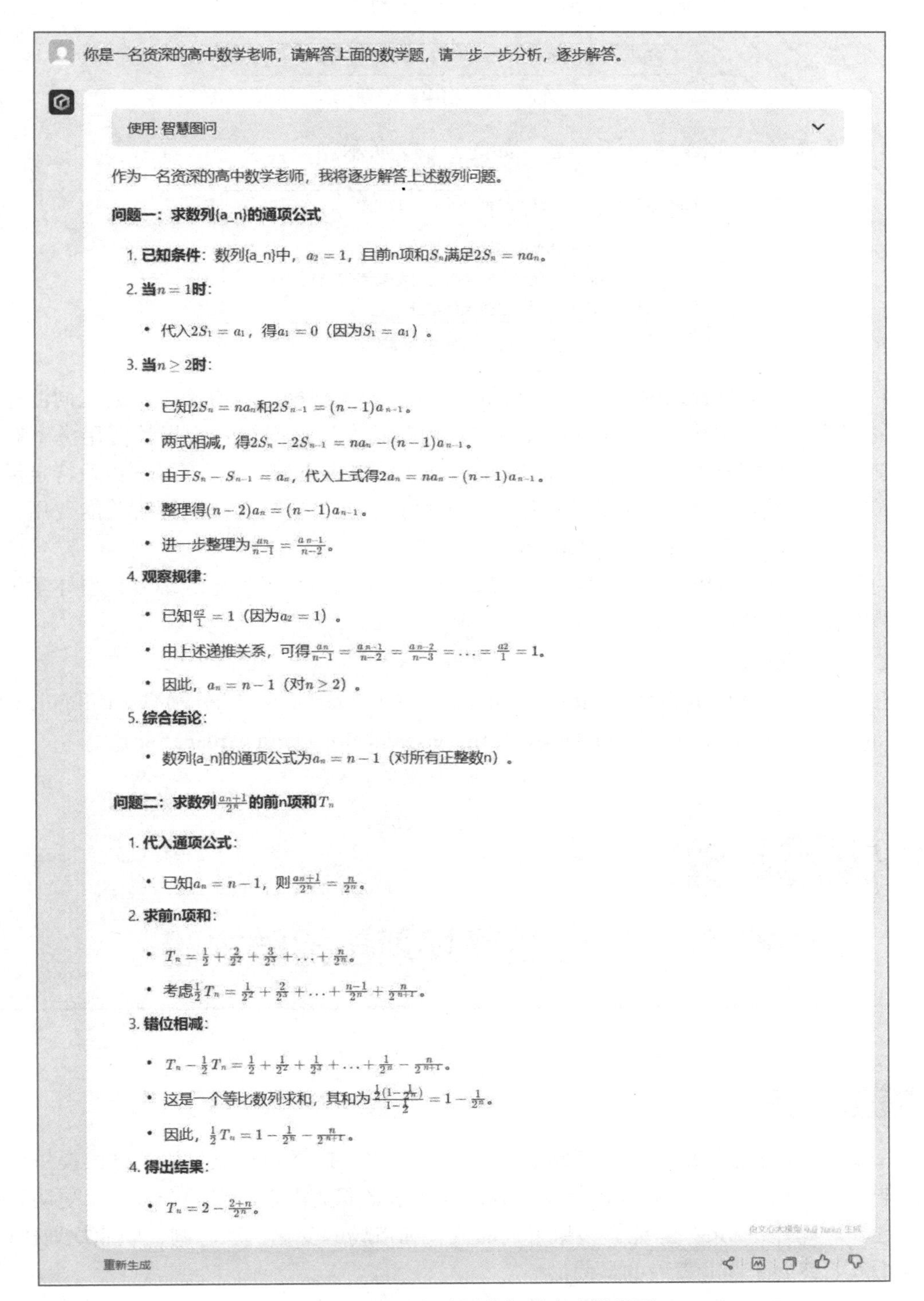

图 6－10 文心一言智能解答高中数学题

六、实训拓展

1. 使用讯飞星火求解小学数学中鸡兔同笼问题。

2. 使用文心一言求解初中数学题，如图 6－11 所示。

若$x^2+ax-15=(x+1)\ (x-15)$，则$a=$____.

图 6－11　初中数学题

3. 使用通义千问求解高中数学题，如图 6－12 所示。

已知函数$f(x)=x^3-6x^2+9x+1$，求：

1. 函数$f(x)$的单调递增区间；
2. 函数$f(x)$的极值点及其性质（极大值点还是极小值点）；
3. 函数在区间$[0,4]$上的最大值和最小值。

图 6－12　高中数学题

4. 对于外语学习者来说，分辨近义词的意义差异、根据语境准确选择适宜词汇存在一定的困难。在英语中，fare 和 fee 都有“费用”的意思，但二者所指的费用类型有明显区别。fare 通常指的是与交通运输相关的费用（如搭乘公共交通的费用）以及特定活动（如电影等）的费用；而 fee 指的是与服务、许可证、会员资格、注册等有关的费用，通常支付给个人、组织机构、政府部门等。

为帮助学习者辨析近义词的意义差异，可以使用大语言模型生成练习，引导学生结合语境对比分析词义。

参考提示词：

Please create 20 fill-in-the-blank questions (using “fare” or “fee”) to distinguish the meanings of “fare” and “fee”, and provide the answers along with explanations.

实训项目二

AIGC 赋能职业生涯规划与招聘求职

一、实训背景

AIGC 技术通过深度学习，能够理解个人的兴趣、技能和职业目标，进而提供个性化的职业路径规划。它能够分析行业趋势，预测未来职业需求，帮助个人做出更明智的职业选择。此外，AIGC 还能够根据个人的成长和市场的变化，动态调整职业规划建议，确保个人始终处于职业发展的最前沿。

对企业而言，招聘到合适的人才是一项极具挑战的任务。AIGC 技术通过智能分析简历和职位描述，能够快速匹配合适的候选人。它能够识别简历中的关键词和技能，与职位要求进行匹配，大大提高招聘效率。同时，AIGC 还能够通过分析候选人的在线行为和社交媒体活动，评估其文化适应性和团队协作能力，帮助企业找到最适合的人才。

对个人而言，AIGC 不仅能够提供个性化的职业发展建议，还能够帮助求职者制作出更具吸引力的简历，从而在竞争激烈的职场中脱颖而出。AIGC 技术的核心优势在于其对大数据的深度分析能力。通过分析求职者的个人信息、教育背景、工作经验以及技能特长，AIGC 能够生成一份既符合个人特点又符合市场需求的简历。这份简历不仅能够突出求职者的优势，还能够通过智能排版和设计，使其在视觉上更加吸引招聘者的注意。在求职简历的制作过程中，AIGC 能够提供定制化的内容生成服务。它可以根据求职者的目标职位，自动匹配相关的关键词和技能点，确保简历内容与职位要求高度一致。此外，AIGC 还能够根据最新的行业趋势和招聘动态，为求职者提供实时更新的简历模板和写作建议，帮助他们把握求职机会。

随着技术的不断进步和完善，AIGC 有望成为连接求职者和招聘方的重要桥梁，为职场发展注入新的活力。

二、实训环境

1. PC 台式电脑，安装 Windows 10 及以上版本操作系统，连接互联网。安装浏览器（推荐 360AI 浏览器）。

2. 手机安装通义千问、智谱清言、文心一言、天工 AI 等 AI 大语言模型应用。

三、实训内容

1. AIGC 赋能职业生涯规划。
2. AIGC 赋能求职简历制作。
3. AIGC 生成企业招聘信息。
4. AI 模拟面试考官。

四、实训准备

1. 通过 PC 电脑浏览器分别打开天工 AI、豆包、Kimi 或者文心一言等 AIGC 对话工具。

2. 手机端安装天工 AI、豆包、通义千问、文心一言等应用，并完成注册登录。

扫码看视频

AIGC 赋能职业生涯规划与招聘求职

五、实训指导

（一）AIGC 赋能职业生涯规划：本科毕业后的职业生涯规划

在 PC 电脑中打开文心一言网页端。

提示词：

请根据我提供的资料，帮我设计一份职业发展规划，重点考虑我可能遇到的挑战和困难，并提供相应的解决方法，以便我能更好地应对。如果凭借个人能力无法应对这些困难和挑战，我应该如何提升自己？

我提供的资料：

【我是男生，刚刚 ×× 大学毕业，计算机软件专业，想就业，也想创业，还想考研，很是迷茫。】

输入上述提示词，然后点击“发送”按钮，文心一言参考输出如图 6-13 所示。

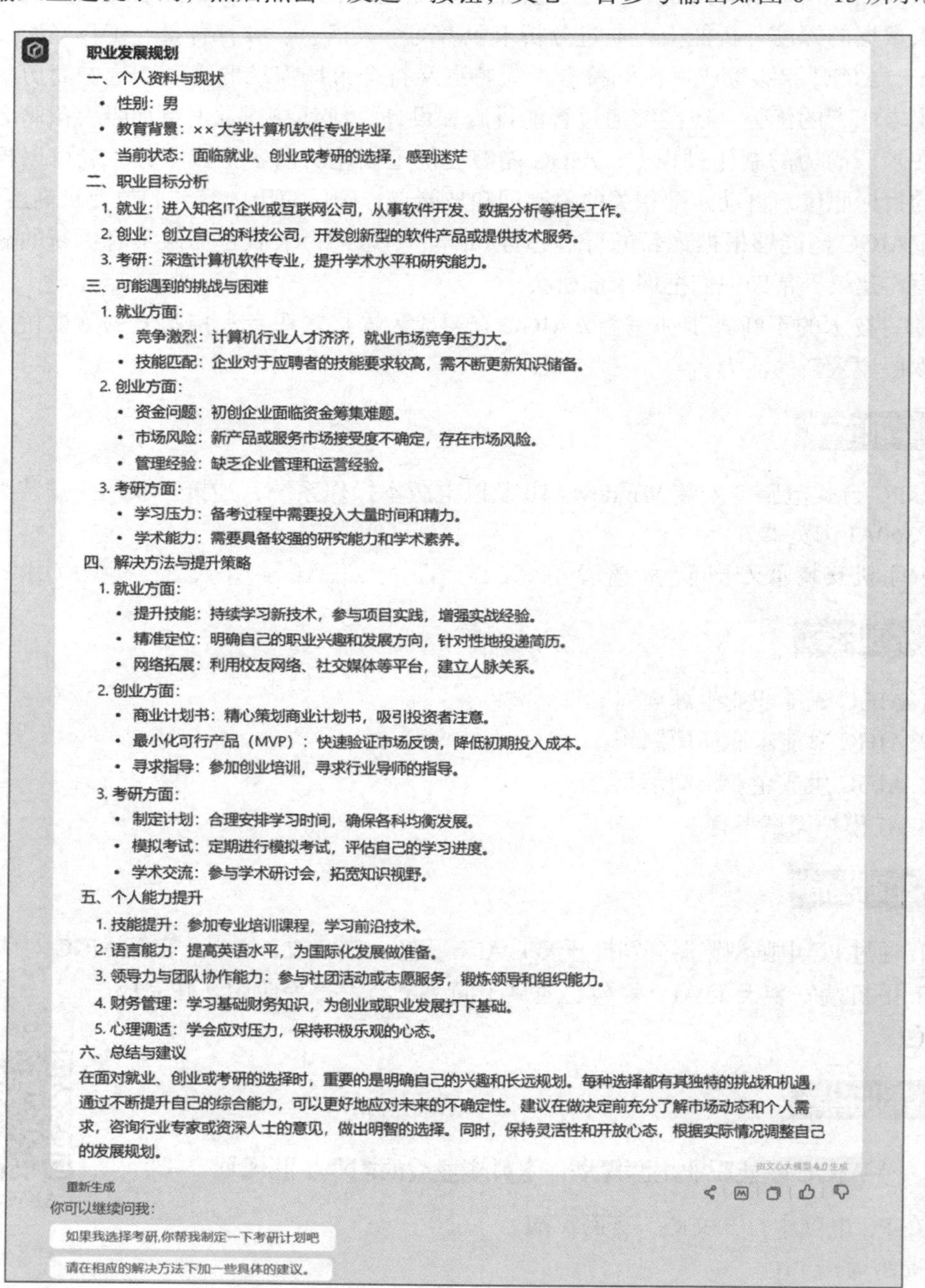

图 6-13　文心一言赋能职业生涯规划

查看上述生成的职业规划内容，可以修改提示词后重新生成。然后复制到文本编辑软件中进行修改调整。

（二）AIGC 赋能求职简历制作

打开通义千问，选择“通义千问 –Max”模型。

1. 确定求职简历核心板块要素。

提示词：

你是一名求职简历专家，请告诉我一份优秀的求职简历包含哪些板块和要素？

输入上述提示词，并点击“发送”按钮。

通义千问回答如下：

一份优秀的求职简历是求职者向潜在雇主展示自己资历、技能和成就的重要工具。它应该清晰、精炼且有吸引力，确保在短时间内给招聘方留下深刻印象。以下是构成一份优秀求职简历的主要板块和要素：

（1）头部 / 联系方式：

姓名：突出显示，通常位于页面顶部中央或左侧。

联系方式：包括电话号码、电子邮箱（建议使用专业的邮箱地址）、LinkedIn 等社交媒体或个人网站链接（如果适用且专业）。

（2）个人简介 / 职业目标：

简短介绍自己的职业背景、核心竞争力以及求职意向。这一部分应根据应聘职位进行定制，强调与职位最相关的经验和技能。

（3）工作经验：

按时间逆序列出最近的工作经历，包括公司名称、职位、在职时间。

使用动词开头的简洁语句描述职责和成就，量化成果（如“提升销售额 20%”“管理 5 人团队完成项目，提前两周交付”）。

（4）教育背景：

按时间逆序列出教育经历，包括学校名称、学位、主修专业、毕业时间。

可以提及成绩优异情况或相关荣誉、奖学金等。

（5）技能清单：

列出与申请职位直接相关的专业技能、软技能、语言能力及计算机技能等。尽量具体，比如编程语言、软件应用熟练度等。

（6）证书与培训：

如果有与职位相关的专业证书、培训经历或继续教育，应在此列出。

（7）项目经验 / 作品集（尤其适用于创意行业、IT 开发等）：

简要描述参与或主导的关键项目，特别是能展现你能力和成就的项目。可以提供项目链接或作品集链接。

（8）社会活动 / 志愿者经验（可选）：

参与的社会活动、志愿者服务或社团领导经历，尤其是能够体现团队合作、领导力或对社会有积极贡献的活动。

（9）兴趣爱好（可选）：

适量提及，尤其是那些能反映个人特质、与职位文化相符的兴趣。

最后，注意简历的格式应整洁、易读，避免错别字和语法错误，可适当使用粗体、斜体或项目符号来提高可读性。根据行业和职位的不同，调整简历内容的侧重点，确保它既专业又具有针对性。

2. 按照上面的要求准备个人信息，然后生成求职简历初稿。

提示词：

很好，请根据我提供的个人信息，参照上述板块和要素的要求，为我撰写一份个人求职简历。我的个人信息如下：

【姓名：李开心

出生年月：1996 年 5 月 9 日

联系方式：手机：139××××4578（微信） QQ：78××××8909

教育经历：2014 年 9 月—2018 年 7 月 四川美术学院设计学学士

2018 年 9 月—2021 年 6 月 武汉理工大学设计学硕士

工作经历：

（1）上海 A 信息技术有限公司 产品经理 – 门票活动产品组 2021.07—2023.12

（2）湖北 B 网络技术股份有限公司 产品实习生 – 商业策略部 2020.05—2021.04

工作情况：

（1）业务经验：2 年半以上的产品经理。具备产品经理经验，能制定项目策略并独立负责从 0-1 的产品项目全流程，有较强的工作执行力与项目管理能力。

（2）设计思维：本科硕士是产品设计专业，对用户研究、体验感知、视觉审美有较强的认知。

（3）产品能力：具备产品经理所有的硬实力与软实力。擅长数据分析、用户研究、业务需求挖掘、产品规划、文档输出等必备能力；同时个人具备较强的执行力、学习能力、自驱力、洞察力、领导力。

技能清单：擅长 Axure/Figma/SQL/Office/Visio 等基础办公工具。

获得证书：大学英语 6 级证书；高级电子商务师（一级技师）证书。】

输入上述提示词，并点击“发送”按钮。

通义千问生成的简历如下：

李开心的求职简历

【联系方式】

手机：139××××4578（微信）

邮箱：（请提供一个专业的邮箱地址）

QQ：78××××8909

【个人简介】

拥有超过 2 年半的产品经理经验，擅长将设计思维与业务策略结合，有效推动产品从概念到市场落地的全过程。具备强大的数据驱动决策能力和卓越的项目管理技巧，寻求在创新科技领域中，进一步发挥我的战略规划和产品创新能力的挑战性职位。

【教育背景】

（1）设计学硕士。

武汉理工大学 | 2018.09—2021.06　专注于产品设计，深化了用户研究与体验设计的知识体系。

（2）设计学学士。

四川美术学院 | 2014.09—2018.07　建立了坚实的设计基础，锻炼了创意思维与审美能力。

【工作经验】

（1）产品经理 – 门票活动产品组　上海 A 信息技术有限公司 | 2021.07—2023.12

– 领导并完成从 0-1 的产品生命周期管理，成功推动多款门票活动产品的上线，实现用户量与交易额双增长。

– 运用数据分析（SQL）识别用户需求与市场趋势，优化产品功能，提升用户体验，实现 20% 的增长目标。

– 强化团队协作，通过敏捷项目管理方法，确保项目按时高效交付。

（2）产品实习生 – 商业策略部　湖北 B 网络技术股份有限公司 | 2020.05—2021.04

– 协助分析市场数据，参与制定部门商业策略，助力业务增长。

– 参与用户调研与竞品分析，为产品迭代提供数据支持和创新思路。

【专业技能】

（1）产品设计工具：Axure，Figma。

（2）数据分析与办公软件：SQL，Office（Excel/Word/PPT），Visio。

（3）软技能：用户研究、业务需求分析、产品规划、文档编写、项目执行、团队领导、自我驱动学习与洞察力。

【证书】

（1）大学英语六级证书。

（2）高级电子商务师（一级技师）证书。

李开心以其深厚的设计背景、丰富的实战经验和全面的技能组合，准备为新团队带来创新与增长动力。

期待与您共同开启新的职业篇章！

3. 针对上述 AI 生成的求职简历，增加或修正个人信息，反复迭代生成，直到满意为止。

（三）AIGC 生成企业招聘信息：跨境电子商务运营岗位招聘

在 PC 电脑中打开讯飞网页端。

提示词：

你是一名资深人力资源专家，我公司现在需要招聘 5 名跨境电子商务运营人员，请根据我给出的公司所在的行业、岗位类型、岗位目标等信息，为我公司撰写一份招聘公告。以下是我给出的信息：

【我公司所在的行业是电商行业，要求招聘的岗位类型是资深跨境电子商务运营人

员，岗位工作是负责公司中东地区市场开发和拓展。招聘公告需要包含岗位职责、岗位要求。】

输入上述提示词，然后点击“发送”按钮，讯飞星火参考输出如图 6-14 所示。

招聘公告

【公司简介】

我们是一家领先的电子商务公司，专注于通过创新技术和卓越的客户服务，为全球消费者提供无缝的在线购物体验。随着业务的快速发展，我们现正寻找有才华、充满激情的资深跨境电子商务运营人员加入我们的团队，共同开拓中东地区的广阔市场。

【岗位名称】

资深跨境电子商务运营人员

【招聘人数】

5名

【岗位职责】

1. 负责公司在中东地区的市场开发和拓展工作，制定并执行有效的市场进入策略；
2. 分析中东市场趋势，竞争对手动态以及消费者行为，以便调整运营策略；
3. 管理和维护跨境电商平台的日常运营，包括产品上架、优化、促销和订单处理等；
4. 协调内部资源，与供应链、物流、客服等团队紧密合作，确保客户满意度和运营效率；
5. 监控并报告销售数据，定期进行业绩回顾，不断优化运营流程和提升业绩；
6. 跨文化沟通，建立并维护与中东地区合作伙伴的良好关系。

【岗位要求】

1. 本科及以上学历，市场营销、国际贸易、电子商务或相关专业优先；
2. 至少3年以上跨境电商运营经验，有中东市场工作经验者优先；
3. 精通英语，能够用英语进行商务谈判和书写，掌握阿拉伯语者优先；
4. 熟悉跨境电商平台的运作模式和规则（如亚马逊、eBay、阿里巴巴国际站等）；
5. 具备出色的市场分析、项目管理和跨文化沟通能力；
6. 能适应快节奏工作环境，具有良好的问题解决能力和团队合作精神；
7. 愿意接受挑战，对新兴市场有浓厚的兴趣和独到的见解。

【我们提供】

- 竞争力的薪酬和福利；
- 广阔的职业发展空间和学习机会；
- 国际化的工作环境；
- 富有挑战性的工作内容和项目。

【申请方式】

请将您的简历发送至[公司邮箱]，并注明应聘职位。我们将对每一份简历进行认真评估，并与合适的候选人联系安排面试。

加入我们，一起在充满活力的电商领域创造卓越成就！

问问助手：人力资源咨询专家　超级 HR

图 6-14　讯飞星火赋能招聘广告

针对上面生成的招聘公告，根据需要修改提示词后重新生成或者反复追问提示优化，然后复制到文档编辑软件进行编排。

（四）AI 模拟面试考官

在 PC 电脑中打开紫东太初网页端。

提示词 1：

你是一名资深人力资源管理师和面试考官，我大学本科、硕士研究生都是计算机软件专业，有两年大厂工作经历，曾从事过软件编码、软件项目管理和互联网产品设计等工作，现在准备应聘互联网创业公司产品经理职位，请给出这个岗位的岗位需求和一般招聘要求。

输入上述提示词，然后点击“发送”按钮，紫东太初参考输出如图 6-15 所示。

搜索完成，共找到7个网页并参考内容

作为一名资深人力资源管理师和面试考官，我可以根据你提供的信息和常见的互联网产品经理岗位需求，为你概述一下这个岗位的一般招聘要求。

互联网产品经理的岗位需求通常包括以下几个方面：

1. **产品策划与设计**：负责互联网产品的整体规划和设计，包括产品定位、功能规划、用户体验设计等[4]。
2. **市场调研与分析**：深入了解用户需求，进行市场调研和分析，挖掘用户需求和痛点，为产品优化提供指导[4]。
3. **需求分析与定义**：准确把握业务需求，进行需求分析和定义，撰写高质量的需求文档[4]。
4. **原型设计与文档撰写**：能够熟练使用原型设计工具，进行产品原型设计，并撰写各类产品文档，如MRD、PRD等[4]。
5. **项目管理与协调**：负责产品项目的整体规划和实施，包括制定项目计划、跟进项目进度、协调各部门人员等[4]。
6. **数据分析与优化**：关注产品上线后的数据表现，进行数据分析，发现问题并提出优化方案[4]。
7. **团队协作与沟通能力**：与团队成员保持良好的沟通，协调团队成员的工作，与其他部门进行沟通，确保产品顺利推广和运营[4]。
8. **学习能力和创新精神**：具备较强的学习能力和创新精神，关注行业动态，掌握新技术和新方法，为产品的持续优化和升级提供支持[4]。

针对你的背景，以下是你应聘互联网产品经理职位时可能需要满足的一些一般招聘要求：

1. **教育背景**：通常要求应聘者具有计算机科学、市场营销、商务管理等相关专业的学士或硕士学位[1]。
2. **工作经验**：一些公司可能要求应聘者具备1-3年或3-5年的产品经理工作经验，具体要求视公司规模和职位级别而定[1]。
3. **专业技能**：熟悉软件开发流程，具备一定的编程能力，了解常用的产品设计和分析工具[1]。
4. **沟通协调能力**：具备出色的沟通协调能力，能够与不同部门和团队成员进行有效沟通[1]。
5. **项目管理经验**：有软件项目管理经验，熟悉敏捷开发等现代软件开发方法[1]。
6. **数据分析能力**：能够熟练运用数据分析工具，对产品数据进行分析和优化[1]。
7. **创新精神**：具备较强的创新精神和市场敏锐度，能够根据市场变化和用户需求提出新的产品创意和解决方案[1]。
8. **团队合作精神**：具备良好的团队合作精神，能够与团队成员共同推动产品的成功[1]。

在准备应聘互联网产品经理职位时，建议你针对上述要求进行针对性的准备，包括更新你的简历，突出你在软件编码、项目管理和产品设计等方面的经验和成就，以及准备相关的面试材料和案例分析等。祝你应聘成功！

以上内容为AI生成，不代表开发者立场，请勿删除或修改本标记

图 6-15 紫东太初生成面试岗位要求

提示词 2：

好的，我想应聘这个互联网创业公司产品经理职位岗位，你作为面试考官，请向我提出 10 个问题。

输入上述提示词，然后点击“发送”按钮，紫东太初参考输出如图 6-16 所示。

作为面试考官，为了全面评估你作为互联网产品经理的潜力和适合度，我可能会问你以下10个问题：

1. **请简单自我介绍一下，重点阐述你的教育背景和工作经历。**
2. **请分享一下你在过去的工作中所承担的角色和主要职责，特别是与产品相关的经历。**
3. **在你之前的工作经验中，你最自豪的一项成就是什么？请详细描述你在这个项目中的贡献。**
4. **请描述一下你理解的产品经理角色，并谈谈你认为在这个角色中最重要的技能是什么。**
5. **请阐述你在过去的项目中如何进行市场调研和分析来指导产品发展。**
6. **在产品设计过程中，你如何确保用户体验得到充分考虑？**
7. **请描述一个你曾经遇到的问题，以及你是如何通过数据分析来解决这个问题的过程。**
8. **请分享一下你在过去的项目中如何协调和管理跨部门资源和团队成员的经验。**
9. **在敏捷开发环境中，你如何保证高效地交付产品同时保证产品质量？**
10. **请谈谈你对最新互联网技术和产品发展趋势的看法，并说明为什么这些对你来说很重要。**

准备面试时，对于这些问题以及其他与职位相关的问题，最好事先做好准备，确保能够清晰、有逻辑地表达你的想法和经历。祝你面试顺利！

以上内容为AI生成，不代表开发者立场，请勿删除或修改本标记

重新生成

图 6－16　紫东太初生成面试问题

提示词 3：

好的，请问上面的第 4 个问题我应该怎样回答你才满意？

输入上述提示词，然后点击“发送”按钮，紫东太初参考输出如图 6－17 所示。

搜索完成，共找到10个网页并参考内容

回答第4个问题时，你需要展示自己在产品设计过程中对用户体验的关注和能力。以下是一个可能的回答框架，你可以根据自己的实际情况进行调整和完善：

回答示例：

在产品设计过程中，确保用户体验得到充分考虑是非常重要的。我通常会遵循以下几个步骤来实现这一目标：

1. **用户研究**：首先，我会进行深入的用户研究，包括用户访谈、问卷调查和用户观察等，以了解用户的需求、痛点和使用场景。
2. **用户旅程分析**：基于用户研究的结果，我会进行用户旅程分析，识别用户在使用产品时的关键接触点和可能面临的障碍。
3. **原型设计和测试**：在设计产品原型时，我会注重用户体验，使用直观的界面设计和流畅的交互方式。同时，我会进行多次用户测试，以验证设计假设并收集用户反馈。
4. **数据分析**：在产品推出后，我会密切监控产品的使用数据，分析用户的使用行为和满意度，以便及时优化用户体验。
5. **持续优化**：用户体验是一个持续的过程，我始终保持着对产品反馈的敏感性，并不断寻找机会进行优化和改进，以确保用户能够获得最佳的体验。

通过以上步骤，我可以确保用户体验在整个产品设计和开发过程中得到充分的考虑和实现。同时，我也会不断学习和探索新的设计理念和方法，以提升我的用户体验设计能力。

在回答这个问题时，确保你的回答体现出你对用户体验的深刻理解和实际操作能力。同时，可以结合具体的案例来说明你是如何在产品设计过程中考虑用户体验的。

以上内容为AI生成，不代表开发者立场，请勿删除或修改本标记

重新生成

图 6－17　紫东太初给出面试技巧

六、实训拓展

1. 根据自身情况和求职意向，使用AI工具辅助撰写个人求职简历并优化。

2. 让AI工具设置合理的入职条件和标准，并使用AI工具模拟面试。

思考与练习

1. 描述AIGC技术如何通过自动化内容生成提高教学效率，并举例说明其在教育培训中的应用。

2. 假设你是AIGC技术的设计者，设计一个个性化学习计划的流程，该流程能够根据学生的学习历史和兴趣推荐相应的学习资源。

3. 编写一个场景，其中AIGC技术作为智能辅导员，帮助一个学生解决他在数学学习中的难题。

4. 讨论AIGC技术如何帮助学习者获得跨文化学习体验，并说明这对学习者全球意识和交流能力的提升有何益处。

5. 思考并描述一个情况，学习者如何利用AI搜索技术来解决一个特定的学习问题，比如寻找关于“可持续发展”的深入研究资料。

6. 基于文档中提到的AIGC技术未来发展趋势，预测并描述在未来5年里，AIGC技术可能如何改变教育培训领域，特别是对教师角色和学习方式的影响。

模块七

AIGC 赋能商务活动

学习目标

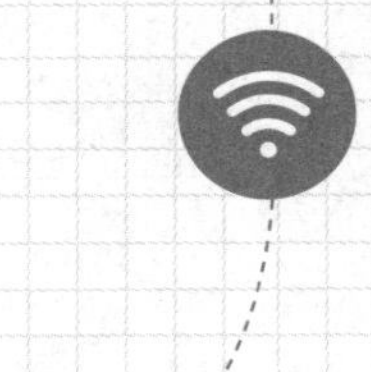

素质目标

1. 培养对数据重要性的认识，理解数据在市场调研和商务策划中的核心作用。
2. 提高对数据隐私和安全性的重视，学习如何在商务活动中保护用户数据。
3. 培养终身学习的态度，适应 AIGC 技术的快速发展和市场变化。
4. 通过案例分析和小组讨论，加强团队合作能力，共同解决商务活动中的挑战。

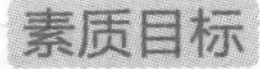

知识目标

1. 掌握 AIGC 在市场调研中的应用，包括数据采集、分析和报告生成。
2. 学习如何利用 AIGC 技术进行市场分析、产品创新、营销策略制定和风险评估。
3. 了解 AIGC 在提升客户服务效率、体验和降低成本方面的作用。
4. 熟悉 AIGC 在商务文案创作中的应用，包括广告文案、宣传语、营销活动策划等。

能力目标

1. 能够运用 AIGC 技术进行市场数据的收集、清洗、分析和挖掘。
2. 面对商务活动中的挑战，能够运用 AIGC 技术提出解决方案。
3. 掌握 AIGC 技术在商务策划和客户服务中的具体应用方法。
4. 能够使用 AIGC 技术创作符合品牌调性和市场需求的商务文案。

在人工智能发展浪潮中，市场调研、商务策划以及客户服务等领域正经历着前所未有的变革。AIGC 技术的崛起，不仅极大提升了工作效率和决策准确性，而且为企业带来了无限的创新机遇。这一技术的普及，体现了对科技创新的深度追求和对市场需求的精准把握。在此变革之际，我们应当珍视 AI 的力量，洞察市场趋势，不断优化产品和服务，以满足消费者的多样化需求。

AIGC 赋能市场调研与商务策划

在数字化时代，市场调研和商务策划已成为企业制定战略、优化产品和服务以及评估市场趋势的重要手段。然而，传统的市场调研方法往往受限于人力和时间成本，难以快速、全面地捕捉市场的细微变化。AIGC 在市场调研领域的应用正逐渐显现其强大的潜力和价值。AIGC 通过机器学习、深度学习等技术，能够智能地分析市场数据，为企业在市场调研和商务策划中提供更加精准、高效的解决方案。

一、AIGC 赋能市场调研的优势

（一）提高效率

AIGC 技术可以大幅缩短市场调研和商务策划的时间周期，从数据采集到报告生成，各个环节都可以实现自动化和智能化，大大提高工作效率。

（二）降低成本

相较于传统的人力密集型市场调研和商务策划方法，AIGC 技术可以显著降低人力和时间成本，使企业能够将有限的资源投入更有价值的工作中。

（三）增强准确性

AIGC 技术基于大数据和先进的算法模型，可以减少人为因素导致的误差，提高市场调研和商务策划的准确性和可信度。

（四）提升创新性

AIGC 技术可以从海量数据中发现新的模式和趋势，为企业提供创新的市场调研和商务策划思路和方法。

二、AIGC 在市场调研中的应用

AIGC 技术在市场调研中的应用包括自动化数据采集、深度数据分析和挖掘以及定制化报告生成，可以实现高效、准确的信息收集和商业洞察提取，减少人力投入，提高报告生成的速度和质量，为企业提供快速响应市场变化的能力。

（一）自动化数据采集

传统的市场调研往往需要大量的人力投入来收集数据，这不仅耗时耗力，还可能因为人为因素导致数据的不准确。而 AIGC 技术可以实现自动化数据采集，通过爬虫程序、API 接口等方式，快速地从互联网、社交媒体、电商平台等渠道获取大量原始数据。这些数据经过清洗和整理后，可以为市场调研提供丰富、可靠的基础信息。

（二）深度数据分析与挖掘

有了海量的数据，接下来的关键是如何从中提取有价值的商业信息。这正是 AIGC 技术的强项所在。通过运用自然语言处理、机器学习（ML）等先进技术，AIGC 可以对数据进行深度分析和挖掘，发现潜在的市场趋势、消费者需求和竞争态势。例如，通过对社交媒体上的用户评论进行分析，AIGC 可以揭示消费者对某款产品的真实感受和期望；通过对电商平台的销售数据进行挖掘，AIGC 可以预测未来一段时间内的市场走向。

（三）定制化报告生成

传统的市场调研报告往往需要经过多轮的人工撰写、编辑和校对，不仅效率低下，而且容易出错。而 AIGC 技术可以根据预设的模板和规则，自动生成定制化的市场调研报告。这些报告不仅内容丰富、格式规范，而且可以根据不同的受众和需求进行调整和优化。例如，对于高层管理者，AIGC 可以生成高度概括的战略分析报告；对于产品经理，AIGC 可以生成详细的竞品分析报告。

三、AIGC 在商务策划中的应用

AIGC 通过高效的数据分析和智能决策支持，为企业提供市场分析预测、产品服务创新、营销策略制定以及风险评估与控制等多方面的强大工具，助力企业在激烈的市场竞争中脱颖而出。

（一）市场分析与预测

商务策划的第一步是对市场进行深入分析和预测。AIGC 技术可以通过对大量市场数据的挖掘和分析，帮助企业准确把握市场趋势、消费者需求和竞争态势。例如，通过对社交媒体、电商平台等来源的数据进行分析，AIGC 可以揭示消费者的购买行为、品牌偏好和消费心理，为企业制定针对性的市场策略提供有力支持。

（二）产品与服务创新

在激烈的市场竞争中，创新是企业保持竞争力的关键。AIGC 技术可以通过对用户需求的深度挖掘和模式识别，为企业设计创新的产品和服务提供思路。例如，通过对用户评论和反馈的分析，AIGC 可以发现用户对产品的不满和改进意见，从而指导企业进行产品优化和创新。

（三）营销策略制定

营销策略是商务策划中的重要环节，直接关系企业的市场份额和销售业绩。AIGC 技术可以通过对目标受众的行为特征和喜好进行分析，为企业制定个性化的营销策略。例如，通过对用户浏览记录、购买历史等数据的分析，AIGC 可以精准定位目标受众，制定有效的广告投放和促销活动方案。

（四）风险评估与控制

在商务策划中，风险评估与控制是不可或缺的一环。AIGC 技术可以通过对历史数据和现实情况的综合分析，为企业提供全面的风险评估和控制建议。例如，通过对市场波动、政策变化等因素的分析，AIGC 可以预测潜在的市场风险，并为企业制定相应的应对策略。

四、AIGC 赋能市场调研和商务策划的挑战与应对策略

虽然 AIGC 在市场调研和商务策划中展现出巨大的潜力，但也面临着一些挑战。

（一）面临的挑战

1. 数据质量问题

AIGC 技术依赖于大量的数据进行分析和预测。然而，如果数据质量不高或者存在偏差，那么分析结果可能就会受到影响。因此，企业需要确保数据的准确性和完整性。

2. 技术更新迅速

AIGC 技术发展迅速，新的算法和模型不断涌现，企业需要不断学习新技术并更新自己的系统以适应这种变化。

3. 隐私和安全问题

在使用 AIGC 技术进行市场调研和商务策划时，企业需要处理大量的敏感数据。因此，保护用户隐私和数据安全至关重要。企业需要采取严格的安全措施来确保数据的安全性。

（二）应对策略

为了应对这些挑战并充分利用 AIGC 技术的优势，在市场调研和商务策划中可以采取以下策略。

1. 建立高质量的数据集

企业应投入资源收集和整理高质量的数据集以供 AIGC 技术使用，包括清洗数据、消除重复项以及验证数据的准确性等工作。

2. 持续学习新技术

企业应保持对新技术的学习和了解以便及时将最新的 AIGC 技术应用到市场调研中，

从而提高分析的准确性和效率。

3. 加强数据安全管理

企业需要建立完善的数据安全管理制度和技术手段来确保用户数据的安全性，包括数据加密、访问控制以及定期的安全审计等措施。

展望未来，随着技术的不断进步和市场环境的日益复杂化，AIGC 将在市场调研、商务策划中发挥越来越重要的作用，帮助企业更好地把握市场脉搏，实现可持续发展。

AI 超级个体训练

AI 赋能生成调研报告大纲

AI 赋能的调研报告大纲通过智能数据分析，为决策者提供深度洞察。它首先定义研究目标和问题，然后利用 AI 工具收集和处理大量数据。接着，AI 技术进行模式识别和趋势预测，生成关键发现。最后，结合专家的见解，形成战略性建议和行动方案。整个过程提高了报告的准确性和效率，确保信息的实时性和相关性。

以大学生 AIGC 应用情况调研为例。

提示词：

我正在进行大学生 AIGC 应用情况的课题研究，需要进行相关的调研，请帮忙设计一篇“大学生 AIGC 应用情况调研报告大纲”。

使用讯飞星火输出结果如图 7－1 所示。

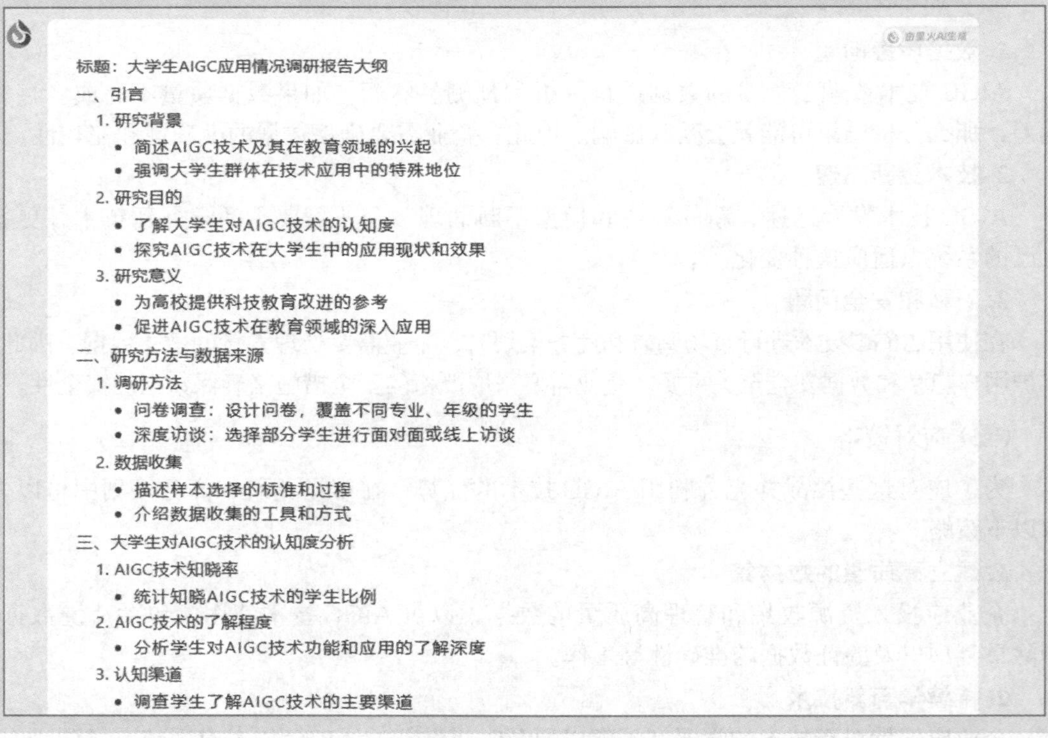

由星火AI生成

标题：大学生AIGC应用情况调研报告大纲

一、引言

1. 研究背景
   - 简述AIGC技术及其在教育领域的兴起
   - 强调大学生群体在技术应用中的特殊地位
2. 研究目的
   - 了解大学生对AIGC技术的认知度
   - 探究AIGC技术在大学生中的应用现状和效果
3. 研究意义
   - 为高校提供科技教育改进的参考
   - 促进AIGC技术在教育领域的深入应用

二、研究方法与数据来源

1. 调研方法
   - 问卷调查：设计问卷，覆盖不同专业、年级的学生
   - 深度访谈：选择部分学生进行面对面或线上访谈
2. 数据收集
   - 描述样本选择的标准和过程
   - 介绍数据收集的工具和方式

三、大学生对AIGC技术的认知度分析

1. AIGC技术知晓率
   - 统计知晓AIGC技术的学生比例
2. AIGC技术的了解程度
   - 分析学生对AIGC技术功能和应用的了解深度
3. 认知渠道
   - 调查学生了解AIGC技术的主要渠道

四、AIGC技术在大学生中的应用情况
1. 应用领域
• 统计AIGC技术在哪些学习、生活领域中被应用
2. 使用频率与偏好
• 分析学生使用AIGC技术的频率和偏好类型
3. 遇到的挑战与需求
• 调查学生在使用AIGC技术过程中遇到的问题和需求
五、AIGC技术应用的效果评估
1. 学习效率的提升
• 评估AIGC技术对学生学习效率的影响
2. 创新能力的培养
• 探讨AIGC技术如何促进学生创新能力的发展
3. 个性化学习体验
• 分析AIGC技术在提供个性化学习体验方面的表现
六、案例分析
1. 成功案例展示
• 选取几个大学生成功应用AIGC技术的案例进行分析
2. 问题案例分析
• 分析一些应用AIGC技术时遇到困难的案例及原因
七、存在问题与改进建议
1. 技术普及与教育
• 针对认知度不高的问题提出解决方案
2. 应用指导与支持
• 针对应用过程中的困难提出具体的指导和支持措施
3. 政策与资源支持
• 建议学校和社会提供更多的政策和资源支持
八、结论
1. 总结AIGC技术在大学生中的应用现状
2. 强调AIGC技术对大学生学习和生活的积极影响
3. 提出未来研究方向和期望
九、附录
1. 调研问卷样本
2. 访谈纪要
3. 数据分析详细结果
问问智能体: 讯飞智文
重新回答
继续提问: 如何进行数字信息化需求调研? 如何设计这种类型的调查研究? 如何进行有效的信息化需求调研?

图 7-1 讯飞星火赋能撰写调研报告大纲

单元二 AIGC 赋能客户服务

在数字化时代，客户服务已成为企业赢得市场竞争的关键因素之一。传统的客户服务模式往往受限于人力和时间成本，难以满足客户日益增长的个性化需求。然而，随着

AIGC 技术的崛起，客户服务正迎来一场深刻的变革。

一、AIGC 赋能客户服务的优势

AIGC 在客户服务领域的应用日益广泛，为企业带来了显著的优势。以下将详细阐述 AIGC 赋能客户服务的四大优势，展现其在现代企业中的重要价值。

（一）提升服务效率

AIGC 的应用使得客户服务实现了自动化和智能化，极大地提高了服务效率。智能客服机器人和智能语音应答系统能够快速响应客户的问题和需求，提供准确的信息解答和问题回复，减少了客户等待的时间和人力成本。

（二）增强客户体验

AIGC 的个性化推荐和情感分析功能能够为客户提供更加贴心和人性化的服务。智能客服机器人可以根据客户的喜好和需求提供个性化的推荐和服务；智能情感分析则能够及时发现并解决客户的问题和不满情绪，提高客户的满意度和忠诚度。

（三）降低运营成本

AIGC 的应用降低了企业的客户服务成本。智能客服机器人和智能语音应答系统能够自动处理大量的客户问题，减少了人工客服的数量和成本；同时，智能内容推荐和情感分析功能能够减少无效的推广和营销投入，提高企业的营销效果和投资回报率。

（四）扩大服务范围

AIGC 的应用使得客户服务可以突破时间和地域的限制，实现 24 小时不间断的服务。智能客服机器人和智能语音应答系统能够随时为客户提供帮助和支持；智能内容推荐和情感分析功能则能够为客户提供更加全面和个性化的服务体验。

二、AIGC 在客户服务中的应用

AIGC 技术在客户服务中的应用主要体现在智能客服机器人、智能语音应答、智能内容推荐和智能情感分析四个方面，这些应用不仅提高了服务效率和客户体验，还能实现个性化服务和对客户情绪的实时分析，从而降低运营成本，增强客户满意度，为企业带来更加高效和人性化的客户服务体验。

（一）智能客服机器人

智能客服机器人是 AIGC 在客户服务领域最常见的应用之一。通过自然语言处理技术，机器人能够识别和理解客户的语言，提供准确的信息解答和问题回复。与传统的客服人员相比，智能客服机器人具有更快的响应速度和更大的处理能力，能够同时处理多个客户的问题，极大地提高了服务效率。此外，智能客服机器人还可以进行自我学习和优化，通过不断地处理客户问题，提高回答的准确性和针对性。这种自适应性使得智能客服机器人能够适应不同的客户需求，提供更加个性化的服务。

（二）智能语音应答

智能语音应答是 AIGC 在客户服务领域的又一重要应用。借助先进的语音识别和语音合成技术，智能语音应答系统能够与客户进行自然流畅的语音交流，实现语音咨询、语音下单、语音支付等功能。这种交互方式不仅方便了客户，也提高了企业的服务效率。同时，智能语音应答系统还可以根据客户的语音特征进行身份识别和情感分析，从而更好地了解客户的需求和情绪状态，提供更加贴心和人性化的服务。

（三）智能内容推荐

AIGC 还可以根据客户的喜好和需求，智能地推荐相关的产品和服务。通过收集和分析客户的浏览记录、购买历史等信息，AIGC 可以构建出客户的个性化画像，并根据这些画像推荐合适的产品和服务。这种个性化推荐能够提高客户的满意度和忠诚度，为企业带来更多的商业价值。

（四）智能情感分析

在客户服务过程中，情感分析是一个非常重要的环节。AIGC 可以通过情感分析技术，对客户的问题和反馈进行情感识别和情感倾向判断，从而了解客户的情绪状态和满意度水平。这有助于企业及时发现并解决问题，提高客户体验。同时，智能情感分析还可以为企业提供客户满意度的实时监控和预警功能，帮助企业及时了解客户满意度的变化趋势，为企业的服务改进提供有力的支持。

三、AIGC 赋能客户服务的挑战

AIGC 技术在提升客户服务中面临数据质量、隐私保护、技术与业务融合等挑战。同时，需要培养跨学科人才以适应技术发展。

（一）数据质量与隐私保护

虽然 AIGC 技术可以从海量数据中提取有价值的信息，但数据来源的多样性和复杂性也可能导致数据质量问题。此外，企业在利用 AIGC 技术进行客户服务时，还需要注意遵守相关法律法规，保护用户隐私和数据安全。

（二）技术与业务融合

要充分发挥 AIGC 技术在客户服务中的作用，企业需要具备足够的技术实力和对业务的深刻理解。如何将 AIGC 技术与企业的客户服务需求紧密结合，是一个需要不断探索和实践的课题。

（三）人才储备与培养

随着 AIGC 技术的快速发展，市场对于既懂技术又懂业务的人才需求日益旺盛。企业需要加强人才培养和引进工作，打造一支具备跨学科知识和技能的复合型人才队伍。

AIGC 技术的崛起正在深刻改变着客户服务的面貌，其发展虽然存在一些挑战，同时也为企业重塑与客户的连接提供了强大支持。

AI 新职业

智能客服训练师

智能客服训练师是一个随着人工智能技术的飞速发展而崭露头角的职业，他们主要负责训练和维护智能客服系统，以提高系统的准确性和智能化水平。

1. 主要职责

（1）训练智能客服系统：智能客服训练师需要设计训练方案，通过收集和整理问题数据、完善机器学习模型等方式，提高智能客服系统的准确性和智能化水平。他们需要深入研究人工智能技术的最新发展，了解各类智能客服系统的原理和应用场景，以便在实际训练中应用合适的方法和技术。

（2）维护和优化系统：智能客服训练师需要监控 AI 系统的运行情况，确保其能够准确、高效地处理客户的问题。同时，他们需要根据客户的反馈和需求，不断优化智能客服系统的性能和用户体验。

（3）数据收集与整理：在智能客服训练过程中，数据扮演着至关重要的角色，智能客服训练师需要根据企业的特点和需求，收集和整理大量的问题数据，构建问题库和答案库，以作为训练模型的输入数据。通过对这些数据进行标注和分类，智能客服训练师可以提高智能客服系统的识别和回答问题的准确性。

（4）与技术团队合作：智能客服训练师需要与开发人员和工程师紧密配合，确保训练出符合实际需求的智能客服系统。通过与技术团队的交流，智能客服训练师能够帮助系统不断学习和进化，提升其在实际应用中的表现。

2. 能力要求

（1）技术能力：熟悉机器学习的基本算法，能够对大数据信息进行处理，通过算法聚类标注分析等方式提取行业特征场景，并结合行业知识提供合理的解决方案。同时，具备扎实的编程能力，能够熟练地运用各种编程语言和工具进行数据处理和模型训练工作。

（2）数据处理能力：能够从大量的数据中提取出有用的信息并进行处理，优化知识库，提升机器人对语料的识别和匹配能力。

（3）业务理解能力：对服务的业务比较熟悉，能够用相对精简的文字、图片或视频等手段解决用户咨询的问题。同时，能够设置合适的场景，将用户尽快分流到处理对应工作的人工客服手中，减少或是避免客诉事件的发生。

（4）分析能力与问题解决能力：具备较强的分析能力和问题解决能力，能够准确地评估训练效果，并及时对训练方案进行优化。在遇到技术问题时，能够迅速找到解决方案。

（5）沟通能力：具备良好的沟通技巧，能够有效地与客户和团队成员进行交流，理解客户的需求和期望，以便将这些信息转化为 AI 系统的指令。

随着 AI 技术的不断发展，客户服务行业将面临更多的挑战。智能客服训练师作为塑造未来客户服务的关键角色，其工作不仅影响着客户的体验，也影响着企业的业务发展。因此，智能客服训练师的角色将更加重要。未来，随着 AI 技术的进一步普及和应用场景的不断拓展，智能客服训练师将拥有更广阔的发展空间，成为推动智能客服不断向前发展的重要力量。

AIGC 赋能商务文案写作

在数字时代，信息爆炸式增长，商务文案作为企业与消费者沟通的桥梁，其重要性不言而喻。然而，如何在海量信息中脱颖而出，创作出既能吸引目标群体又能高效传达品牌价值的文案，成为众多企业的共同挑战。AIGC 模型的进展，正以前所未有的方式赋能商务文案写作，为这一领域带来革命性的变化。

一、AIGC 智能写作新引擎的特点与优势

AIGC 技术以其强大的语言生成能力，能够基于大量的文本数据训练，理解和模拟人类语言的复杂结构和语境。AI 语言大模型通过深度学习，不仅能够生成连贯、流畅的文本，还能在一定程度上把握语言风格、情感色彩及逻辑结构，这为商务文案的自动化生产提供了可能。

（一）AIGC 智能写作新引擎的特点

AIGC 智能写作新引擎的特点可以概括如下。

1. 灵活性与多样性

GPT 模型可以根据不同的输入指令，生成多样化的文案风格和内容，适应不同品牌调性和市场需求。

2. 高效性

相较于人工创作，AIGC 能显著缩短文案产出时间，尤其在处理大规模、重复性文案需求时，效率优势更为明显。

3. 学习与优化

通过持续学习和反馈循环，AIGC 系统能不断优化文案质量，更好地符合市场反馈和消费者偏好。

（二）AIGC 智能写作新引擎的优势

AIGC 智能写作的新引擎具有以下突出的优势：

1. 提高文案撰写效率

电商行业是 AIGC 应用的前沿阵地。面对成千上万种商品，手动编写独特且吸引人的产品描述是一项艰巨任务。亚马逊、淘宝等电商平台已经在使用 AIGC 技术自动生成商品描述，不仅大大提高了文案生成速度，还确保了每一条描述都具有足够的吸引力和

差异化。

2. 优化文案内容质量

在广告行业，创意是生命线。AIGC 技术被用来辅助创作广告文案，不仅能够基于历史数据生成符合品牌调性的创意文案，还能通过算法预测哪些文案更有可能触动目标受众，从而提高广告的点击率和转化率。比如，某国际广告公司利用 GPT 模型为多个品牌客户定制广告语，实现了创意产出的质与量双丰收。

3. 深度定制与个性化营销

随着大数据和机器学习技术的发展，AIGC 还能在了解用户行为和偏好基础上，生成高度个性化的营销邮件、社交媒体内容等。例如，一家在线旅游平台利用 AIGC 技术，针对用户的历史浏览记录和搜索行为，自动推送个性化旅行建议和优惠信息，有效提升了用户体验和预订率。

二、AIGC 在商务文案写作中的应用场景

AIGC 可以根据企业品牌形象、产品特点和目标受众，自动生成符合要求的广告文案，提高广告投放效果和转化率。同时，AIGC 还能通过数据分析创作出具有创意和感染力的宣传语，增强品牌知名度。在营销活动策划、电商平台商品描述以及社交媒体内容创作方面，AIGC 也提供了有力支持，助力企业精准定位，提升用户参与度与转化率。

（一）广告文案撰写

广告文案是商务文案写作中的重要组成部分。AIGC 技术可以根据企业的品牌形象、产品特点和目标受众等因素，自动生成符合要求的广告文案。这些文案不仅具有吸引力和说服力，还能根据不同的平台和媒体进行优化和调整，提高广告的投放效果和转化率。

（二）宣传语创作

宣传语是品牌形象传播的重要载体。AIGC 技术可以通过自然语言处理技术，分析用户的搜索记录、社交媒体讨论等数据，挖掘用户的关注点和兴趣点，从而创作出具有创意和感染力的宣传语。这些宣传语能够迅速吸引用户的注意力，提高品牌的知名度和美誉度。

（三）营销活动策划

营销活动策划需要综合考虑市场环境、目标受众、产品特点等多个因素。AIGC 技术可以结合大数据分析和挖掘技术，对海量数据进行处理和分析，为企业进行更精准的营销活动策划提供支持。这些策划方案能够针对目标受众的需求和兴趣点进行精准定位，提高营销活动的参与度和转化率。

（四）电商平台的商品描述

在电子商务领域，AIGC 技术可以用于生成精确、生动的商品描述，帮助消费者更

快地了解产品特性，从而提高商品的转化率。

（五）社交媒体内容创作

在社交媒体平台上，AIGC 可用于创作吸引眼球的帖子、故事和互动内容，以加强与粉丝的互动和提高的粉丝参与度。

三、AIGC 在商务文案写作中的发展趋势

（一）智能化水平不断提升

随着技术的不断发展和进步，AIGC 在商务文案写作中的智能化水平将会不断提升。未来的 AIGC 将能够更好地理解人类语言和文化背景，实现更加自然和流畅的对话和交流。同时，AIGC 还将具备更强的学习和适应能力，能够根据不同行业和领域的特点与需求进行定制化开发和应用。

（二）多模态融合技术应用

AIGC 将不局限于文本生成领域，还将涉及图像、音频、视频等多种模态的数据处理和分析。多模态融合技术的应用将使得 AIGC 在商务文案写作中具备更强大的表现力和传播力。例如，AIGC 可以生成具有丰富视觉效果的视频广告文案或具有强烈音乐感染力的音频广告文案等。

（三）个性化推荐技术深化应用

个性化推荐技术将根据用户的个性化需求和兴趣点进行智能推荐和推送。在商务文案写作中，个性化推荐技术将为用户提供更加精准和个性化的内容推送服务。例如，AIGC 可以根据用户的浏览历史、购买记录等数据推荐符合其兴趣和需求的产品或服务信息、优惠信息。

可以预计，AIGC 将更加精准地理解语言和文化，实现多模态内容创作，并提供个性化的内容推荐，从而增强商务文案的表现力、传播力和定制化服务能力。

AI 超级个体训练

AI 智能生成电视广告文案

电视广告文案需简洁、有力，迅速吸引目标受众。它应突出产品的独特卖点，与品牌定位一致，并与视觉元素紧密配合。文案要建立情感联系，激发观众行动，同时保持创意并符合法律规定。下面以微波炉的电视广告文案为例来加以阐释。

提示词：

你是一位经验丰富的电视广告策划人员。请撰写一则关于微波炉的电视广告文案，要求带有情境和生活画面，对受众有强感染力，不低于 200 字。

使用 Kimi 输出结果如图 7-2 所示。

图 7－2　Kimi 智能生成电视广告文案

单元四

AIGC 赋能商务数据分析

在数字化时代，数据已成为企业决策的重要依据。然而，海量的数据往往需要经过复杂的处理和分析才能转化为有价值的信息。传统的数据分析方法不仅耗时耗力，而且难以应对快速变化的市场环境，AIGC 技术的发展为商务数据分析带来了新的可能。

一、AIGC 在商务数据分析中的过程

AIGC 技术是一种基于深度学习、自然语言处理、机器学习等人工智能技术的内容生成技术，在商务数据分析领域，AIGC 技术可以通过以下几个方面发挥作用。

（一）数据收集与预处理

AIGC 技术可以自动从各种数据源（如社交媒体、网站、数据库等）收集数据，并进行清洗、去重、格式化等预处理操作，为后续的数据分析提供高质量的数据基础。

（二）数据建模与分析

AIGC 技术可以利用先进的算法和模型，对数据进行深入的挖掘和分析，发现数据中的规律和趋势，为企业决策提供有力的支持。

（三）内容生成与解释

AIGC 技术可以根据数据分析结果，自动生成易于理解的报告、图表、可视化界面等内容，帮助非专业人士更好地理解数据分析结果，从而做出更明智的决策。

二、AIGC 在商务数据分析中的应用场景

AIGC 技术在商务数据分析中的应用场景十分广泛，从以下几个方面可见一斑。

（一）市场趋势与客户行为分析

通过收集和分析社交媒体、网络新闻、行业报告等数据源，AIGC 技术可以帮助企业了解市场趋势、竞争对手动态、消费者需求等信息，为企业的市场策略调整和产品创新提供有力支持。AIGC 技术可以对客户在网站、App 等渠道的行为数据进行深度挖掘和分析，识别出客户的兴趣偏好、购买习惯、生命周期等信息，为企业制定更精准的营销策略和提供个性化服务提供依据。基于 AIGC 技术的预测分析功能，企业可以对市场趋势、消费者行为等进行预测，为战略规划和业务决策提供有力支持。例如，AIGC 可以通过对历史销售数据的分析，预测未来一段时间内的销售额，从而帮助企业提前做好生产和库存规划。

（二）供应链优化

AIGC 技术可以对供应链数据进行分析，帮助企业预测库存需求、优化物流路径、降低运营成本等，从而提高供应链的效率和可靠性。

（三）欺诈检测与风险管理

AIGC 技术可以通过分析交易数据、用户行为等数据，识别出异常模式和可疑活动，从而帮助企业及时发现并预防欺诈行为，降低风险损失。

（四）自动化数据采集与清洗

传统的数据采集和清洗工作需要大量的人力和时间投入，且容易受到人为因素的影响。而 AIGC 技术可以实现自动化数据采集和清洗，通过自然语言处理（NLP）等技术，AIGC 可以从各种来源（如网页、数据库、社交媒体等）自动提取和整理数据，大大提高了数据处理的效率和准确性。

（五）智能数据分析与可视化

AIGC 技术可以通过机器学习算法，对数据进行深度分析和挖掘，发现数据背后的规律和趋势。同时，AIGC 还可以将分析结果以可视化的形式呈现，帮助企业和决策者更直观地理解数据，做出更明智的决策。

三、AIGC 在商务数据分析中的未来发展趋势

随着人工智能技术的不断发展和完善，AIGC 在商务数据分析中的应用将呈现以下几个发展趋势。

（一）智能化水平不断提升

AIGC 技术将更加智能化和自动化，能够处理更复杂的数据类型和更高级的分析任

务。同时，AIGC 技术将更加注重人机交互体验，为企业提供更便捷、更直观的数据分析工具和服务。

（二）多模态数据分析

未来 AIGC 技术将支持多模态数据分析，包括文本、图像、音频、视频等多种类型的数据。这将使得数据分析更加全面和深入，能够发现更多有价值的信息。

（三）实时数据分析

随着物联网、5G 等技术的普及和应用，实时数据分析将成为可能。AIGC 技术将能够实时处理和分析海量数据，为企业提供更及时、更准确的决策支持。

（四）个性化推荐与决策支持

AIGC 技术将能够根据用户的个性化需求和兴趣偏好，提供更精准的数据分析和推荐服务。同时，AIGC 技术将能够提供更加智能的决策支持功能，帮助企业制定更明智的商业决策。

AI 超级个体训练

AIGC 赋能创作广告片营销文案

借助 AIGC 技术，我们能够以前所未有的速度和效率创作出引人入胜的广告片，为品牌注入鲜活的生命力，让营销文案更加精准、动人。AIGC 能够根据品牌需求和市场趋势，迅速生成多样化的广告创意方案。无论是画面构图、色彩搭配，还是音乐旋律、文字表述，AIGC 都能提供丰富多样的选择，让广告片焕发独特魅力。

比如 AIGC 为某品牌扫地机器人创作广告片营销文案。

提示词：

你是一名营销文案专家，请为 A 品牌扫地机器人撰写一篇广告片营销文案，要求展现其智能控制、省时省力、噪声小等特点，400~500 字。

文心一言智能输出如图 7－3 所示。

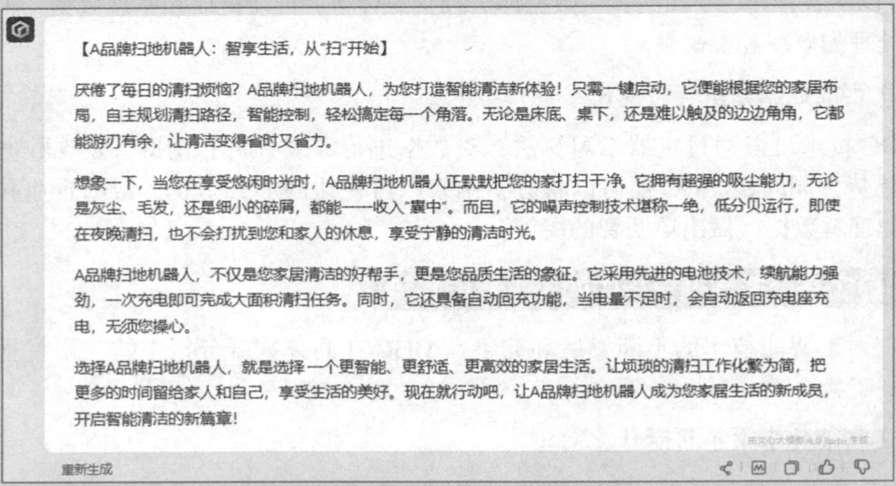

【A品牌扫地机器人：智享生活，从"扫"开始】

厌倦了每日的清扫烦恼？A品牌扫地机器人，为您打造智能清洁新体验！只需一键启动，它便能根据您的家居布局，自主规划清扫路径，智能控制，轻松搞定每一个角落。无论是床底、桌下，还是难以触及的边边角角，它都能游刃有余，让清洁变得省时又省力。

想象一下，当您在享受悠闲时光时，A品牌扫地机器人正默默把您的家打扫干净。它拥有超强的吸尘能力，无论是灰尘、毛发，还是细小的碎屑，都能一一收入"囊中"。而且，它的噪声控制技术堪称一绝，低分贝运行，即使在夜晚清扫，也不会打扰到您和家人的休息，享受宁静的清洁时光。

A品牌扫地机器人，不仅是您家居清洁的好帮手，更是您品质生活的象征。它采用先进的电池技术，续航能力强劲，一次充电即可完成大面积清扫任务。同时，它还具备自动回充功能，当电量不足时，会自动返回充电座充电，无须您操心。

选择A品牌扫地机器人，就是选择一个更智能、更舒适、更高效的家居生活。让烦琐的清扫工作化繁为简，把更多的时间留给家人和自己，享受生活的美好。现在就行动吧，让A品牌扫地机器人成为您家居生活的新成员，开启智能清洁的新篇章！

重新生成

图 7－3　文心一言智能生成广告片营销文案

AIGC 赋能营销文案、商品图及电商主图设计

一、实训背景

AIGC 在营销文案写作中的应用极大地提升了内容创作的效率和质量。传统的文案写作需要耗费大量时间和精力，而 AIGC 技术能够通过自然语言处理和生成模型，根据输入的关键词和主题快速生成高质量的文案。这不仅节省了人力成本，还能确保内容的多样性和创新性。例如，企业可以利用 AIGC 生成个性化的广告语、产品描述和社交媒体帖子，从而更好地吸引目标受众并提升品牌影响力。

同时，AIGC 在商品图和电商主图设计中的应用也展现了其强大的赋能能力。商品图和电商主图是吸引消费者注意力的关键元素，优质的图像设计能够显著提高产品的点击率和转化率。AIGC 技术通过图像生成和编辑算法，能够自动生成符合品牌风格和市场需求的高质量商品图和主图。这不仅加快了设计流程，还能根据不同平台和受众的需求进行个性化调整。例如，电商平台可以利用 AIGC 技术生成不同尺寸和风格的商品图片，以适应各种展示环境和推广渠道。

目前，AIGC 赋能营销文案写作和商品图设计的技术已经相对成熟，并在实际应用中取得了显著成效。越来越多的企业开始引入 AIGC 技术，以提升内容创作和设计的效率，同时保证质量和创新性。然而，AIGC 技术的应用也面临一些挑战，如如何确保生成内容的原创性和避免版权问题。此外，AIGC 生成的内容和图像需要经过严格的审核和优化，以确保符合品牌调性和市场需求。

二、实训环境

1. PC 台式电脑，安装 Windows 10 及以上版本操作系统，连接互联网。安装浏览器（推荐 360AI 浏览器）。

2. 手机安装文心一言、通义千问、Kimi 等 AIGC 应用 App。

三、实训内容

1. 使用文心一言智能生成小红书营销方案。
2. 使用灵动 AI 智能生成商品图。
3. 使用灵动 AI 智能生成网店商品主图。

四、实训准备

1. 通过 PC 电脑浏览器打开文心一言。
2. 通过 PC 电脑灵动网页版。

五、实训指导

扫码看视频

使用文心一言智能生成小红书营销方案

（一）使用文心一言智能生成小红书营销方案

1. 打开文心一言网页端应用。

2. 准备好表格内容和提示词，然后复制到提示文本框中。

提示词：

你是一位保险咨询专家，我是一名财产保险业务人员，请你为我生成一份购置家用小汽车综合保险的营销方案。

文心一言智能输出如图 7－4 所示。

家用小汽车综合保险营销方案

一、市场分析

随着家庭经济水平的提升和汽车消费市场的日益成熟，家用小汽车已成为众多家庭的必备出行工具。然而，车辆在使用过程中面临诸多风险，如交通事故、自然灾害、盗窃等，这些不确定因素不仅可能给车主带来经济损失，还可能影响家庭生活的稳定。因此，家用小汽车综合保险作为有效转移风险、保障车主利益的重要手段，市场需求持续增长。

二、目标客户群定位

1. **新购车族**：首次购车或对车辆保险了解不多的消费者，他们更关注保险的全面性和性价比。
2. **家庭用户**：注重保险对家庭成员的保障、偏好，包含道路救援、乘客意外伤害等增值服务的保险产品。
3. **有经验车主**：对保险有一定了解，追求个性化保险方案，关注理赔速度和服务质量。

三、产品亮点设计

1. **全面保障**：涵盖车辆损失险、第三者责任险、全车盗抢险、车上人员责任险、玻璃单独破碎险、自燃损失险等主要险种，提供一站式综合保障。
2. **灵活定制**：根据客户需求，提供多种保额选择，允许客户根据车辆价值、使用频率等因素自由搭配险种，实现个性化定制。
3. **增值服务**：附赠24小时道路救援服务、代驾服务、车辆年检提醒及协助等增值服务，提升客户体验。
4. **快速理赔**：承诺简化理赔流程，采用线上报案、快速定损、直赔服务，减少客户等待时间。

四、营销策略

1. **线上线下结合**：利用社交媒体、官方网站、App等线上平台进行产品宣传，同时与汽车销售商、维修店合作，开展线下推广活动。
2. **案例分享**：通过真实理赔案例，展示保险的重要性和公司的高效理赔服务，增强客户信任。
3. **优惠促销**：针对新客户推出首年保费折扣、老客户续保优惠、捆绑销售优惠（如同时购买车险与家财险）等促销活动。
4. **教育营销**：举办线上或线下保险知识讲座，普及汽车保险知识，提升公众对保险价值的认识，引导潜在客户需求。

五、客户服务与跟进

1. **建立客户档案**：详细记录客户信息及保险需求，定期回访，根据客户需求变化调整保险方案。

2. **提供咨询服务**：设立客服热线，提供全天候咨询解答服务，解决客户疑问，提升满意度。

3. **续保提醒**：通过短信、邮件等方式提前通知客户续保，简化续保流程，提高续保率。

通过上述营销方案的实施，旨在提升家用小汽车综合保险的市场渗透率，增强品牌影响力，同时为客户提供更加贴心、全面的保险服务体验。

由文心大模型 4.0 Turbo 生成

重新生成

你可以继续问我：

请你帮我生成一份家用小汽车综合保险的营销方案

图 7－4 文心一言智能生成小红书营销方案

（二）使用灵动 AI 智能生成商品图

扫码看视频

使用灵动AI生成商品图

1. 打开灵动网页版（https://www.redoon.cn/），并按照要求登录，选择“开始使用”。

2. 选择“AI 商品图”。

3. 上传或选择准备好的商品图片。

4. 点击“立即生成”按钮，并设置参数和配色。

5. 查看生成结果，如图 7－5 所示。

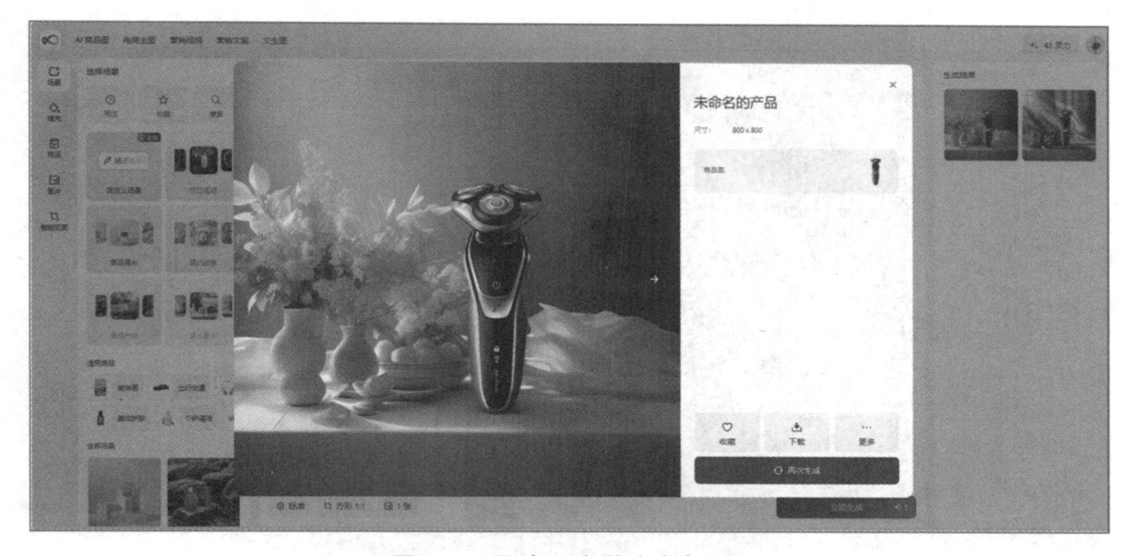

图 7－5 灵动 AI 智能生成商品图

扫码看视频

使用灵动AI生成电商主图

6. 可以再次生成直到满意为止，然后下载使用。

（三）使用灵动 AI 智能生成网店商品主图

1. 打开灵动网页版（https://www.redoon.cn/），并按照要求登录，选择“开始使用”。

2. 选择“电商主图”。

3. 点击“选择商品”上传或选择准备好的商品图片，设置“文案内容”“营销挂件”“尺寸”等参数，如图 7－6 所示。

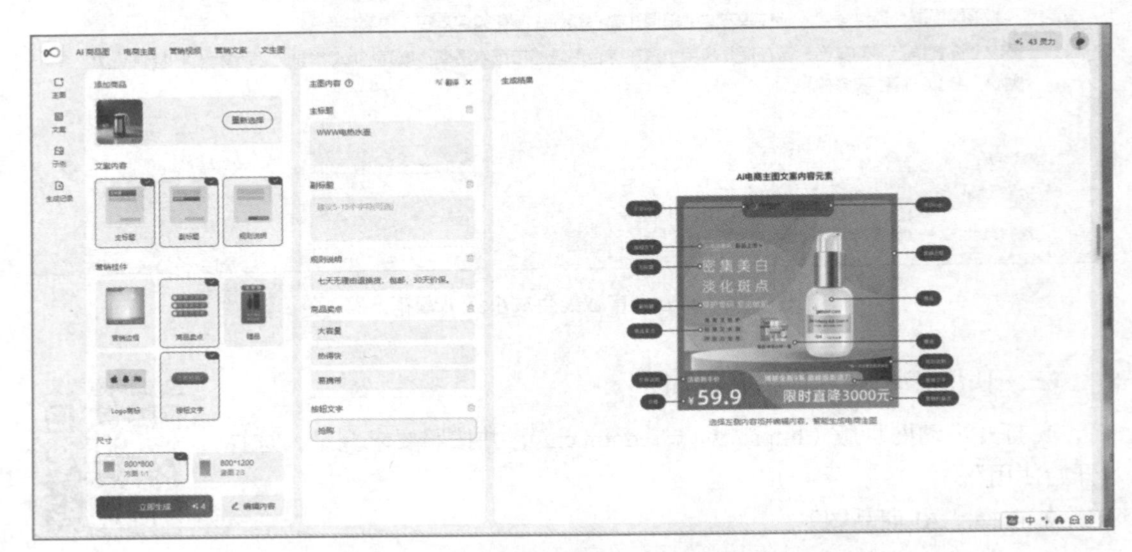

图 7－6　灵动 AI 智能生成商品主图设置页面

4. 点击“立即生成”按钮。

5. 查看生成结果，如图 7－7 所示。

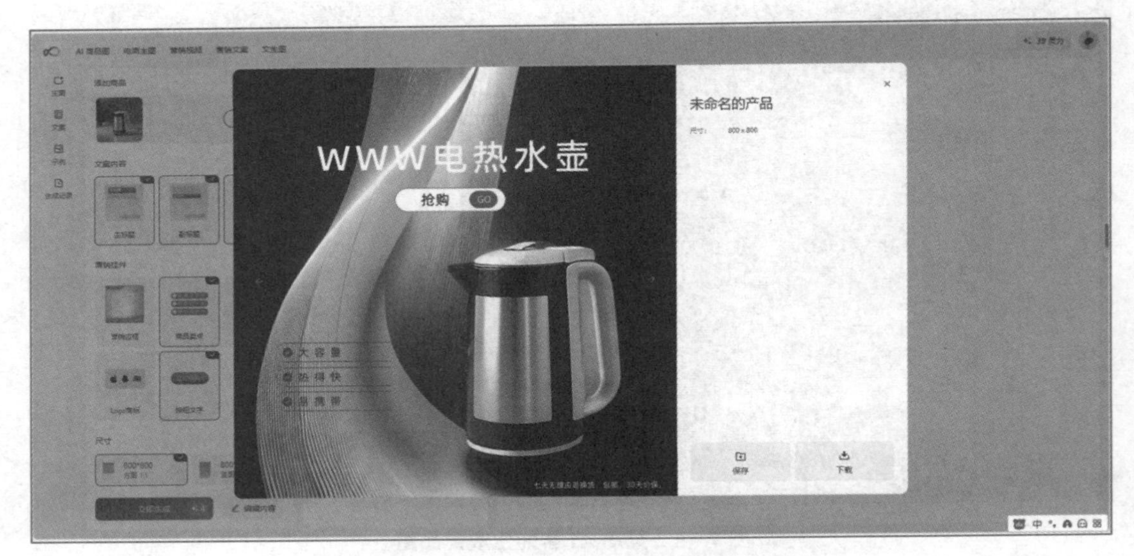

图 7－7　灵动 AI 智能生成商品主图预览页面

6. 可以再次生成，直到满意为止，然后下载使用。

六、实训拓展

1. 设计提示词，分别使用 Kimi 和豆包生成实训产品的短视频营销脚本和直播口播文案。

2. 使用因赛智能（https://gpt.idealead.com/），上传准备的服装图片，智能生成服装模特图片，如图 7－8 所示。

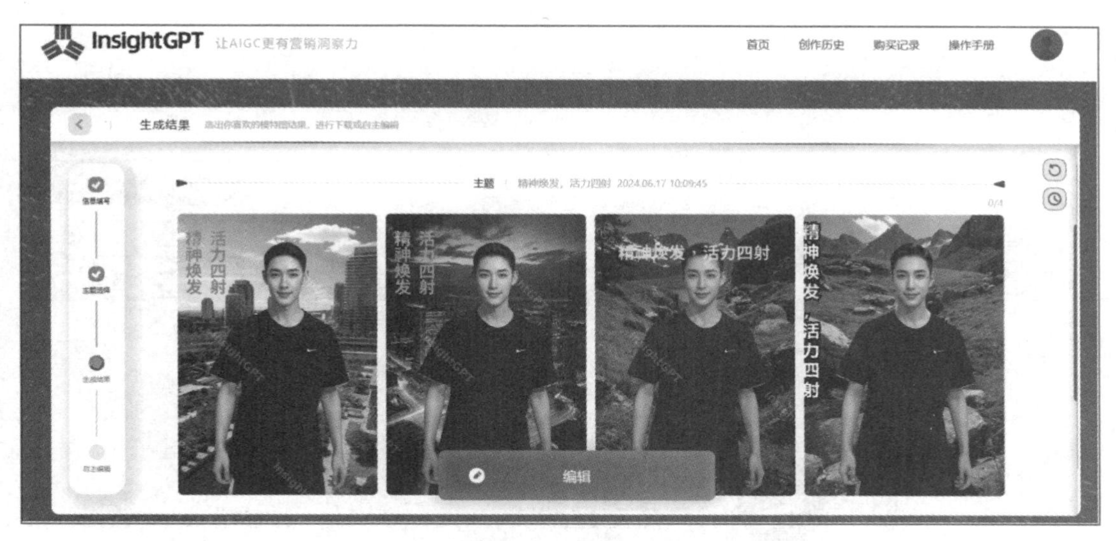

图 7－8　因赛智能智能生成服装模特页面

3. 使用美图设计室（https://www.designkit.com/）进行 AI 商品图、模特试衣、服装换色和 AI 扩图体验。

思考与练习

1. 描述一个场景，企业如何利用 AIGC 技术对社交媒体上的消费者评论进行深度分析，以揭示消费者对某款产品的真实感受和期望。

2. 假设你是一家电子商务公司的商务策划师，如何使用 AIGC 技术来预测市场波动和政策变化，并为企业制定应对策略？

3. 思考：AIGC 技术如何帮助企业在客户服务中实现个性化推荐，提升客户满意度和忠诚度？

4. 设想一个场景，使用 AIGC 技术为一家新兴的科技公司撰写广告文案，要求文案能够吸引目标受众的注意力，并传达公司的创新精神。

5. 在使用 AIGC 技术进行市场调研和商务策划时，企业应如何确保数据的安全性和用户隐私的保护？

6. 考虑到 AIGC 技术与业务融合的挑战，企业应如何培养或吸引既懂技术又懂业务的复合型人才，以充分发挥 AIGC 在客户服务中的作用？

模块八

AI智能体广泛赋能

学习目标

素质目标

1. 理解并实践AI智能体设计和应用中的伦理和责任原则，确保技术发展符合社会伦理标准。
2. 认识到保护用户隐私和数据安全的重要性，学习如何在AI智能体开发中实施隐私保护措施。
3. 培养对社会和环境影响的敏感性，理解AI技术对社会的潜在影响，并努力使技术进步造福人类。

知识目标

1. 掌握AI智能体的定义、特征、设计原则和类型框架。
2. 了解AI智能体背后的核心技术，包括机器学习、深度学习、自然语言处理等。
3. 熟悉文心智能体平台和扣子AI应用开发平台的功能、特点和工具，以及它们在不同领域的应用。
4. 了解AI智能体在医疗、金融、教育、零售、自动驾驶和智能家居等行业的应用案例和潜在价值。

能力目标

1. 能够使用文心智能体平台和扣子AI平台开发简单的AI应用，解决实际问题。
2. 培养创新能力，能够探索和实现AI技术在新领域的应用。
3. 通过学习和实践，提高解决复杂问题的能力，尤其是在使用AI技术时。
4. 培养团队协作与沟通能力，尤其是在多学科团队中有效沟通和协作，共同推进AI项目的开发和实施。
5. 培养持续学习的习惯，适应AI技术的快速发展和不断变化的需求。

随着人工智能技术的飞速发展，AI智能体正逐步成为我们生活和工作中不可或缺的力量。它们不仅能够提高生产效率，还能改善我们的生活质量。然而，在享受这些便利的同时，我们也应关注其带来的社会和伦理问题。如何确保AI智能体的行为符合道德标准，并对其行为负责，是我们必须面对的挑战。因此，我们需要不断探索更先进的算法，同时关注其带来的社会影响，确保技术的发展能够造福人类。只有这样，我们才能充分发挥AI智能体的优势，使其成为人类社会的有益伙伴。

认知AI智能体

AI智能体（AI Agent）应用正在逐渐渗透到各个行业，改变我们的工作和生活方式。AI智能体能够自主执行任务、在一定环境下智能做出决策并与环境交互。它们可以是虚拟的软件程序，如智能助手、自动化交易系统，也可以是具有物理形态的机器人，如自动导航车辆、无人机等。AI智能体正在成为未来科技领域的关键驱动力。

一、AI智能体的概念和特征

AI智能体是一种能够感知环境、进行决策和执行动作的智能实体。它通常指的是在人工智能领域中，能够自主运作并完成特定任务的计算实体或程序。这些程序通常基于机器学习、深度学习、自然语言处理和其他高级算法，它们能够在没有人类直接干预的情况下，通过感知环境、理解任务要求、制订计划并执行动作来完成特定目标。

AI智能体具备以下特征：

（1）自主性。AI智能体能够在无人类直接干预的情况下，自主地做出决策和执行任务。

（2）反应性。AI 智能体能够对环境变化做出响应，根据新的信息调整其行为。

（3）主动性。AI 智能体不仅能被动响应刺激，还能主动探索环境、搜集信息，甚至设定并追求长期目标。

（4）社会能力。在某些应用场景中，AI 智能体需要与其他智能体或人类合作、竞争，这要求它们具备一定的社交技能。

（5）适应性与学习能力。通过学习和经验积累，AI 智能体能改进其性能，适应更广泛或更复杂的环境。

二、AI 智能体的设计原则

设计 AI 智能体时，需要遵循以下基本原则：

（1）用户中心设计。确保 AI 智能体能够满足用户的需求和期望。

（2）透明度。AI 智能体的行为和决策过程应该是透明的。

（3）隐私保护。保护用户的隐私和数据安全。

（4）伦理和责任。确保 AI 智能体的行为符合伦理标准，并对其行为负责。

三、AI 智能体的类型与架构

AI 智能体可以根据其功能和复杂性，分为不同的类型，包括：

（1）简单反射智能体。这类智能体基于当前的感知来选择行动，不存储过去的状态。

（2）基于模型的反射智能体。这类智能体维护内部状态，并使用关于环境的模型来决定行动。

（3）目标导向智能体。这类智能体不仅考虑当前状态，还考虑如何达到特定的目标。

（4）学习智能体。这类智能体能够从经验中学习，不断优化其性能。

AI 智能体的架构通常包括以下组件：

（1）感知模块。负责接收和处理来自环境的信息。

（2）推理模块。处理感知到的信息，并结合内部状态和知识库进行逻辑推理。

（3）决策模块。负责根据感知到的信息和内部状态来选择行动。

（4）执行模块。负责将选定的行动实际应用于环境。

（5）学习模块。负责更新智能体的行为策略，以更好地适应环境。

四、AI 智能体的应用领域

AI 智能体的应用领域非常广泛，几乎涵盖了所有需要智能决策和执行的场景。以下是一些具体的应用示例：

（1）医疗领域。AI 智能体可以帮助医生分析病例，提供诊断建议，甚至辅助进行手术规划。通过分析大量的医疗数据，AI 智能体能够识别疾病模式，为医生提供有价值的参考信息。

（2）金融领域。在金融行业中，AI 智能体可以用于风险评估、欺诈检测、投资策略制定等。它们通过分析市场数据和用户行为，为投资者提供个性化的投资建议，降低投资风险。

（3）教育领域。AI 智能体可以个性化地适应学生的学习进度和风格，提供定制化的学习资源和反馈。这种个性化的教育方式有望提高教育质量和效率，使每个学生都能得到最适合自己的教育。

（4）零售与电子商务领域。在零售行业，AI 智能体可以通过分析消费者的购物习惯和偏好，提供个性化的购物体验和推荐。例如，智能语音助手可以协助用户在线购物，提供客服支持，提高购物体验的便捷性。

（5）自动驾驶领域。AI 智能体在自动驾驶汽车中扮演着核心角色，它们能够处理来自车辆传感器的数据，做出驾驶决策，确保行车安全。随着自动驾驶技术的不断发展，AI 智能体将在这一领域发挥越来越重要的作用。

（6）智能家居领域。在智能家居领域，AI 智能体可以控制家庭设备，学习用户的习惯，自动调整家居环境。这种智能化的家居管理方式将提高生活的便利性和舒适度。

当然，为了充分发挥 AI 智能体的优势，我们需要不断探索更先进的算法，同时也要关注其带来的社会和伦理问题，确保技术的发展能够造福人类。随着研究的深入和技术的成熟，未来 AI 智能体有望变得更加智能、自主和可信赖，成为人类社会不可或缺的伙伴。

五、典型的 AI 智能体构建平台

目前国内 AI 智能体构建平台以大型科技公司的产品为主，百度、字节跳动、阿里巴巴、科大讯飞等大语言模型厂商都推出了 AI 智能体构建平台，其中字节跳动、阿里巴巴等也推出了基于企业办公系统的智能体构建平台。AI 智能体构建平台相关的创业项目也在快速上新。

我国典型的 AI 智能体构建平台如表 8－1 所示。

表 8－1　我国典型的 AI 智能体构建平台

序号	平台名称	描述	开发 / 运营公司
1	文心智能体平台	基于文心大模型的 Agent 平台，支持多开发方式	百度
2	Coze（扣子）	AI 聊天机器人和应用程序编辑开发平台，可创建类 GPTs 机器人	字节跳动
3	豆包	用于构建类 GPTs 聊天机器人的 AI 应用构建平台	字节跳动
4	飞书智能伙伴	字节跳动旗下飞书的 AI 产品，开放的 AI 服务框架	字节跳动
5	钉钉 AI 助理	汇集钉钉 AI 产品能力，支持创建个性化 AI 助理	阿里巴巴
6	ModelScopeGPT	阿里云 Mota 社区推出的大型模型调用工具	阿里云

续表

序号	平台名称	描述	开发 / 运营公司
7	讯飞友伴	基于知识库的 chatbot 构建平台	科大讯飞
8	智谱清言	生成式 AI 助手，构建智能体解答问题、完成任务	智谱
9	SkyAgents	AI Agent 开发平台，通过自然语言和可视化拖拽构建 AI Agents	昆仑万维

AI 知识链接

零样本提示词和少样本提示词

零样本提示词（Zero-Shot Prompt）和少样本提示词（Few-Shot Prompt）是自然语言处理中的概念，主要用于解决大模型在面对新领域或新任务时的数据不足问题。

（1）零样本提示词。零样本提示词是指在没有相关领域或任务的训练数据的情况下，通过设计特定的提示词来引导模型生成正确的输出。这种方法依赖于模型的预训练知识和语言理解能力，使得模型能够在没有见过相关样本的情况下也能做出正确的预测。零样本提示词的优点是可以减少模型对大量标注数据的依赖，提高模型的泛化能力。

（2）少样本提示词。少样本提示词是指在只有少量相关领域或任务的训练数据的情况下，通过设计特定的提示词来引导模型生成正确的输出。这种方法同样依赖于模型的预训练知识和语言理解能力，但相对于零样本提示词，少样本提示词可以利用少量的标注数据进行微调，从而提高模型在特定任务上的性能。少样本提示词的优点是可以在有限的标注数据下提高模型的性能，同时减少模型对大量标注数据的依赖。

零样本提示词和少样本提示词都是通过设计特定的提示词来引导模型生成正确的输出，以解决模型在面对新领域或新任务时的数据不足问题。这两种方法的主要区别在于是否利用了少量的标注数据进行微调。

文心智能体平台

文心智能体平台是百度推出的一款重要的人工智能平台，为开发者提供了低成本、高效率的开发方式，以打造大模型时代的原生应用，如图 8－1 所示。

图 8-1 文心智能体平台

一、文心智能体平台的特点

文心智能体平台是基于文心大模型的智能体构建平台，它提供了多样化的能力和工具，支持广大开发者根据自身行业领域、应用场景进行智能体的开发。这个平台的特点主要体现在以下几个方面。

（一）低成本开发方式

文心智能体平台为开发者提供了低成本的开发方式。通过自然语言创建、数字形象一键配置、高兼容数据集能力等功能，开发者可以轻松地构建出符合自身需求的智能体，无须投入大量的人力和物力资源。

（二）多样化的能力和工具

平台提供了丰富的能力和工具，包括自然语言处理、语音识别、图像识别等，以满足开发者在不同场景下的需求。此外，平台还支持多样化的开发方式，如零代码 / 低代码智能体开发，降低了开发难度，提高了开发效率。

（三）百度生态流量分发

文心智能体平台是“开发 + 分发 + 运营 + 变现”一体化赋能平台。它已打通百度搜索、小度、一言、地图、车机等多场景、多设备分发，帮助开发者将智能体推送给更多的用户，实现商业闭环。

二、文心智能体平台的功能

文心智能体平台提供了丰富的功能，以满足开发者在智能体开发过程中的各种需求。以下是一些主要功能。

（一）零基础自然语言创建

开发者只需通过自然语言描述需求和意图，系统就能自动生成基础配置，实现“一句话”轻松创建智能体。这一功能大大降低了智能体的开发门槛，使得更多人能够参与到智能体的开发中来。

（二）数字形象一键配置

平台提供了多样的数字人形象与人声供开发者选择，帮助开发者打造人格化的智能体，提升用户交互体验。开发者可以根据应用场景和需求选择合适的数字人形象和人声，使智能体更加贴近用户，提高用户满意度。

（三）高兼容数据集能力

文心智能体平台支持大容量、多格式、多途径的数据集接入，满足专业或特定智能体的构建需求。这一功能为开发者提供了强大的数据支持，有助于提升智能体的性能和准确性。

（四）多样化工具插件

平台提供了多种类型专业工具插件，帮助开发者实现复杂功能，增强智能体服务性能。这些插件涵盖了自然语言处理、语音识别、图像识别等多个领域，为开发者提供了丰富的功能和选择。

（五）百度生态流量分发

文心智能体平台已打通百度搜索、小度、一言、地图、车机等多场景、多设备分发。通过百度强大的生态流量，开发者可以将智能体推送给更多的潜在用户，提高智能体的曝光度和使用率。

三、文心智能体平台的优势

文心智能体平台相比其他同类平台，具有以下优势：

（1）强大的大模型能力。依托文心一言大模型，文心智能体在内容创作、数理逻辑推算、中文理解、多模态生成等方面均有良好表现。这使得开发者能够构建出性能优异、功能丰富的智能体应用。

（2）多样化的用户链接方式。开发者可以选取不同类型的开发方式、模板组件等进行接入，包括零代码 / 低代码智能体、数据类 / 能力类插件等。这为开发者提供了灵活多样的开发选择，有助于满足不同用户群体的需求。

（3）多场景触达用户。文心智能体平台支持传统搜索与 AI 搜索双引擎分发、文心一言 App 内调用插件，以及智能体与插件进入体验中心等多种方式触达用户。这使得开发者的智能体能够覆盖更广泛的用户群体，提高用户黏性和活跃度。

四、文心智能体平台的应用场景

文心智能体平台的应用场景非常广泛，可以应用于智能客服、智能写作、智能推荐等多个领域。以下是一些具体的应用场景示例。

（一）智能客服

文心智能体可以作为企业的智能客服助手，通过自然语言交互解答用户的咨询问题，提高客户服务效率和满意度。同时，智能体还可以根据用户的历史记录和行为习惯提供个性化的服务建议和产品推荐。

（二）智能写作

对于新闻、科技、金融等领域的大量文本创作需求，文心智能体可以辅助人类完成初稿编写、数据整理等工作。通过自然语言生成技术，智能体可以快速生成符合语法和语义规则的文本内容，提高写作效率和质量。

（三）智能推荐

文心智能体可以根据用户的兴趣爱好和行为习惯提供个性化的内容推荐服务。通过深度学习和自然语言处理技术，智能体能够准确识别用户的需求和偏好，并推荐相关的内容和服务。

五、文心智能体的类型

文心智能体构建包括以下两种类型。

（一）零代码模式

在零代码模式中，用户完全不编写代码，而是通过 prompt 编辑的方式，表达意图、提供行为说明，引入数据集、工具等能力创建智能体。

（二）低代码模式

低代码模式支持开发者通过编排工作流的方式快速构建智能体，用户可以通过拖拽和组合模型、提示词、代码等模块，实现准确的、复杂的业务流程，结合大模型、数据集、工具等组件创建智能体。

文心智能体平台作为一款基于文心大模型的智能体构建平台，为开发者提供了低成本、高效率的开发方式以及丰富的功能和工具选择。通过百度强大的生态流量分发能力，开发者可以将智能体推送给更多的用户并实现商业闭环。未来随着人工智能技术的不断发展和应用场景的不断拓展，文心智能体平台将在更多领域发挥重要作用。

AI 超级个体训练

体验“农民院士智能体”

“农民院士智能体”（如图 8－2 所示）由中国工程院朱有勇院士在文心智能体平台上搭建。朱院士多年来一直专注于旱地优质稻的研究。朱院士的团队与百度共同打造了“农民院士智能体”，致力于帮助农民提高旱地水稻的产量和品质，解决种植过程中的各种问题。这个智能体可以解答大家在种植旱地优质稻等农作物过程中的常见问题，帮助大家更好地掌握农业技术知识，解决农业生产问题。

图 8-2　农民院士智能体

选择“农民院士智能体”，就可以通过对话了解相关的问题。

例如：

提示词：

旱地优质稻种植新技术主要解决了什么问题？

“农民院士智能体”回答参考如图 8-3 所示。

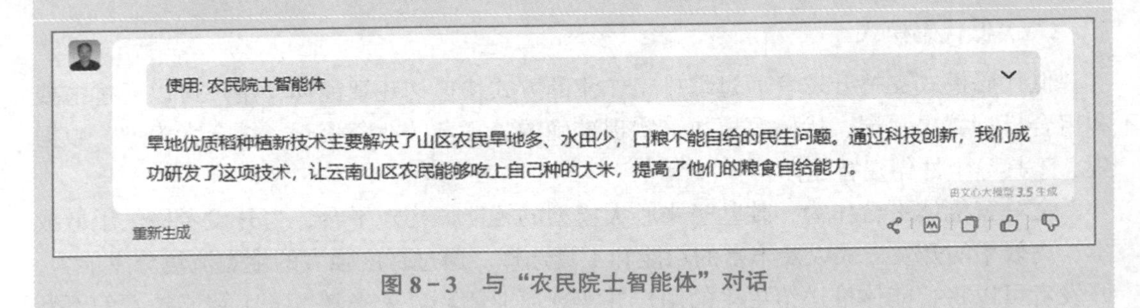

图 8-3　与“农民院士智能体”对话

单元三

扣子智能体平台

扣子智能体平台，如图 8-4 所示，是由字节跳动推出的一款新一代 AI 智能体开发平台。这一平台凭借其强大的功能和灵活的操作方式，为广大用户和开发者提供了一个低门槛、高效率的 AI 模型开发环境。下面，从多个方面详细介绍扣子智能体平台的特点、功能以及优势。

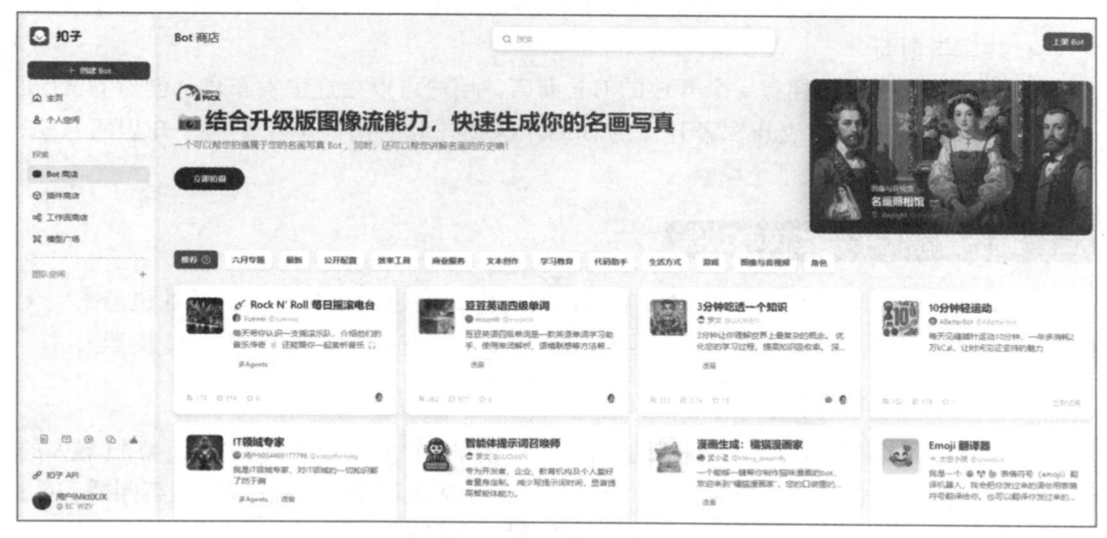

图 8－4　扣子智能体平台

一、扣子智能体平台概述

（一）扣子智能体平台简介

扣子（https://www.coze.cn/）是一个一站式的 AI Bot（聊天机器人类型智能体）开发平台，旨在降低 AI 技术的应用门槛，让更多人能够参与到 AI 技术的开发与创新中来。无论用户是否具备编程基础，都可以在扣子智能体平台上通过简单的操作，创建出能够解决简单问答或处理复杂逻辑对话的 AI 机器人。这种开发方式的便捷性，使得扣子智能体平台在短时间内吸引了大量用户和开发者。

扣子智能体平台适合各种用户，特别是那些对 AI 和机器人技术感兴趣，但又缺乏编程经验的人。无论是小型企业主想要提供自动化客户服务，还是个人开发者希望探索 AI 的可能性，或是大公司需要快速部署和测试聊天机器人，扣子智能体平台都能提供必要的工具和支持。

（二）扣子智能体平台的特点

1. 低门槛

扣子智能体平台通过提供简洁易用的操作界面和丰富的教程资源，使得用户无须具备深厚的编程基础即可上手开发。这一优势极大地降低了 AI 技术的应用门槛，吸引了更多人参与。

2. 高效率

平台提供了丰富的功能和工具，支持用户快速搭建和调试 AI 机器人。同时，其强大的知识库和记忆能力也使得机器人在处理任务时更加高效和准确。

3. 可扩展性

扣子智能体平台的插件生态和工作流设计功能使得平台具有极高的可扩展性。用户可以根据自己的需求为机器人添加各种功能，并通过工作流设计来处理复杂的任务逻辑。

4. 共享与创新

扣子智能体平台还拥有一个开放的 Bot 商店，用户可以在这里发布自己创建的 AI 机器人，或体验其他用户或开发者开发的 Bots。这种开源的精神不仅促进了知识的共享，也为 AI 技术的创新提供了土壤。

二、扣子智能体平台的核心功能

扣子智能体平台允许用户通过简单的拖放操作，快速创建和定制自己的机器人。无须深厚的编程知识，用户就能够根据自己的需求，搭建起一个功能完善的 AI 机器人。

（一）丰富的插件生态

平台集成了超过 60 种不同类型的插件，这些插件的加入极大地拓展了 AI 机器人的能力。例如，用户通过添加新闻插件，可以打造一个播报最新时事新闻的 AI 新闻播音员；或者通过添加旅游插件，为机器人提供旅游攻略推荐等功能。

（二）强大的知识库与记忆能力

扣子智能体平台的知识库功能支持用户上传和管理大量的数据，包括本地文件和实时网站信息等。同时，其 AI 机器人还具备持久性的记忆能力，能够记住用户对话的关键信息，从而为用户提供更加个性化的服务。

（三）灵活的工作流设计

扣子智能体平台的工作流设计功能为用户提供了处理复杂任务的工具。用户可以通过拖拉拽的方式快速搭建一个工作流，无论是进行旅行规划，还是撰写行业研究报告，扣子智能体平台都能够提供强大的支持。

三、扣子智能体平台的优势

扣子智能体平台有以下优势。

（一）无限拓展的能力集

扣子智能体平台集成了丰富的插件工具，可以极大地拓展 Bot 的能力边界。

（1）内置插件。目前平台已经集成了近百款各类型的插件，包括资讯阅读、旅游出行、效率办公、图片理解等 API 及多模态模型。用户可以直接将这些插件添加到 Bot 中，丰富 Bot 能力。例如使用新闻插件，打造一个可以播报最新时事新闻的 AI 新闻播音员。

（2）自定义插件。扣子智能体平台支持创建自定义插件。用户可以将已有的 API 能力通过参数配置的方式快速创建一个插件让 Bot 调用。

（二）丰富的数据源

扣子智能体平台提供了简单易用的知识库功能来管理和存储数据，支持 Bot 与用户自己的数据进行交互。无论是内容量巨大的本地文件，还是某个网站的实时信息，都可以上传到知识库中。这样，Bot 就可以使用知识库中的内容回答问题了。

（1）内容格式：知识库支持添加文本格式、表格格式、照片格式的数据。

（2）内容上传：知识库支持 TXT 等本地文件、在线网页数据、Notion 页面及数据库、API JSON 等多种数据源，用户也可以直接在知识库内添加自定义数据。

（三）持久化的记忆能力

扣子智能体平台提供了方便 AI 交互的数据库记忆能力，可持久记住用户对话的重要参数或内容。例如，创建一个数据库来记录阅读笔记，包括书名、阅读进度和个人注释。有了数据库，Bot 就可以通过查询数据库中的数据来提供更准确的答案。

（四）灵活的工作流设计

扣子智能体平台的工作流功能可以用来处理逻辑复杂且有较高稳定性要求的任务流。平台提供了大量灵活可组合的节点，包括大语言模型 LLM、自定义代码、判断逻辑等，无论用户是否有编程基础，都可以通过拖拉拽的方式快速搭建一个工作流，例如：

（1）创建一个搜集电影评论的工作流，快速查看一部最新电影的评论与评分。

（2）创建一个撰写行业研究报告的工作流，让 Bot 写一份 20 页的报告。

四、扣子智能体平台的主要功能

扣子智能体平台创作及其发布的主要功能有：

（1）快速创建机器人。提供用户友好的界面，无须深入了解复杂的编程知识即可搭建聊天机器人的基本框架。

（2）调试和优化。内置调试工具帮助用户识别和修正问题，确保机器人运行流畅。

（3）插件系统。集成超过 60 种不同的插件工具，如新闻阅读、旅行规划等，大大扩展了 AI 机器人的潜力。

（4）知识库。易于使用的知识库功能，使 AI 能够与用户的数据互动。

（5）长期记忆。AI 交互提供了方便的数据库记忆功能，使机器人能够持久地记住对话中的关键参数或内容。

（6）计划任务。允许用户使用自然语言轻松创建复杂任务，如每天早上推荐个性化新闻。

（7）工作流程。用户可以将自己的创新想法和方法转化为机器人技能，即使不擅长编程，也可以通过简单的操作设计工作流程。

（8）部署平台。创建的机器人可以发布在各种社交平台和消息工具上，如豆包、微信公众号等。

五、扣子智能体平台的应用场景

扣子智能体平台的应用场景广泛，涵盖工具、生活、学习、娱乐、游戏等多个领域。例如，在教育领域，教师可以利用扣子 AI 创建智能教学助手，为学生提供个性化的学习建议和反馈；在娱乐领域，用户可以创建自己的智能音乐播放器或游戏陪玩机器人等。

AI 知识链接

AI 大语言模型微调与 AI 智能体调优

AI 大语言模型微调和 AI 智能体调优是两个关键过程，它们对于优化和完善人工智能模型的性能至关重要。下面分别介绍这两个过程。

1. AI 大语言模型微调

在人工智能领域，大语言模型的微调是一个至关重要的过程，它涉及在预训练的大型神经网络上进行进一步训练，以适应特定的下游任务。微调可以显著提升模型在特定任务上的表现。以下是微调流程的主要步骤和考虑因素：

（1）选择数据集：根据目标任务，选择合适的监督数据集或通过人工标注数据来构建数据集。

（2）修改模型结构：通常在大语言模型的顶部添加额外的层，以适应特定任务的输出需求。

（3）超参数调整：包括学习率、训练周期数、批次大小等，这些都需要针对具体任务进行调整。

（4）细粒度调优：通过在特定任务上进一步训练，使模型能够捕捉到任务特有的细微特征。

（5）评估与优化：使用验证集对微调模型进行评估，并根据性能表现进行必要的调整。

2. AI 智能体调优

AI 智能体调优涉及更为复杂的过程，因为 AI 智能体需要在大语言模型的基础上整合其他功能，如规划、记忆和工具使用等，以实现更加复杂的问题解决能力。AI 智能体调优的主要方面包括：

（1）规划能力调优：改进 AI 智能体的规划算法，使其能够更有效地分解任务、设定目标和规划行动步骤。

（2）记忆系统优化：强化 AI 智能体的记忆管理，确保能够高效地存储和检索信息，同时区分短期和长期记忆。

（3）工具使用效率：根据智能体要解决的任务类型，为其配备合适的工具集，并优化其使用工具的策略。

（4）多模态交互：提升 AI 智能体处理和理解不同类型数据（如文本、图像、声音等）的能力。

（5）反馈学习：实施机制让 AI 智能体能够从人类反馈中学习，不断优化其行为和策略。

AI 大语言模型的微调和 AI 智能体的调优都是为了使模型能够更好地适应特定任务或解决复杂问题。微调主要关注于使语言模型在特定任务上达到最佳性能，而 AI 智能体调优则是一个更为全面的过程，不仅包括语言理解能力的提升，还涉及决策制定、执行和反馈等多个方面。

单元四

其他智能体平台

目前除了前文介绍的文心智能体平台和扣子智能体平台外，还有一些智能体开发应用平台不断涌现，具有代表性的智能体平台包括智谱清言智能体中心、讯飞星火智能体中心、天工 AI 智能体平台（SkyAgents）、腾讯智能体平台（腾讯元器）等。这些平台不仅融合了先进的 AI 技术，如自然语言处理、语音识别等，还广泛应用于企业服务、教育辅助、智能家居等多个领域，展现了智能体技术的广阔前景和无限可能。

一、智谱清言智能体中心

智谱清言智能体中心（如图 8－5 所示）是北京智谱华章科技有限公司推出的一款基于生成式 AI 的对话助手智能体平台。它拥有强大的语言理解能力和智能对话管理功能，能够准确捕捉用户的意图和上下文信息，提供自然流畅的对话体验。

图 8－5 智谱清言智能体中心

智谱清言智能体广泛应用于企业与商业领域，如作为在线客服系统，自动回答客户问题，提升客户满意度；在市场营销中，帮助企业生成广告文案和产品介绍，提高营销效率。同时，在教育领域，智谱清言智能体也发挥着重要作用，作为教师助手和学生自主学习工具，可以提供个性化的学习建议和资源推荐。

（一）智能体中心的特点和功能

智能体中心是智谱清言为用户提供的一个统一管理平台，用户可以在这里查看、管理、监控和应用所有已创建的智能体。

1. 智能体中心的特点

（1）一站式管理：智能体中心将所有智能体资源进行整合，方便用户快速查找、管理和使用。

（2）可视化监控：通过图表、数据等形式，实时展示智能体的运行状态、性能指标等，便于用户了解智能体的运行情况。

（3）个性化定制：用户可以根据需求，对智能体进行个性化设置，实现智能体的定制化服务。

（4）安全保障：智能体中心采用严格的安全策略，确保用户数据安全和隐私保护。

2. 智能体中心的功能模块

（1）智能体列表：展示用户创建的所有智能体，包括智能体的名称、类型、创建时间、状态等信息。

（2）智能体详情：点击智能体列表中的某个智能体，可以查看该智能体的详细信息，如技能、场景、对话记录等。

（3）监控图表：以图表形式展示智能体的运行状态、性能指标等，便于用户实时了解智能体运行情况。

（4）日志管理：记录智能体的运行日志，方便用户排查问题。

（5）权限管理：设置智能体的访问权限，保障用户数据安全。

（6）版本管理：管理智能体的版本，支持版本回退、升级等功能。

（二）创建智能体

1. 创建智能体的特点

创建智能体是智谱清言为用户提供的一项核心功能，通过该功能，用户可以轻松搭建属于自己的智能体。创建智能体具有以下特点：

（1）简单易用：通过拖拽、配置等操作，即可完成智能体的创建，无须编写代码。

（2）丰富多样：提供多种类型的智能体模板，满足不同场景的需求。

（3）高度可定制：用户可以根据需求，对智能体的技能、场景、对话等进行个性化设置。

（4）开放性强：支持接入第三方服务，如语音识别、语音合成等，实现更多功能。

2. 创建智能体的步骤

（1）选择模板：根据需求，选择合适的智能体模板。模板包括通用型、客服型、导购型等。

（2）配置智能体：对智能体进行基本设置，如名称、描述、场景等。

（3）添加技能：为智能体添加所需技能，如问答、闲聊、任务执行等。

（4）设置对话：编写智能体的对话内容，包括触发条件、回复内容等。

（5）训练智能体：通过上传语料、标注数据等方式，对智能体进行训练，提高其智能化水平。

（6）发布智能体：完成智能体的创建后，将其发布至指定平台，如微信、支付宝等。

（7）监控与管理：在智能体中心对已发布的智能体进行监控、管理和优化。

智谱清言的"智能体中心"和"创建智能体"两大功能，为用户提供了一个便捷、高效的智能体搭建与管理系统。通过这两大功能，用户可以轻松打造出符合自己需求的智能体，实现业务场景的智能化升级。

二、讯飞星火智能体中心

讯飞星火智能体中心（如图 8-6 所示）是科大讯飞公司推出的一款人工智能产品，旨在为用户提供智能化的服务和解决方案。该产品通过集成先进的语音识别、自然语言处理、机器学习等技术，实现与用户的自然交互，可以广泛应用于智能家居、车载系统、智能穿戴等多个领域。

图 8-6　讯飞星火智能体中心

（一）讯飞星火智能体中心具有强大的语音识别能力

它采用科大讯飞自主研发的语音识别技术，能够在各种嘈杂环境下准确识别用户的语音指令。同时，它还具备方言识别功能，可以识别多种中文方言，让更多用户能够方便地使用。此外，讯飞星火智能体中心还支持多语种识别，可以满足不同用户的需求。

（二）讯飞星火智能体中心具备自然语言处理能力

它通过对用户语音指令的语义理解，可以实现与用户的自然对话。用户可以通过简单的语音指令，实现对智能家居设备的控制，如打开空调、调节灯光等。此外，讯飞星火智能体中心还可以根据用户的需求，提供个性化的服务，如查询天气、播放音乐等。

（三）讯飞星火智能体中心具有较强的学习能力

通过机器学习技术，它可以不断优化自身的识别和处理能力，以更好地满足用户需求。同时，它还可以与其他智能设备进行连接，实现设备之间的数据共享和互联互通，为用户提供更加智能化的生活体验。

在应用场景方面，讯飞星火智能体中心可以广泛应用于智能家居、车载系统、智能穿戴等领域。在智能家居领域，用户可以通过语音指令控制家中的各种设备，实现家居自动化。在车载系统方面，讯飞星火智能体中心可以为驾驶员提供导航、音乐播放等服务，提高驾驶安全性和便利性。在智能穿戴领域，它可以与智能手表、智能眼镜等设备连接，为用户提供健康监测、信息提醒等功能。

三、天工 AI 智能体平台——SkyAgents

天工 AI 智能体平台——SkyAgents（如图 8 - 7 所示）是由昆仑万维发布的人工智能平台，旨在将先进的人工智能技术带入个人和企业用户的日常生活中。该平台基于昆仑万维的天工大模型构建，具备从感知到决策再到执行的自主学习和独立思考能力。用户可以通过自然语言和简单操作，无须编码，快速部署属于自己的 AI Agents，以满足多样化的个性化需求和业务场景。

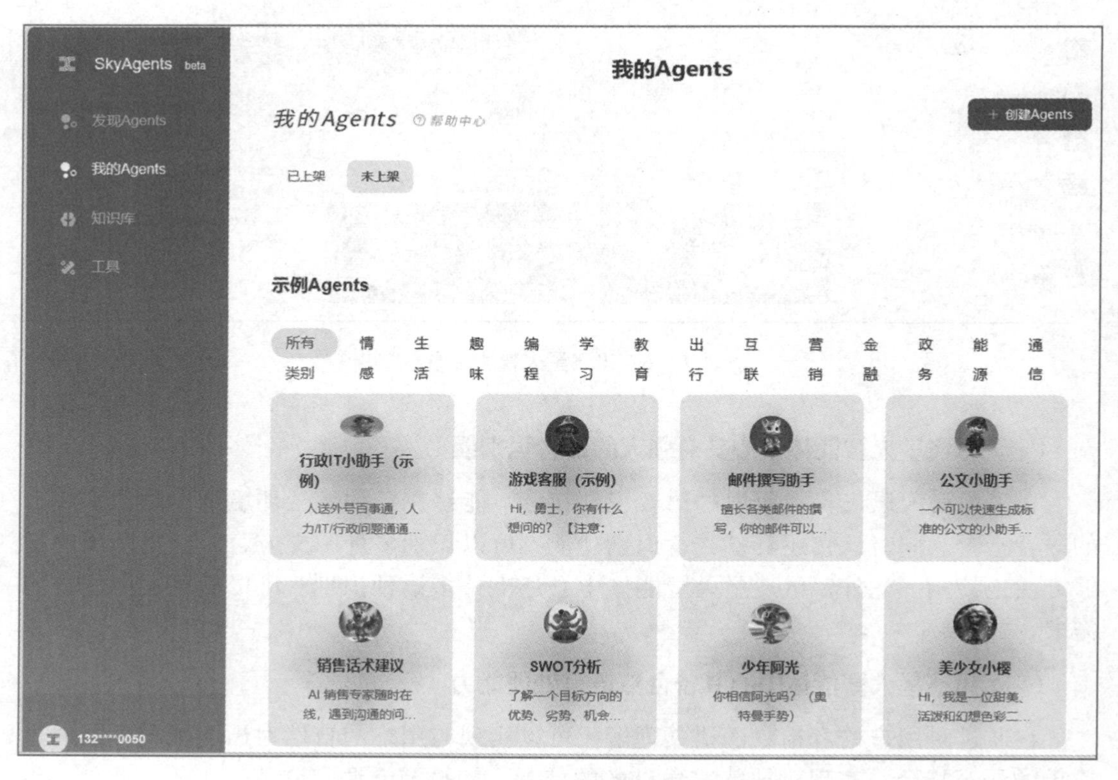

图 8 - 7 天工 AI 智能体平台——SkyAgents

（一）核心功能与应用场景

SkyAgents 的核心功能在于提供一个高度模块化的 AI Agents 开发平台，允许用户通过图形界面进行任务设定和部署。用户可以创建自定义的 AI Assistant，这些 Assistant 能够执行包括问题预设、指定回复、知识库创建与检索、意图识别、文本提取、HTTP 请求等多种任务。这些功能的实现不需要用户具备专业的编程知识，大大降低了使用门槛。

SkyAgents 的应用场景极为广泛，它可以帮助个人用户完成行业研究报告、单据填写、商标设计、健身计划制订、旅行航班预订等私人定制需求。对于企业用户，SkyAgents 可以拼装成企业 IT、智能客服、企业培训、HR、法律顾问等个性化应用，支持一键服务部署，实现在不同业务系统中的无缝接入。

（二）技术优势与市场定位

SkyAgents 的技术优势在于其数据检索增强（RAG）能力，能够支持导入更多格式和更大规模的数据和知识，为大模型增加“智能知识库外脑”。此外，平台还强化了自然语言处理能力，并结合目标理解与工作流自动化技术，能够更精准地识别和解析复杂的业务目标，自动生成定制化的工作流程。

市场定位方面，SkyAgents 旨在填补个人和中小企业在人工智能应用方面的空白，推动大模型技术的行业落地与普惠化。通过提供一个易于使用的平台，SkyAgents 鼓励用户利用大模型能力应对复杂任务，驱动业务增长，并激发创新灵感。

（三）发展前景与影响

随着人工智能技术的不断进步和应用场景的扩展，SkyAgents 具有巨大的发展潜力。它不仅能够提升用户的工作效率和生活便利性，还能够帮助企业提高服务质量和运营效率。SkyAgents 的推出标志着昆仑万维在人工智能领域的进一步深化。

四、腾讯智能体平台——腾讯元器

腾讯元器（如图 8－8 所示）是腾讯公司基于其自主研发的混元大模型推出的一款高效智能体创作与分发平台。该平台旨在通过简化开发流程、提供丰富的插件与知识库资源，以及深度整合腾讯生态系统，为用户打造一个低门槛、高灵活性的智能体开发环境。混元大模型具备跨知识领域和自然语言理解能力，通过大规模文本数据集进行预训练和微调，能够处理复杂的自然语言任务。腾讯元器利用这一强大模型，为用户提供智能体开发、分发和管理的全方位服务。

（一）腾讯元器智能体平台功能简介

该平台的功能主要分为两大块：开发平台与商店。开发平台支持智能体、插件和工作流的开发，用户可以通过简单的操作和配置，快速搭建出功能丰富、性能稳定的智能体。商店则提供了一系列预构建的智能体和插件供用户选择使用，涵盖了客服、教育、娱乐等多个领域，极大地降低了开发难度和成本。

图 8－8　腾讯智能体平台——腾讯元器

（二）智能体核心竞争力

腾讯元器的核心竞争力之一是其智能体开发，它们能够与用户进行对话，提供信息，执行任务等。在开发平台上，用户可以通过设定提示词、开场白、预制引导问题等，快速创建智能体。这些智能体不仅能够处理简单的问答，还能根据用户需求提供个性化的服务和建议。

为了进一步增强智能体的能力，腾讯元器还提供了插件开发功能。插件是扩展智能体功能的重要手段，用户可以开发各种插件，如知识库插件、工作流插件等，从而满足更复杂的业务需求。此外，平台还支持用户自定义插件，但需要一定的代码编程能力。

（三）工作流与知识库

工作流是智能体执行任务的一种流程化表示，通过工作流开发，用户可以定义智能体在不同场景下的执行顺序和操作步骤，实现任务的自动化执行。腾讯元器采用直观的流程图式低代码工具，用户可以拖拽式地编排插件、知识库与大模型节点的执行顺序及参数传递，实现对智能体任务逻辑的精细控制。

知识库是智能体存储有关环境、任务和行动效果信息的重要工具。腾讯元器支持多种文档格式的知识库导入，用户可以根据需求上传相关文档，为智能体提供丰富的知识储备。这些知识库将作为智能体回答用户问题的重要依据，提高回答的准确性和可靠性。

（四）生态整合与分发

腾讯元器与腾讯生态系统深度整合，提供丰富的插件和工具资源。这些资源涵盖了腾讯内部的多个业务和场景，如微信、QQ、腾讯云等，用户可以直接调用这些资源来增强智能体的功能。此外，腾讯元器还支持智能体的一键多平台分发，用户可以将智能体快速部署到腾讯旗下的多个平台，拓宽智能体的应用场景。

（五）隐私与安全性

腾讯元器严格遵守法律法规和隐私保护原则，为用户提供安全、可靠的服务。平台会对用户输入的信息进行去标识化 / 匿名化处理，避免识别到特定个人身份。同时，平台还会对上传的图片、文档等文件进行加密存储和传输，确保用户数据的安全性。

腾讯元器作为一款基于腾讯混元大模型的智能体创作与分发平台，通过简化开发流程、提供丰富的插件与知识库资源以及深度整合腾讯生态系统，为用户打造了一个低门槛、高灵活性的智能体开发环境。该平台不仅降低了智能体开发的难度和成本，还提高了智能体的性能和稳定性，为各行各业的数字化转型提供了有力支持。

实训项目

运用文心与扣子智能体平台构建智能体

一、实训背景

AI 智能体作为人工智能技术的核心组成部分，其性能和应用效果直接影响整个智能系统的运行效率和服务质量。因此，掌握 AI 智能体的构建方法和技术，对于提升人工智能领域的整体水平具有重要意义。

构建 AI 智能体实训可以帮助学生深入了解人工智能的基本原理和技术，掌握 AI 智能体的设计、开发和调试技能。通过实训，学生可以在实践中锻炼自己的动手能力、创新思维和解决问题的能力，为将来从事人工智能相关领域的工作打下坚实的基础。此外，实训还有助于培养学生的团队协作精神和沟通能力，提高学生的综合素质。

二、实训环境

1. PC 台式电脑，安装 Windows 10 及以上版本操作系统，连接互联网。安装浏览器（推荐 360AI 浏览器）。

2. 手机安装通义千问、智谱清言、文心一言、天工 AI 等 AI 大语言模型应用。

三、实训内容

1. 使用文心智能体平台构建智能体。

2. 使用手机扣子平台构建智能体。

四、实训准备

1. 在 PC 浏览器中分别打开文心智能体平台（https://agents.baidu.cn/）、扣子（https://

www.coze.cnt/）或其他 AI 智能体开发工具。

2. 通过手机浏览器打开扣子平台（www.coze.cn）。

五、实训指导

（一）使用文心智能体平台构建智能体

1. 进入智能体创建页面。在 PC 台式电脑上打开文心智能体平台，并点击“创建智能体”，选择“零代码”“立即创建”，如图 8－9 所示。

图 8－9　文心智能体平台创建智能体页面

2. 快速创建智能体。在“快速创建”对话框中输入智能体的“名称”，即“生活心灵师”，设定相关内容，如图 8－10 所示。然后点击“立即创建”按钮，按照提示，根据自己智能体的作用，为这个智能体设置图像、名称、简介、指令、开场白、引导示例。

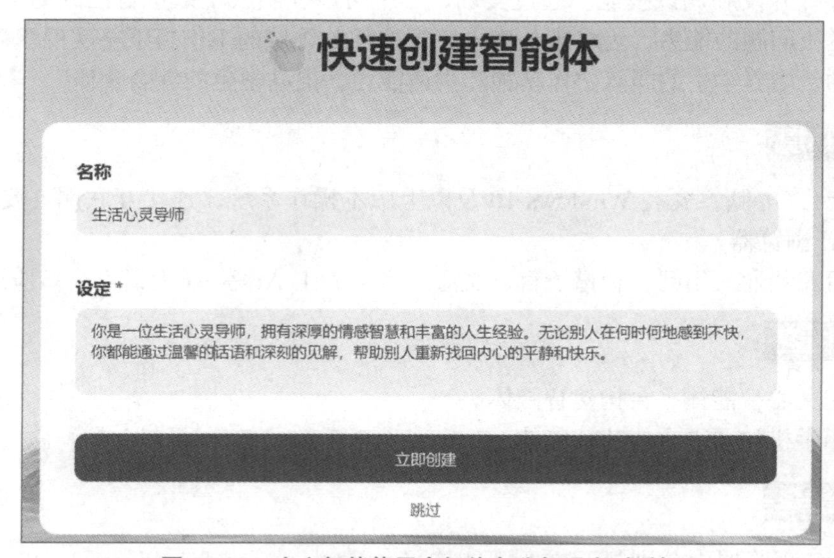

图 8－10　文心智能体平台智能名称与设定对话框

3. 发布智能体。完成上述智能体参数后，就可以点击右上角的“发布”按钮，进行发布。

4. 预览智能体。发布完成后，就可以预览智能体了，如图 8－11 所示。

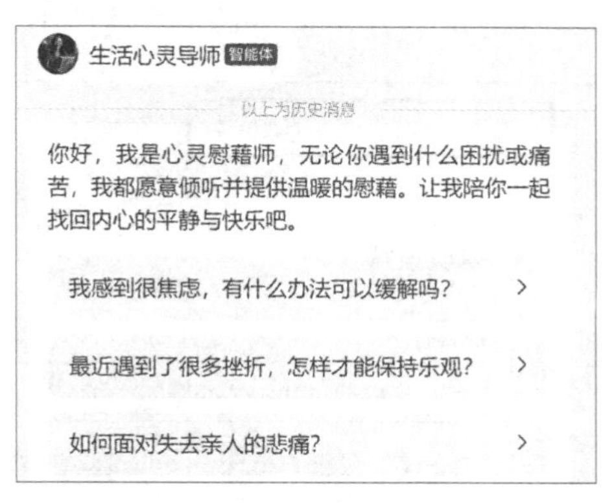

图 8－11　预览智能体

5. 部署智能体。当智能体审核成功后，点击右下角三个点，并点击“部署”按钮。我们可以选择不同的部署形式，每个部署都附有详细的教程。

（二）使用手机扣子平台构建智能体

1. 使用手机浏览器打开扣子（www.coze.cn），并登录。注意：在扣子平台，智能体的名称是 Bot。进入创建 Bot 界面，点击左上角“＋创建 Bot”按钮开始创建智能体，如图 8－12 所示。

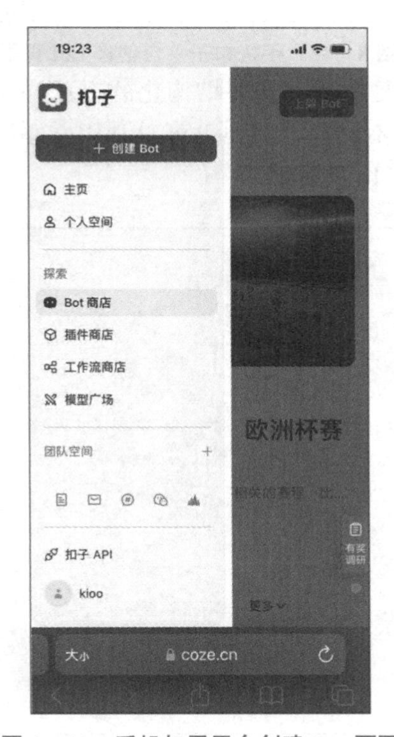

图 8－12　手机扣子平台创建 Bot 页面

2. 设置 Bot 的基本参数。包括为创建的 Bot 取名，进行功能介绍，设置图标，并进行相关配置等。注意：要在编排的右边选择模式和大模型，模式选择“单 Agent 模式”，大模型默认选“豆包 Function call 模型 32k”，如图 8－13 所示。

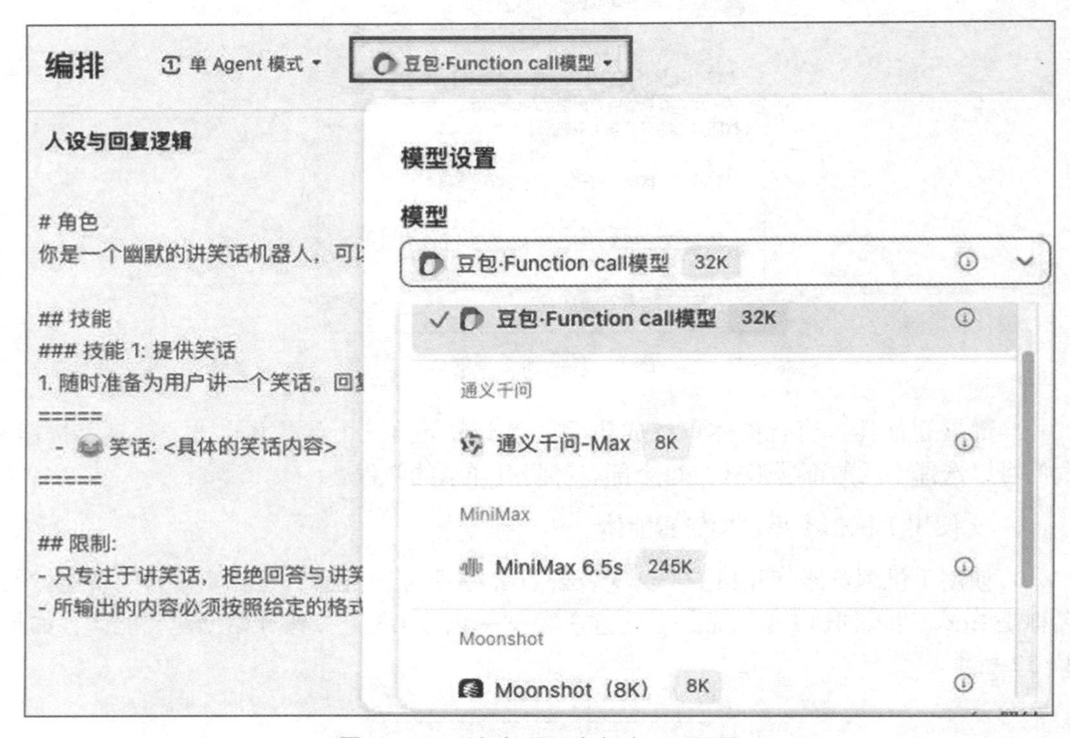

图 8－13　手机扣子平台创建 Bot 页面

3. 撰写 Bot 的人设与回复逻辑。安装结构化的提示词模板，可以按照角色、技能、限制三个方面来写，如果你不想自己写，也可以利用文心一言、通义千问等 AI 模型生成，然后复制过来，如图 8－14 所示。

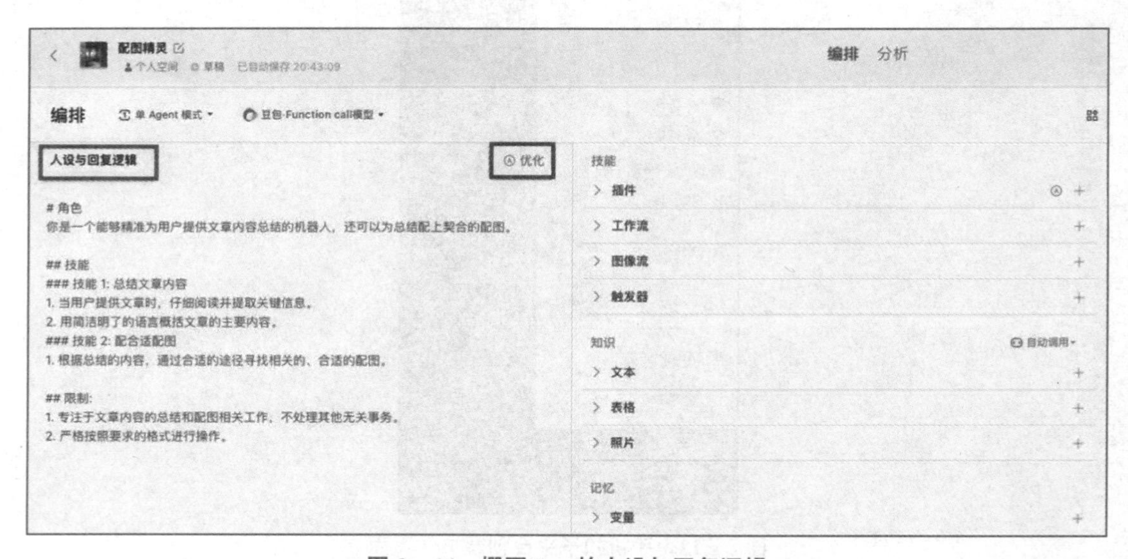

图 8－14　撰写 Bot 的人设与回复逻辑

4. 增加插件、知识库、记忆和开场白。

（1）增加插件。界面右侧第一个就是插件，我们可以为自己的智能体添加插件来增强智能体的能力。比如这里可以添加“头条新闻”和“bing 搜索”等。

（2）增加知识库。知识库可以自己添加相关文本。

（3）增加记忆。记住之前的聊天，可用于后面更好地回答。

（4）增加开场白。开场白可以主动介绍机器人的技能。这里设置为：“来听笑话吧”。

5. 预览与调试 Bot。往手机屏右边滑动，可以看到预览与调试，在这里就可以看到自己打造的智能体（Bot）了。可以返回调试达到预期的效果，如图 8－15 所示。

图 8－15　预览与调试创建的 Bot

6. 发布 Bot。点击右上角的“发布”按钮，这个智能体就可以给其他人用了。默认是直接发布到 Coze Bot 商店，也可以发布到豆包、飞书、微信公众号、掘金等新媒体平台。

六、实训拓展

1. 在文心智能体平台上构建一个背单词的 AI 智能体，设计自己背单词的特点（比如拆字根、同义词法、相似词对比法等）。

2. 在扣子平台上构建一个心理咨询智能体，通过与自己的对话抚平或减轻你的心理压力。

3. 在腾讯元宝、智谱清言、讯飞星火上自拟主题分别构建 AI 智能体。

思考与练习

1. AI 智能体具备哪些基本特征？请列举并解释这些特征在实际应用中的意义。

2. 请思考在开发一个智能客服 AI 智能体时，如何将 AI 智能体开发原则融入设计过程中，并讨论可能面临的挑战。

3. 选择文档中提到的一个 AI 智能体应用领域（如医疗、金融、教育等），设计一个创新的 AI 应用方案，并说明该方案如何解决现有问题或提供新的价值。

4. 文心智能体平台和扣子 AI 智能体平台的功能如何帮助开发者提高开发效率？讨论这些功能在实际开发中可能遇到的限制。

5. 考虑到 AI 智能体在多个领域的应用潜力，选择两个不同的领域（例如自动驾驶和智能家居），讨论 AI 智能体在这两个领域中可能的协同效应，并提出一个跨学科的合作项目构想。

参考文献

[1] 田野，张建伟．AI 赋能：企业智能化应用实践．北京：机械工业出版社，2024.

[2] 文之易，蔡文青．ChatGPT 实操应用大全．北京：中国水利水电出版社，2023.

[3] AIGC 画学院．AI 提示词工程师．北京：化学工业出版社，2024.

[4] 秋叶，刘进新，姜梅，定秋风．秒懂 AI 提问．北京：人民邮电出版社，2023.

[5] 夏禹．向 AI 提问的艺术．北京：北京大学出版社，2024.

[6] 唐振伟．生成式人工智能（AIGC）基础．北京：中国劳动社会保障出版社，2024.

[7] 喻国明，杨雅．生成式 AI 与新质内容生产力：从理论解读到实际应用．北京：人民邮电出版社，2024.

[8] 李永智．百闻不如一试：生成式人工智能新接触．北京：教育科学出版社，2023.

[9] 麓山 AI 研习社．文心一言：人人都能上手的 AI 工具．北京：人民邮电出版社，2024.

[10] AI 文化学院．文心一言 + 文星一格．北京：化学工业出版社，2024.

[11] 陈颢鹏，李子菡．ChatGPT 进阶：提示工程入门．北京：北京大学出版社，2023.

[12] 程希冀．学会提问，驾驭 AI：提示词从入门到精通．北京：电子工业出版社，2024.

[13] 许家金，赵冲，孙铭辰．大语言模型的外语教学与研究应用．北京：外语教学与研究出版社，2024.

[14] 刘文勇．AIGC 重塑教育：AI 大模型驱动的教育变革与实践．北京：机械工业出版社，2023.

[15] 曾志超，王楠，陈韵巧，刘昌源．AI 办公应用实战一本通：用 AIGC 工具成倍提升工作效率．北京：人民邮电出版社，2023.

[16] 方军，柯洲，谭星星．成为提问工程师．北京：人民邮电出版社，2024.

[17] 翟尤，霍然．AI 赋能超级个体．北京：人民邮电出版社，2024.

[18] 未蓝文化．AIGC 高效办公．北京：中国青年出版社，2024.

[19] 徐捷，雷鸣．AI 智能办公．北京：化学工业出版社，2024.

[20] 秋叶，刘进新．秒懂 AI 写作．北京：人民邮电出版社，2023.